U0793824

普通高等教育"十二五"电子信息类规划教材

微波技术与天线

第2版

孙绪保　郭银景　姜　琳　张玉萍　编著

机械工业出版社

本书主要介绍现代微波技术的基本概念、传输线理论、传输系统、微波网络、常用微波元件及天线基本理论。本书融入了作者多年来从事微波领域的教学经验和工程实践中的应用体会，同时也借鉴了国内外文献的相关内容。在编写时力求深入浅出，去繁就简，图文并茂，结构合理，知识丰富全面。

本书既可作为电子信息类专业（包括电子信息工程、信息工程、通信工程和无线电技术等）学生的教材，也可供相关微波技术、电子测量、无线电技术等领域工程技术人员参考使用。

为方便教师教学，本书配有免费电子课件，欢迎选用本书作为教材的教师登录：www. cmpedu. com 注册下载或发邮件索取，索取邮箱：llm7785@ sina. com。

图书在版编目（CIP）数据

微波技术与天线/孙绪保等编著. —2 版. —北京：机械工业出版社，2014.9（2022.1 重印）

普通高等教育"十二五"电子信息类规划教材

ISBN 978-7-111-48149-2

Ⅰ.①微… Ⅱ.①孙… Ⅲ.①微波技术-高等学校-教材②微波天线-高等学校-教材 Ⅳ.①TN015②TN822

中国版本图书馆 CIP 数据核字（2014）第 227522 号

机械工业出版社（北京市百万庄大街 22 号 邮政编码 100037）
策划编辑：刘丽敏 责任编辑：刘丽敏 王 康
版式设计：赵颖喆 责任校对：张 薇
封面设计：张 静 责任印制：张 博
涿州市般润文化传播有限公司印刷
2022 年 1 月第 2 版第 4 次印刷
184mm×260mm · 13.75 印张 · 329 千字
3201—3700 册
标准书号：ISBN 978-7-111-48149-2
定价：39.80 元

电话服务
客服电话：010-88361066
010-88379833
010-68326294

网络服务
机 工 官 网：www. cmpbook. com
机 工 官 博：weibo. com/cmp1952
金 书 网：www. golden-book. com
机工教育服务网：www. cmpedu. com

第2版前言

本书自2010年出版后，经国内几十所高校四年多的使用，在多渠道的教学交流中，作者收到了许多同行专家的宝贵建议，在此表示衷心的感谢！随着微波技术的迅速发展及日益变化的社会需求，在内容上做了部分修改和添加，并对全书内容进行了全面修订。

本书主要介绍了现代微波技术的基本概念、基本理论、基本分析方法、常用微波元器件及天线的基础知识、线天线和面天线等。全书共分为5章，第1～4章讲解了传输线理论、微波传输系统、微波网络基础和微波元件，特别是第4章的微波元件部分，只是做了定性的介绍，简化了部分数学推导过程，对于读者掌握微波元件的基本概念变得更容易，更清晰，这样既保持了知识结构的完整性，又确保了内容的充实性及可读性。第5章天线基本理论，主要介绍了天线的基础理论知识及分析方法、天线的特性参量、基本元、天线阵、天线阵的阻抗、地面对天线性能的影响、平衡馈电装置、线天线、面天线等。本书中从“路”的观点出发，采用“场”、“路”辨证结合的方法，系统地叙述了微波技术的主要内容，以阐明基本概念为主，并给出了定量的数学分析过程和部分应用举例。编写时力求深入浅出，通俗易懂，并参考了大量的国内外的优秀教材，吸取了它们的优点，全书利用了MATLAB的仿真结果，并介绍了HFSS、ADS的设计过程和结果。

本书由孙绪保、郭银景、姜琳、张玉萍老师合作编著，第1版主要由孙绪保老师编写，郭银景老师完成了第4章的编写。在第2版的修订中，姜琳老师做了全面的修改和修订工作，并提出了宝贵的建议；张玉萍老师完成了第3章和第4章的修订工作。另外，在第1版的编写过程中，在读研究生蔡廷海、郭瑞同学也做了认真细致的校对工作，在此表示衷心的感谢。

本书作者对这一领域的掌握和研究水平十分有限，书中的错误及不妥之处在所难免，恳请广大读者批评指正。

编者

2014年6月

第1版前言

本书主要介绍现代微波技术的基本概念、基本理论、基本分析方法、常用微波元器件及天线的基础知识、线天线、面天线等。本书内容共分为5章，第1~4章讲解了传输线理论、微波传输系统、微波网络和微波元件。特别是第4章的微波元件部分，只是做了定性的介绍，简化了部分数学推导过程，这样对于读者掌握微波元件的基本概念变得更容易、更清晰，既保持了知识结构的完整性，又确保内容充实及可读性。第5章天线基本理论，主要介绍了天线的基础理论知识及分析方法、天线的特性参量、基本元、天线阵、天线阵的阻抗、地面对天线性能的影响、平衡馈电装置、线天线、面天线等。本书从“路”的观点出发，采用“场”、“路”辨证结合的方法，系统地叙述了微波技术的主要内容，以阐明基本概念为主，给出了定量的数学分析过程和一定量的应用举例。编写时力求深入浅出、通俗易懂，并参考了大量的国内外优秀教材，吸取了它们的优点，全书采用了 MATLAB 的仿真结果，并介绍了 HFSS、ADS 的设计过程和结果。

本书由孙绪保和郭银景编著，在编著过程中，在读研究生蔡廷海、郭瑞同学也做了认真细致的校对工作，在此表示衷心的感谢。

由于编者水平所限，编写时间仓促，不妥之处在所难免，恳请读者指正。

编者

2009年11月

目　录

绪　论

微波技术是近代科学研究的重要成就之一，几十年来，已发展成为一门比较成熟的学科。它的基本理论是经典的电磁场理论，是研究微波信号的产生、传输、变换、发射、接收和测量的一门学科。微波技术起源于20世纪30年代，波导管的实际应用是微波技术形成的一个重要标志，微波电子管（速调管、磁控管、行波管等）的发明是另一标志。

微波的早期应用研究主要集中在雷达方面，由此带动了微波元件和器件、高功率微波管、微波电路和微波测量等技术的研究和发展。随着研究的不断深入，雷达不仅用于国防，同时也用于导航、气象测量、大地测量、工业检测和交通管理等方面。在现代通信应用中，有卫星通信和常规的中继通信，同时微波在工业生产、农业科学等方面的研究，以及微波在生物学、医学等方面的研究和发展已越来越受到重视。特别是毫米波微波技术对控制热核反应的等离子体测量提供了有效的方法。微波技术已成为一门无论在理论上还是在技术上都相当成熟的学科，同时又不断向纵深发展的学科。

微波与其他学科互相渗透形成若干重要的边缘学科，如微波天文学、微波气象学、微波波谱学、量子电动力学、微波半导体电子学、微波超导电子学等，微波声学的研究和应用已经成为一个活跃的领域。在微波光学方面，尤其是20世纪70年代以来光纤技术的运用，具有技术变革的意义。

波长从1m到0.1mm范围内的电磁波称为微波，对应的频率范围为300MHz～3000GHz。在整个电磁波谱中，微波处于普通无线电波与红外线之间，是频率最高的无线电波，它的频带宽度比所有普通无线电波波段总和宽1000倍。一般情况下，微波又可划分为分米波、厘米波、毫米波和亚毫米波4个波段。

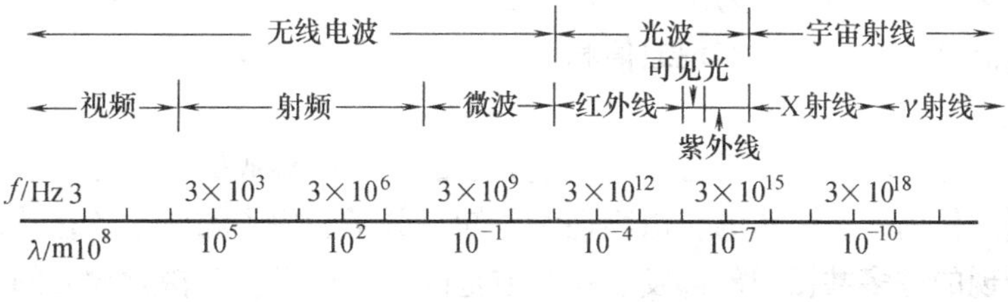

微波和普通无线电波、可见的光波、不可见的光波、X射线、γ射线一样，本质上都是随时间和空间变化呈波动状态的电磁场即电磁波。尽管它们的表现各不相同，例如，可见光可以被人眼所感觉而其他波段则不能被人眼所感觉；X射线和γ射线具有穿透导体的能力而其他波段则不具有这种能力；无线电波可以穿透浓厚的云雾而光波则不能等，但它们都是电磁波。之所以出现这么多不同的表现，是因为它们的频率不同，即波长不同。微波波段区别于其他波段的主要特点是其波长可与常用电路或元件的尺寸相比拟，即为分米、厘米、毫米量级，而其他波段都不具有这个特点。普通无线电波的波长大于或远大于电路或元件的尺寸，电路或元件内部的电波传输过程可忽略不计，因此可以用路的方法进行研究；由于微波的波长可以与电路或元件尺寸相比拟，因此电磁波在电路内甚至元件内的传播时间以及导致

的相位滞后就不再是微不足道的，在普通无线电电子技术中的集总参数的概念和方法就不那么有效了。

在微波领域中以麦克斯韦方程为基础的宏观电磁理论得到了最充分、最成功的运用。当进一步过渡到亚毫米波、红外线以至可见光或频率更高的电磁波谱时，由于波长逐渐同分子或原子的尺寸相比拟，宏观电磁理论又不那么有效，不那么完善，这时就必须运用量子理论的方法。当然以上的划分不是绝对的，例如，在研究普通无线电波的辐射和传播问题时必须舍弃路的方法而采用场的方法；在研究原子或分子精细能级结构的微波发射与吸收时必须舍弃宏观的方法而采用量子的方法。

微波波段不同于其他波段的重要特点有：

1. 似光性

微波波长非常小，当微波照射到某些物体上时，将产生显著的反射和折射，就像光线的反射和折射一样。同时微波传播的特性也和几何光学相似，能像光线一样直线传播并且容易集中，即具有似光性。这样利用微波就可以获得方向性好、体积小的天线设备，用于接收地面上或宇宙空间中各种物体反射回来的微弱信号，从而确定该物体的方位和距离，分析目标特征，这就是雷达导航技术的基础。

2. 似声性

由于微波波长与物体（实验室中无线设备）的尺寸有相同的量级，使得微波的特点又与声波相似，即所谓的似声性。例如，微波波导类似于声学中的传声筒；喇叭天线和缝隙天线类似于声学喇叭、萧与笛；微波谐振腔类似于声学共鸣腔。

3. 穿透性

微波照射于介质物体时，能深入该物体内部的特性称为穿透性。微波能穿透高空电离层，这一特点为天文观测增加了一个“窗口”，使得射电天文学研究成为可能。同时，微波能穿透电离层这一特点又可被用来进行卫星通信和宇航通信。但也正是由于微波不能为电离层所反射，利用微波的地面通信也只限于天线的视距范围之内，远距离微波通信需用中继站接力。微波能穿透生物体，成为医学透热疗法的重要手段；毫米波还能穿透等离子体，是远程导弹和航天器重返大气层时实现通信和末端制导的重要手段。

4. 非电离性

微波的量子能量不够大，不会改变物质分子的内部结构或破坏其分子的化学键，所以微波和物体之间的作用是非电离的。由物理学可知，分子、原子和原子核在外加电磁场的周期力作用下所呈现的许多共振现象都发生在微波范围，因此微波为探索物质的内部结构和基本特性提供了有效的研究手段。另一方面，利用这一特性，还可以制作许多微波器件。

5. 信息性

由于微波频率很高，所以在不大的相对带宽下，其可用的频带也是很宽的，可达数百甚至上千兆赫兹。这是低频无线电波无法比拟的。这意味着微波波段的信息容量是非常巨大的，所以现代多路通信系统，包括卫星通信系统，几乎无例外都是工作在微波波段。另外，微波信号还可以提供相位信息、极化信息和多普勒频率信息，这在目标检测、遥感、目标特征分析等应用中十分重要。

6. 量子特性

电磁波具有波粒二象性，根据量子理论，电磁辐射的能量不是连续的，而是由一个个的

“能量子”所组成，每个量子具有与其频率 ν 成正比的能量

$$E=h\nu$$

式中，h 是普朗克常量。

低频无线电波的频率很低，量子能量甚小，故其量子特性不显著。与微波频率相应的量子能量范围是 $10^{-5}\sim10^{-2}$eV，故在低功率电平下，微波的量子特性将明显地表现出来，当微波与物质相互作用时，应该考虑到这种量子效应。

7. 热效应特性

微波加热原理是利用了一些能够吸收微波的吸收性介质，即含有极性分子的介质材料。当有极性分子的介质材料置于微波电磁场中时，介质材料中会形成偶极子或已有的偶极子重新排列，而在高频电磁场作用下，随着高频交变电磁场以每秒高达数亿次的速度摆动，分子要随着不断变化的高频电场的方向重新排列，就必须克服分子原有的热运动和分子相互间作用的干扰和阻碍，产生类似于摩擦的作用，实现分子水平的“搅拌”，从而产生大量的热量。由于微波频率高，极性分子摆动速度很快，因此，快速加热是微波加热的突出特点。物质吸收微波的能力，主要由其介质损耗因数来决定，介质损耗因数大的物质对微波的吸收能力就强，反之，介质损耗因数小的物质吸收微波的能力就弱。由于各物质的损耗因数存在差异，微波加热就表现出选择性加热的特点。物质不同，产生的热效果也不同。水分子属极性分子，介电常数较大，其介质损耗因数也很大，对微波具有强吸收能力。而蛋白质、碳水化合物等的介电常数相对较小，其对微波的吸收能力比水小得多。因此，对于食品来说，含水量的多少对微波加热效果影响很大。而一般食品中都含有水分子，对微波有很强的吸收作用，因此可用微波快速烘干和烹调食品。

近年来，微波的应用除在雷达、通信、导航、电子对抗、日常民用等领域外，在军事方面的应用研究中，也出现了一个新的概念武器——微波武器，微波武器是利用高功率微波束，覆盖面状目标，在目标的电子线路中产生感应电压与电流，以击穿或烧毁其中的敏感元件，使其电子系统失效、中断和破损。用作武器的微波波长通常在 3 ~ 30cm，输出脉冲功率在吉瓦（GW）级。微波武器的杀伤机理是基于微波与被照射物之间分子的相互作用，将电磁能转变为热能而产生的微波效应，就其物理机制来讲，主要有以下三种效应：电效应、热效应和生物效应。微波电效应是指高功率微波在金属表面或金属导线上感应电流或电压，并由此对电子元器件产生的效应，如造成电路中器件状态反转、器件性能下降和半导体的结击穿等；微波热效应是指高功率微波对介质加热导致升温而引起的效应，如烧毁器件和半导体的结、二次击穿等；微波生物效应是指高功率微波与生物体相互作用的效应，一般情况下它是吸收微波功率的结果，吸收的微波功率转化成热能，热能又转化成温度，所以高功率微波生物效应也是热效应的一种。

第1章 传输线理论

1.1 引言

用以引导电磁能量的装置都称为传输线。传输线包括 TEM 波传输线、波导传输线和表面波传输线。

分析传输线上所传输电磁波特性的方法有两种。①“场”的分析方法，即从麦克斯韦方程组出发，求解特定边界条件下的电磁场波动方程，获得各场量随时间和空间的变化规律，由此来分析电磁波沿线的各种传输特性，波导传输线的传输特性就是利用该方法分析的，能够对微波系统进行完全的描述；②“路”的分析方法，即把传输线作为分布参数来处理，得到传输线的等效电路，由等效电路根据基尔霍夫定律导出传输线方程，再解传输线方程，求得线上电压和电流的时空变化规律，由此规律来分析电压和电流的传输特性。这属于“路”的分析方法。有些传输线宜用“场”的理论去处理，而有些传输线在一定条件下可以归结为“路”的问题来处理，这样就可以借用熟知的电路理论和现成方法，使问题的处理大为简化。

在学习传输线理论之前，先了解两个基本概念。一是“长线”概念。所谓长线是指传输线的几何长度和该传输电磁波的波长的比值大于或接近于1。反之称为短线。这个“长”与“短”是一个相对的概念，是相对于电磁波的波长而言的。例如长度为1000m的传输线，对于频率为50Hz（即波长为6000km）的交流电来说，仍远小于波长，应视为短线；而工作于X波段的信号，波长若为3cm，一段仅10cm的传输线即可视为长线。在微波工程中，常用“电长度”这个概念来描述。它的定义为传输线的几何长度与工作波长的比值，这个比值大于等于1，则称为长线；反之，为短线。

长线和短线的区别还在于前者为分布参数电路，而后者是集总参数电路。在低频电路中常常忽略元件连接线的分布参数效应，常见的集总参数元件有电容、电感和电阻，通常认为电场能量全部集总在电容器中，而磁场能量全部集总在电感器中，只有电阻消耗能量，由这些集总参数元件组成的电路称为集总参数电路。随着频率的提高，必须计入传输线上的分布参数效应，导线周围存在高频磁场，两线间存在着高频电场，电场也沿线分布，随之形成了分布电感和分布电容的概念。由于这些分布参数的存在，导致传输线上各处的阻抗和导纳值不同，因而各处的电压和电流也不相同，即微波传输线上的电压和电流是随时间和空间变化的，这是区别于低频导线的一个显著特点。也就是说，当频率提高到其波长和电路的几何尺寸相比拟时，电场能量和磁场能量的分布空间很难分开，而且连接元件的导线的分布参数已不可忽略，这种电路称为分布参数电路。

微波传输线上，导线中所流过的高频电流会产生趋肤效应，使导线的有效面积减小，高频电阻加大，而且沿线各处都存在损耗，这就是分布电阻效应；通高频电流的导线周围存在高频磁场，这就是分布电感效应；又由于两线间有电压，故两线间存在高频电场，这就是分布电容效应；由于两线间的介质并非理想介质而存在漏电流，这相当于双线间并联一个电导，这就是分布电导效应。当频率提高到微波频段时，这些分布参数不可忽略。

如果长线的分布参数是沿线均匀分布的，不随位置变化，则称其为均匀长线或均匀传输线。一般情况下均匀传输线单位长度上有 4 个分布参数：分布电阻 R、分布电导 G、分布电感 L 和分布电容 C。它们的数值均与传输线的种类、形状、尺寸及导体材料和周围媒质特性有关。表 1-1 给出了两种典型传输线的 L 及 C 的计算公式。

表 1-1　两种典型传输线的 L 及 C 的计算公式

种　类	对 称 线	同 轴 线
结　构	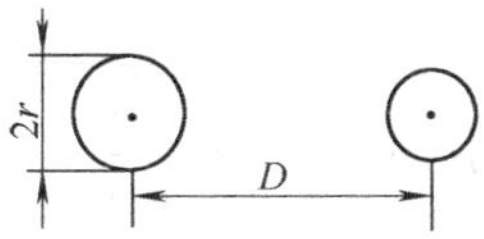	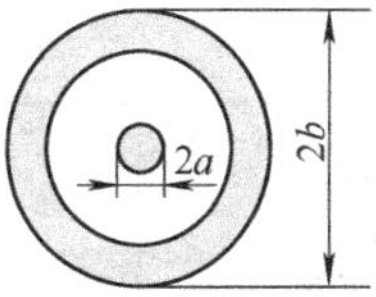
$L/(\mathrm{H/m})$	$\dfrac{\mu}{2\pi}\ln\dfrac{D}{r}$	$\dfrac{\mu}{2\pi}\ln\dfrac{b}{a}$
$C/(\mathrm{F/m})$	$\dfrac{\pi\varepsilon}{\ln\dfrac{D}{r}}$	$\dfrac{2\pi\varepsilon}{\ln\dfrac{b}{a}}$

有了分布参数的概念后，就可以将均匀传输线划分为许多微小分段 $\mathrm{d}z$（$\mathrm{d}z \ll \lambda$），每个微分段可看作集总参数电路。其集中参数分别为 $R\mathrm{d}z$、$G\mathrm{d}z$、$L\mathrm{d}z$ 及 $C\mathrm{d}z$，其等效电路为一个 Γ 形网络如图 1-1a 所示。则整个传输线的等效电路是多个 Γ 形网络的级联，如图 1-1b 所示。

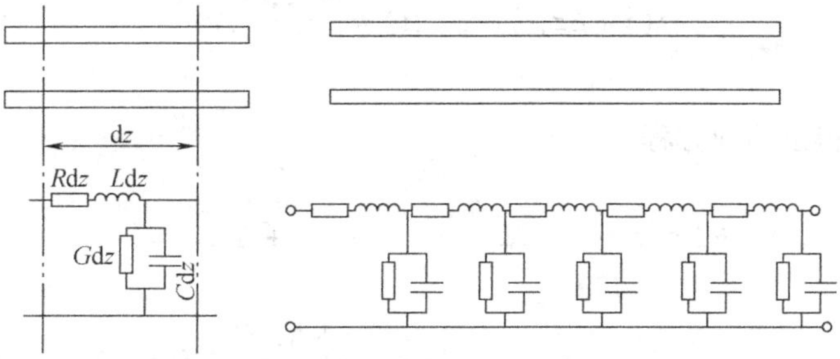

a)　　b)

图 1-1　传输线的电路模型

1.2　均匀传输线方程及其解

1.2.1　均匀传输线方程

均匀传输线的始端接信号源，终端接负载。坐标的原点选在终端，波沿负 z 方向传播，如图 1-2a 所示。在传输线上任一 z 点处，选取一微分线元 Δz，该线元可视为集总参数电路，则各参数分别为电阻 $R\Delta z$、电感 $L\Delta z$、电容 $C\Delta z$ 和电导 $G\Delta z$，得到如图 1-2b 所示的微分线元的等效电路。

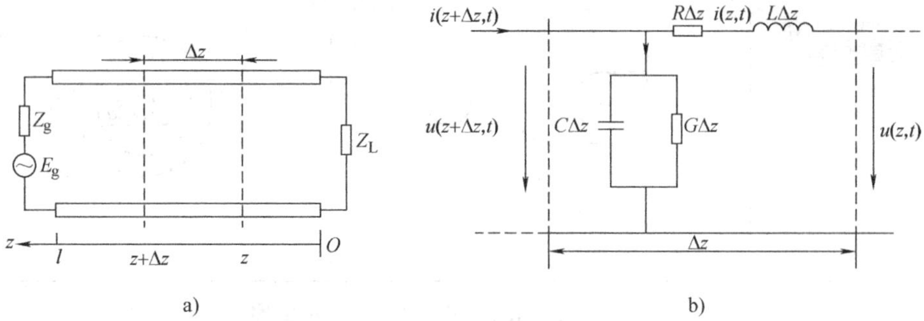

图 1-2　均匀传输线及其等效电路

设 t 时刻，在位置 z 处的电压和电流分别为 $u(z,\ t)$ 和 $i(z,\ t)$，位置 $z+\Delta z$ 处的电压和电流分别为 $u(z+\Delta z,\ t)$ 和 $i(z+\Delta z,\ t)$。由于 Δz 很小，忽略高阶小量，则

$$\begin{cases} u(z+\Delta z,t)-u(z,t)=\dfrac{\partial u(z,t)}{\partial z}\Delta z \\ i(z+\Delta z,t)-i(z,t)=\dfrac{\partial i(z,t)}{\partial z}\Delta z \end{cases} \tag{1-1}$$

根据基尔霍夫定律得出下列方程

$$\begin{cases} u(z,t)+R\Delta z i(z,t)+L\Delta z\dfrac{\partial i(z,t)}{\partial t}-u(z+\Delta z,t)=0 \\ i(z,t)+G\Delta z u(z+\Delta z,t)+C\Delta z\dfrac{\partial u(z+\Delta z,t)}{\partial t}-i(z+\Delta z,t)=0 \end{cases} \tag{1-2}$$

将式（1-1）代入式（1-2），忽略高阶小量得

$$\begin{cases}\dfrac{\partial u(z,t)}{\partial z}=Ri(z,t)+L\dfrac{\partial i(z,t)}{\partial t}\\[2ex]\dfrac{\partial i(z,t)}{\partial z}=Gu(z,t)+C\dfrac{\partial u(z,t)}{\partial t}\end{cases}\tag{1-3}$$

该传输方程，也叫电报方程。

对于角频率为 ω 的信号源，电压、电流的瞬时值 u、i 与复振幅的关系为

$$u(z,t)=\mathrm{Re}[U(z)\mathrm{e}^{\mathrm{j}\omega t}]$$

$$i(z,t)=\mathrm{Re}[I(z)\mathrm{e}^{\mathrm{j}\omega t}]$$

将上两式代入式（1-3），可得出时谐传输方程

$$\begin{cases}\dfrac{\mathrm{d}U(z)}{\mathrm{d}z}=ZI(z)\\[2ex]\dfrac{\mathrm{d}I(z)}{\mathrm{d}z}=YU(z)\end{cases}\tag{1-4}$$

式中，Z 称为单位长度的串联阻抗，$Z=R+\mathrm{j}\omega L$；Y 称为单位长度的并联导纳，$Y=G+\mathrm{j}\omega C$。

1.2.2　均匀传输线方程的解

将式（1-4）的第一式两边对 z 微分并代入第二式得

$$\frac{\mathrm{d}^2U(z)}{\mathrm{d}z^2}-ZYU(z)=0\tag{1-5}$$

同理

$$\frac{\mathrm{d}^2I(z)}{\mathrm{d}z^2}-ZYI(z)=0\tag{1-6}$$

以上两式可写为

$$\begin{cases}\dfrac{\mathrm{d}^2U(z)}{\mathrm{d}z^2}=ZYU(z)=\gamma^2U(z)\\[2ex]\dfrac{\mathrm{d}^2I(z)}{\mathrm{d}z^2}=ZYI(z)=\gamma^2I(z)\end{cases}\tag{1-7}$$

化简

$$\begin{cases}\dfrac{\mathrm{d}^2U(z)}{\mathrm{d}z^2}-\gamma^2U(z)=0\\[2ex]\dfrac{\mathrm{d}^2I(z)}{\mathrm{d}z^2}-\gamma^2I(z)=0\end{cases}\tag{1-8}$$

式中，γ 称为传输线上波的传播常数，$\gamma=\sqrt{(R+\mathrm{j}\omega L)(G+\mathrm{j}\omega C)}=\alpha+\mathrm{j}\beta$，$\gamma$ 是一个无量纲

的复数。

式（1-8）的通解为

$$\begin{cases} U(z)=U_{\mathrm{i}}(z)+U_{\mathrm{r}}(z)=A_1\mathrm{e}^{\gamma z}+A_2\mathrm{e}^{-\gamma z} \\ I(z)=I_{\mathrm{i}}(z)+I_{\mathrm{r}}(z)=A_3\mathrm{e}^{\gamma z}-A_4\mathrm{e}^{-\gamma z} \end{cases} \tag{1-9}$$

将式（1-9）第一式代入式（1-4）第一式，可得

$$I(z)=\frac{\gamma}{R+\mathrm{j}\omega L}(A_1\mathrm{e}^{\gamma z}-A_2\mathrm{e}^{-\gamma z})=\frac{1}{Z_0}(A_1\mathrm{e}^{\gamma z}-A_2\mathrm{e}^{-\gamma z}) \tag{1-10}$$

其中

$$Z_0=\frac{R+\mathrm{j}\omega L}{\gamma}=\sqrt{\frac{R+\mathrm{j}\omega L}{G+\mathrm{j}\omega C}} \tag{1-11}$$

Z_0 具有阻抗的单位，称它为传输线的特性阻抗。A_1 和 A_2 为常数，其值决定于传输线的始端和终端边界条件。

根据复振幅与瞬时值的关系，将电压和电流的通解表示成瞬时值的形式

$$\begin{cases} u(z,t)=\mathrm{Re}[U(z)\mathrm{e}^{\mathrm{j}\omega t}]=A_1\mathrm{e}^{\alpha z}\cos(\omega t+\beta z)+A_2\mathrm{e}^{-\alpha z}\cos(\omega t-\beta z)=u_{\mathrm{i}}(z,t)+u_{\mathrm{r}}(z,t) \\ i(z,t)=\mathrm{Re}[I(z)\mathrm{e}^{\mathrm{j}\omega t}]=\dfrac{A_1}{Z_0}\mathrm{e}^{\alpha z}\cos(\omega t+\beta z)-\dfrac{A_2}{Z_0}\mathrm{e}^{-\alpha z}\cos(\omega t-\beta z)=i_{\mathrm{i}}(z,t)+i_{\mathrm{r}}(z,t) \end{cases} \tag{1-12}$$

由上式可以看出，传输线上的电压和电流以波的形式传播，即任一点的电压或电流均由沿 $-z$ 方向的入射波和沿 $+z$ 方向的反射波叠加而成。

1.3 均匀传输线的定解

下面分别讨论均匀传输线终端和始端电压、电流已知时，传输线方程的定解。

1.3.1 已知终端条件的解

如图1-3所示，设 $z=0$，$U(0)=U_2$，$I(0)=I_2$，将其值代入式（1-9）第一式和式(1-10)得

$$\begin{cases} U_2=A_1+A_2 \\ Z_0I_2=A_1-A_2 \end{cases} \tag{1-13}$$

解得

$$\begin{cases} A_1=\dfrac{1}{2}(U_2+Z_0I_2) \\ A_2=\dfrac{1}{2}(U_2-Z_0I_2) \end{cases} \tag{1-14}$$

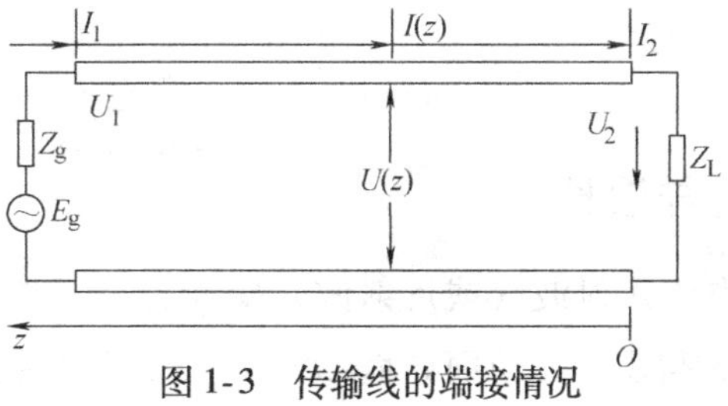

图 1-3　传输线的端接情况

$$\begin{cases} U(z)=\dfrac{1}{2}(U_2+Z_0I_2)e^{\gamma z}+\dfrac{1}{2}(U_2-I_2Z_0)e^{-\gamma z} \\ I(z)=\dfrac{1}{2Z_0}(U_2+Z_0I_2)e^{\gamma z}-\dfrac{1}{2Z_0}(U_2-I_2Z_0)e^{-\gamma z} \end{cases} \tag{1-15}$$

利用双曲余弦和双曲正弦

$$\mathrm{ch}\gamma Z=\frac{e^{\gamma z}+e^{-\gamma z}}{2},\mathrm{sh}\gamma Z=\frac{e^{\gamma z}-e^{-\gamma z}}{2}$$

也可写成双曲函数的形式

$$\begin{cases} U(z)=U_2\mathrm{ch}\gamma z+I_2Z_0\mathrm{sh}\gamma z \\ I(z)=I_2\mathrm{ch}\gamma z+\dfrac{U_2}{Z_0}\mathrm{sh}\gamma z \end{cases} \tag{1-16}$$

可见，若已知终端负载电压 U_2、电流 I_2 及传输线的特性参数 γ、Z_0，就能确定传输线上任意点的电压和电流。

1.3.2　已知始端条件的解

在图 1-3 中，设始端在 $z=l$ 处，已知 $U(l)=U_1,I(l)=I_1$，可以求出传输线上任意位置的电压和电流，处理方法与计算终端的相同。一般处理方法是改变坐标系的原点和方向，以始端为坐标原点 o'，指向负载方向为正方向，传输线上任意点的坐标为 z'，显然满足，$z'=l-z$，z 是以终端为原点的坐标系坐标，显然初始值为 $U(z')\big|_{z'=0}=U(l)=U_1,I(z')\big|_{z'=0}=I(l)=I_1$，略去推导过程，给出已知始端电压 U_1 和电流 I_1，以始端为坐标原点的解

$$\begin{cases} U(z')=U_1\mathrm{ch}\gamma z'-I_1Z_0\mathrm{sh}\gamma z' \\ I(z')=I_1\mathrm{ch}\gamma z'-\dfrac{U_1}{Z_0}\mathrm{sh}\gamma z' \end{cases} \tag{1-17}$$

1.4 传输线的特性参数

1.4.1 均匀传输线相速与波长

相速度定义为电压、电流入射波（或反射波）等相位面沿传输方向的传输速度，用 v_p 来表示。由式（1-12）中，得出等相位面方程 $\omega t \pm \beta z = K$，K 为常数。两边对 t 微分得

$$\omega \pm \beta \frac{\mathrm{d}z}{\mathrm{d}t} = 0$$

$$v_p = \frac{\pm \mathrm{d}z}{\mathrm{d}t} = \frac{\omega}{\beta} \tag{1-18}$$

而传输线上的波长为同一时刻相位相差 2π 的两点间的距离，用 λ 表示，即

$$\omega t - \beta z_1 - (\omega t - \beta z_2) = 2\pi$$

$$\lambda = z_2 - z_1 = \frac{2\pi}{\beta} = \frac{2\pi v_p}{\omega} = \frac{v_p}{f} = \frac{\lambda_0}{\sqrt{\varepsilon_r}} \tag{1-19}$$

式中，f 为电磁波频率；λ_0 为真空中的波长；ε_r 为相对介电常数。

1.4.2 特性阻抗

传输线上入射电压与入射电流之比（或反射电压与反射电流之比）为特性阻抗（即波阻抗）。它用来描述传输线的固有特性的一个物理量。用 Z_0 来表示，其倒数称为特性导纳，用 Y_0 表示。由定义及式（1-9）得

$$Z_0 = \frac{U_i}{I_i} = -\frac{U_r}{I_r} = \sqrt{\frac{R + \mathrm{j}\omega L}{G + \mathrm{j}\omega C}} \tag{1-20}$$

通常情况下，Z_0 为复数，且与工作频率及传输线本身分布参数有关。而与负载及信源无关，故称为特性阻抗。

1. 无耗传输线

对于无耗情况 $R = G = 0$，则传输线的特性阻抗为

$$Z_0 = \sqrt{\frac{L}{C}}$$

此时，特性阻抗为实数，且与频率无关。

2. 微波低耗线

实际的微波传输线一般是低耗传输线，满足 $R \ll \omega L$、$G \ll \omega C$，则

$$Z_0 = \sqrt{\frac{R + \mathrm{j}\omega L}{G + \mathrm{j}\omega C}} \approx \sqrt{\frac{L}{C}}\left(1 + \frac{1}{2}\frac{R}{\mathrm{j}\omega L}\right)\left(1 - \frac{1}{2}\frac{G}{\mathrm{j}\omega C}\right)$$

$$\approx \sqrt{\frac{L}{C}}\left[1 - \mathrm{j}\frac{1}{2}\left(\frac{R}{\omega L} - \frac{G}{\omega C}\right)\right] \approx \sqrt{\frac{L}{C}} \tag{1-21}$$

可见，低耗情况下，特性阻抗近似为实数。

对于工程中常用的的平行双导线（线直径为 d，间距为 D），其特性阻抗为

$$Z_0 = \frac{120}{\sqrt{\varepsilon_r}} \ln \frac{2D}{d}$$

常用的平行双导线的特性阻抗有 300Ω、400Ω 和 600Ω 三种。

对于无耗同轴线，其特性阻抗为

$$Z_0 = \frac{60}{\sqrt{\varepsilon_r}} \ln \frac{b}{a}$$

式中，a、b 分别为同轴线内外半径。常用同轴线的特性阻抗有 50Ω 和 75Ω 两种。

1.4.3　传播常数

传播常数 γ 是描述行波经过单位长度后，振幅和相位变化的一个物理量。由前述可知

$$\gamma = \sqrt{(R + \mathrm{j}\omega L)(G + \mathrm{j}\omega C)} = \alpha + \mathrm{j}\beta \tag{1-22}$$

其实部 α 称为衰减常数，单位为 dB/m（有时也用 Np/m，1Np/m = 8.86dB/m）；β 为相移常数，单位为 rad/m。

1. 无耗线

有 $R = G = 0$，则，$\gamma = \mathrm{j}\omega\sqrt{LC}$代入式（1-22）得

$$\begin{cases} \alpha = 0 \\ \beta = \omega\sqrt{LC} \end{cases} \tag{1-23}$$

2. 微波低耗线

利用微波传输线的损耗 R、G 要比 ωL、ωC 小得多的条件可得

$$\begin{aligned} \gamma &= \sqrt{(R + \mathrm{j}\omega L)(G + \mathrm{j}\omega C)} \approx \mathrm{j}\omega\sqrt{LC}(1 + R/\mathrm{j}2\omega L + G/\mathrm{j}2\omega C) \\ &= \left[\left(\frac{R}{2}\sqrt{\frac{C}{L}} + \frac{G}{2}\sqrt{\frac{L}{C}}\right) + \mathrm{j}\omega\sqrt{LC}\right] \end{aligned} \tag{1-24}$$

即

$$\begin{cases} \alpha = \dfrac{R}{2}\sqrt{\dfrac{C}{L}} + \dfrac{G}{2}\sqrt{\dfrac{L}{C}} = \dfrac{R}{2Z_0} + \dfrac{GZ_0}{2} = \alpha_c + \alpha_d \\ \beta = \omega\sqrt{LC} \end{cases} \tag{1-25}$$

式中，α_c 为导体衰减常数（由导体电阻引起的损耗），$\alpha_c = \dfrac{R}{2Z_0}$；$\alpha_d$ 为介质衰减常数（由导

体间介质引起的损耗）$\alpha_d = \frac{GZ_0}{2}$，说明传输线上信号的衰减既由导体电阻的热损耗引起的，又由导体间介质极化损耗引起的。

1.5　均匀传输线反射系数与输入阻抗

1.5.1　反射系数

反射系数是微波工程中较为常用的物理量，其定义为：传输线上任一点 z 处反射波电压（或电流）与入射波电压（或电流）之比为反射系数。由此可得电压反射系数和电流反射系数的表达式，即

$$\begin{cases} \Gamma_u(z) = \dfrac{U_r(z)}{U_i(z)} \\ \Gamma_i(z) = \dfrac{I_r(z)}{I_i(z')} \end{cases} \tag{1-26}$$

由式（1-9）和式（1-10）得

$$\Gamma_u(z) = -\Gamma_i(z)$$

通常将电压反射系数简称为反射系数，并用 $\Gamma(z)$ 表示。

由式（1-15）中第一式可得

$$\Gamma(z) = \frac{U_2 - Z_0 I_2}{U_2 + Z_0 I_2}\,\mathrm{e}^{-2\gamma z} \tag{1-27}$$

考虑到负载阻抗 $Z_L = \frac{U_2}{I_2}$，故上式可以写为

$$\Gamma(z) = \frac{Z_L - Z_0}{Z_L + Z_0}\mathrm{e}^{-2\gamma z} \tag{1-28}$$

在传输线的终端（负载端），即 $z=0$ 处，终端反射系数用 Γ_L 表示，将 $z=0$ 代入式（1-28）得

$$\Gamma_L = \frac{Z_L - Z_0}{Z_L + Z_0} = |\Gamma_L|\,\mathrm{e}^{\mathrm{j}\varphi_L} \tag{1-29}$$

由此可见，终端反射系数只与负载阻抗和传输线的特性阻抗有关。终端阻抗的类型不同，反射系数也不同，对于任一点 z 处的反射系数，可由终端反射系数来表示

$$\Gamma(z) = \frac{Z_L - Z_0}{Z_L + Z_0}\mathrm{e}^{-2\gamma z} = \Gamma_L \mathrm{e}^{-2\gamma z} \tag{1-30}$$

也可用反射系数表示任意点处的电压和电流

$$U(z)=U_{\mathrm{i}}(z)[1+\Gamma(z)] \tag{1-31}$$

$$I(z)=\frac{U_{\mathrm{i}}(z)}{Z_0}[1-\Gamma(z)] \tag{1-32}$$

对于无耗传输线 $\alpha=0$，$\gamma=\mathrm{j}\beta$，代入式（1-30）得

$$\Gamma(z)=\Gamma_{\mathrm{L}}\mathrm{e}^{-\mathrm{j}2\beta z}=|\Gamma_{\mathrm{L}}|\mathrm{e}^{\mathrm{j}(\varphi_{\mathrm{L}}-2\beta z)} \tag{1-33}$$

可见，对于无耗传输线，反射系数的幅值仅由负载决定，与距离无关。其相位随着 z 的增大而连续滞后。

1.5.2　输入阻抗

终端接负载阻抗 Z_{L} 时，则距终端为 z 处的输入阻抗定义为该点的电压 $U(z)$ 与电流 $I(z)$ 之比，并用 $Z_{\mathrm{in}}(z)$ 表示。根据式(1-16)可得

$$Z_{\mathrm{in}}(z)=\frac{U(z)}{I(z)}=Z_0\frac{Z_{\mathrm{L}}\mathrm{ch}\gamma z+Z_0\mathrm{sh}\gamma z}{Z_0\mathrm{ch}\gamma z+Z_{\mathrm{L}}\mathrm{sh}\gamma z}=Z_0\frac{Z_{\mathrm{L}}+Z_0\mathrm{th}\gamma z}{Z_0+Z_{\mathrm{L}}\mathrm{th}\gamma z} \tag{1-34}$$

式中，$Z_{\mathrm{L}}=U_2/I_2$。

对于无耗传输线，由于 $\gamma=\mathrm{j}\beta$，$\alpha=0$，代入上式

$$Z_{\mathrm{in}}(z)=Z_0\frac{Z_{\mathrm{L}}+\mathrm{j}Z_0\tan\beta z}{Z_0+\mathrm{j}Z_{\mathrm{L}}\tan\beta z} \tag{1-35}$$

利用阻抗与导纳互为倒数关系得出，任意位置的输入导纳

$$Y_{\mathrm{in}}(z)=Y_0\frac{Y_{\mathrm{L}}+\mathrm{j}Y_0\tan\beta z}{Y_0+\mathrm{j}Y_{\mathrm{L}}\tan\beta z} \tag{1-36}$$

1. $\lambda/4$ 的变换性

传输线上相距 $\lambda/4$ 的两点的输入阻抗的乘积等于常数，我们把这一特性称为 $\lambda/4$ 的变换性。

由于

$$Z_{\mathrm{in}}(z+\lambda/4)=Z_0\frac{Z_{\mathrm{L}}-\mathrm{j}Z_0\cot\beta z}{Z_0-\mathrm{j}Z_{\mathrm{L}}\cot\beta z}=Z_0\frac{Z_0+\mathrm{j}Z_{\mathrm{L}}\tan\beta z}{Z_{\mathrm{L}}+\mathrm{j}Z_0\tan\beta z}=\frac{Z_0^2}{Z_{\mathrm{in}}(z)}$$

即

$$Z_{\mathrm{in}}(z+\lambda/4)Z_{\mathrm{in}}(z)=Z_0^2=\text{常数}$$

利用这一特性可以进行阻抗变换，也可将一容性阻抗经 $\lambda/4$ 变换成感性阻抗，或反之。

2. $\lambda/2$ 的重复性

传输线上相距 $\lambda/2$ 两点的输入阻抗相等，这一特性被称为 $\lambda/2$ 的重复性。

$$Z_{in}(z+\lambda/2)=Z_0\frac{Z_L+jZ_0\tan(\beta z+\pi)}{Z_0+jZ_L\tan(\beta z+\pi)}=Z_0\frac{Z_L+jZ_0\tan\beta z}{Z_0+jZ_L\tan\beta z}=Z_{in}(z)$$

即

$$Z_{in}(z+\lambda/2)=Z_{in}(z)$$

例题1-1 一根特性阻抗为50Ω、长度为0.1875m的无耗均匀传输线，其工作频率为200MHz，终端接有负载 $Z_L=(40+j30)\Omega$，试求其输入阻抗。

解 工作频率 $f=200\text{MHz}$

相移常数 $\beta=2\pi f/c=4\pi/3$。

$$Z_L=40+j30,\quad Z_0=50,\quad l=0.1875$$

则有

$$\begin{aligned}Z_{in}(l)&=Z_0\frac{Z_L+jZ_0\tan\beta l}{Z_0+jZ_L\tan\beta l}\\&=50\times\frac{40+j30+j50\tan0.1875\times4\pi/3}{50+j(40+j30)\tan0.1875\times4\pi/3}\Omega=50\times\frac{40+j30+j50\tan\pi/4}{50+j(40+j30)\tan\pi/4}\Omega\\&=50\times\frac{40+j30+j50}{50+j(40+j30)}\Omega=50\times\frac{40+j80}{20+j40}\Omega\\&=100\Omega\end{aligned}$$

1.5.3 输入阻抗与反射系数的关系

由式（1-9）和式（1-26）得

$$\begin{cases}U(z)=U_i(z)+U_r(z)=A_1e^{j\beta z}[1+\Gamma(z)]\\I(z)=I_i(z)+I_r(z)=\dfrac{A_1}{Z_0}e^{j\beta z}[1-\Gamma(z)]\end{cases}\tag{1-37}$$

输入阻抗

$$Z_{in}(z)=\frac{U(z)}{I(z)}=Z_0\frac{1+\Gamma(z)}{1-\Gamma(z)}\tag{1-38}$$

变换得出

$$\Gamma(z)=\frac{Z_{in}(z)-Z_0}{Z_{in}(z)+Z_0}\tag{1-39}$$

上式表明，当特性阻抗一定时，输入阻抗与反射系数有一一对应关系，因此，输入阻抗 $Z_{in}(z)$ 可通过反射系数 $\Gamma(z)$ 来测量确定。

简要给出下列三种情况。

1）$z=0$ 时，$\Gamma(0)=\Gamma_L$，终端反射系数为 $\Gamma_L=\dfrac{Z_L-Z_0}{Z_L+Z_0}$。

2）$Z_L = Z_0$ 时，$\Gamma_L(z) = 0$，即负载终端无反射，且传输线上的反射系数处处为零，通常称之为负载匹配。

3）$Z_L \neq Z_0$ 时，负载会产生反射，向信源方向传播。

1.5.4　驻波比

当电磁波在终端不匹配的传输线上传输时，会产生反射波，各点的电压和电流由入射波和反射波叠加而成。反射波的大小除了用电压反射系数来描写外，还可用驻波比 ρ 或行波系数 K 来表示。驻波比 ρ 定义为沿线合成电压（或电流）的最大值和最小值之比，也称驻波系数，即

$$\rho = \frac{|U|_{max}}{|U|_{min}} = \frac{|I|_{max}}{|I|_{min}} \tag{1-40}$$

通常将电压驻波比作为驻波比，即

$$\rho = \frac{|U|_{max}}{|U|_{min}} \tag{1-41}$$

传输线上合成电压振幅值的不同，是由于各处入射波和反射波的相位不同而引起的。当入射波的相位与该点反射波的相位同相时，则该处合成波电压出现最大值；而两者相位相反时，合成波出现最小值，故有

$$|U|_{max} = |U_i| + |U_r| = |U_i|(1 + |\Gamma|)$$

$$|U|_{min} = |U_i| - |U_r| = |U_i|(1 - |\Gamma|)$$

由此可得驻波比和反射系数的关系式

$$\rho = \frac{|U|_{max}}{|U|_{min}} = \frac{1 + |\Gamma|}{1 - |\Gamma|} \tag{1-42}$$

行波系数 K 定义为驻波比的倒数

$$K = \frac{1}{\rho} = \frac{1 - |\Gamma|}{1 + |\Gamma|} \tag{1-43}$$

由以上可知，传输线的反射波的大小，可用反射系数的模、驻波比和行波系数来表示。反射系数的范围为 $0 \leqslant |\Gamma| \leqslant 1$；驻波比的范围为 $1 \leqslant \rho \leqslant \infty$；行波系数的范围为 $0 \leqslant K \leqslant 1$。当 $|\Gamma| = 0$、$\rho = 1$ 和 $K = 1$ 时，表示传输线上无反射波，为匹配状态。

例题 1-2　一根 75Ω 均匀无耗传输线，终端接有负载 $Z_L = R_L + jX_L$，欲使线上电压驻波比为 3，则负载的实部 R_L 和虚部 X_L 应满足什么关系？

解　由驻波比 $\rho = 3$，可得终端反射系数的模值应为

$$|\Gamma_L| = \frac{\rho - 1}{\rho + 1} = 0.5$$

由式(1-29)得

$$|\Gamma_L| = \left|\frac{Z_L - Z_0}{Z_L + Z_0}\right| = 0.5$$

将 $Z_L = R_L + jX_L, Z_0 = 75$ 代入上式

$$\left|\frac{R_L + jX_L - 75}{R_L + jX_L + 75}\right| = 0.5$$

$$\frac{\sqrt{(R_L - 75)^2 + X_L^2}}{\sqrt{(R_L + 75)^2 + X_L^2}} = \frac{1}{2}$$

整理得负载的实部 R_L 和虚部 X_L 应满足的关系式为

$$(R_L - 125)^2 + X_L^2 = 100^2$$

即负载的实部 R_L 和虚部 X_L 应在圆心为（125，0）、半径为100的圆上，上半圆对应负载为感抗，而下半圆对应负载为容抗。

1.6 无耗传输线的工作状态

传输线的工作状态是指沿传输线的电压、电流以及阻抗的分布规律。归纳起来，无耗传输线的工作状态有三种：行波、驻波和行驻波。它主要决定于终端所接负载阻抗的大小和性质。下面分别讨论。

1.6.1 行波状态

行波状态是无反射的传输态，传输线上任意一点的反射系数 $\Gamma(z)=0$，将其代入式（1-37），可得行波状态下传输线上的电压和电流

$$\begin{cases} U(z) = U_i(z) = A_1 e^{j\beta z} \\ I(z) = I_i(z) = \dfrac{A_1}{Z_0} e^{j\beta z} \end{cases} \tag{1-44}$$

输入阻抗

$$Z_{in}(z) = \frac{U(z)}{I(z)} = Z_0 \frac{1 + \Gamma(z)}{1 - \Gamma(z)} = Z_0 \tag{1-45}$$

瞬时电压 $u(z, t)$ 和瞬时电流 $i(z, t)$ 是在 $U(z)$ 和 $I(z)$ 上分别乘以同一时间因子 $e^{j\omega t}$ 获得，可见 $u(z, t)$ 和 $i(z, t)$ 是同相位的。

对于无耗传输线的行波状态得出如下基本结论：

1）沿线电压和电流振幅不变，驻波比 $\rho = 1$。

2）电压与电流任意一点都同相位。

3）传输线上任一点的阻抗都等于传输线的特性阻抗。

1.6.2　纯驻波状态

根据公式 $\Gamma_L=\dfrac{Z_L-Z_0}{Z_L+Z_0}=|\Gamma_L|e^{j\varphi_L}$，可以得到传输线上产生全反射(即 $|\Gamma_L|=1$)的条件为：$Z_L=0$、∞、$\pm jX$，即终端短路、开路或接纯电抗负载时，传输线将会产生全反射而形成驻波，工作在驻波状态。下面分别讨论。

1. 终端短路（$Z_L=0$，$\Gamma_L=-1$）

由于 $\Gamma_L=-1$，则传输线上任意点 z 处的反射系数为 $\Gamma(z)=-e^{-2j\beta z}$，将其代入式（1-37）并整理得

$$\begin{cases}U(z)=j2A_1\sin\beta z\\ I(z)=\dfrac{2A_1}{Z_0}\cos\beta z\end{cases}\tag{1-46}$$

此时传输线上任一点 z 处的输入阻抗为

$$Z_{in}(z)=jZ_0\tan\beta z\tag{1-47}$$

设 $A_1=|A_1|e^{j\phi_0}$，考虑到时间因子 $e^{j\omega t}$，则传输线上电压、电流瞬时表达式为

$$\begin{cases}u(z,t)=2|A_1|\sin\beta z\cos\left(\omega t+\dfrac{\pi}{2}+\phi_0\right)\\ i(z,t)=\dfrac{2|A_1|}{Z_0}\cos\beta z\cos(\omega t+\phi_0)\end{cases}\tag{1-48}$$

沿传输线的电压、电流的振幅值和瞬时值分布分别如图 1-4c 和图 1-4b 所示。对于无耗传输线终端短路情形有如下结论：

1）瞬时电压和电流的时间相位差和空间相位差均为 $\pi/2$，传输线上没有功率传输，功率为无功功率，即无能量传输。

2）在 $z=\lambda/2$ 的整数倍处，电压为波节点或电流为波腹点；而离终端距离 $z=\lambda/4$ 的奇数倍处，电压振幅值最大，电流振幅值为零，称为电压的波腹点和电流的波节点。

3）传输线的阻抗为纯电抗。由图可见，在 $z=\lambda/4$ 的奇数倍处（即电压腹点）阻抗 $|Z_{in}|\to\infty$，等效为并联谐振；在 $z=\lambda/2$ 的整数倍（即电压节点）处，阻抗 $Z_{in}=0$，等效为串联谐振；在 $0<z<\lambda/4$ 范围内，阻抗 $Z=jX$ 等效为纯电感；在 $\lambda/4<z<\lambda/2$ 范围内，阻抗 $Z=-jX$ 为容性电抗，可等效为纯电容，每隔 $\lambda/2$ 阻抗特性重复一次，每隔 $\lambda/4$ 阻抗性质变化一次。

2. 终端开路（$Z_L=\infty$，$\Gamma_L=1$）

终端开路时传输线上的电压和电流同样处于纯驻波状态，也同样是只能存储能量而不传输能量。在 $z=\lambda/2$ 的整数倍处，为电压波腹点；而离终端距离 $z=\lambda/4$ 的奇数倍处，为电压波节点。实际上终端开路线并不是开路传输线，因在开口处会产生辐射，所以理想的终端开路传输线是在开口处接上 $\lambda/4$ 短路线来实现的。如图 1-5 给出了终端开路时沿传输线的电压、电流振幅值和阻抗的分布。

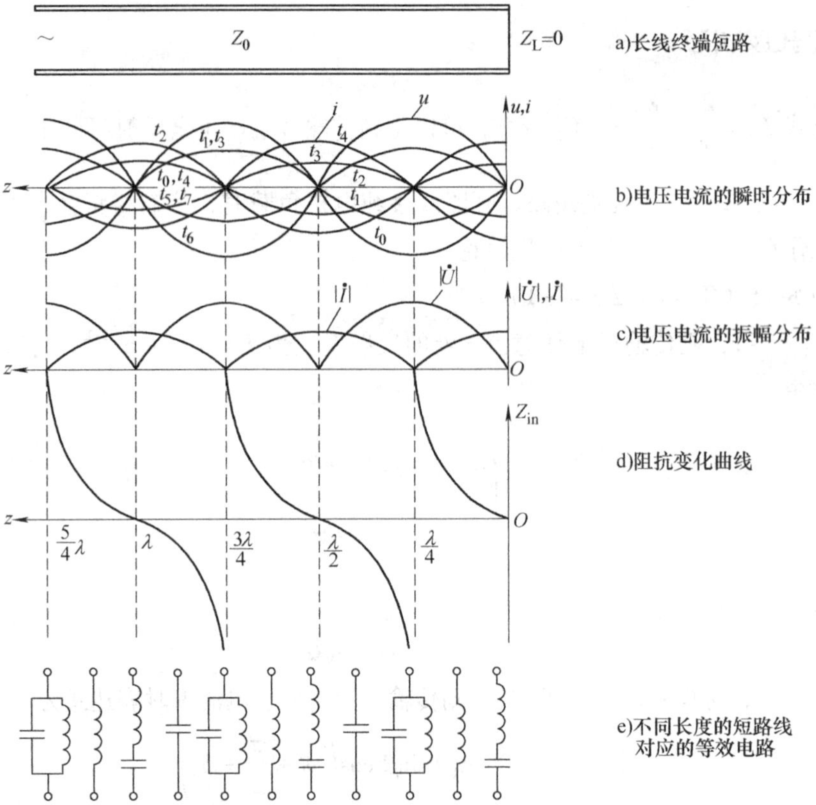

图1-4 终端短路线中的纯驻波状态

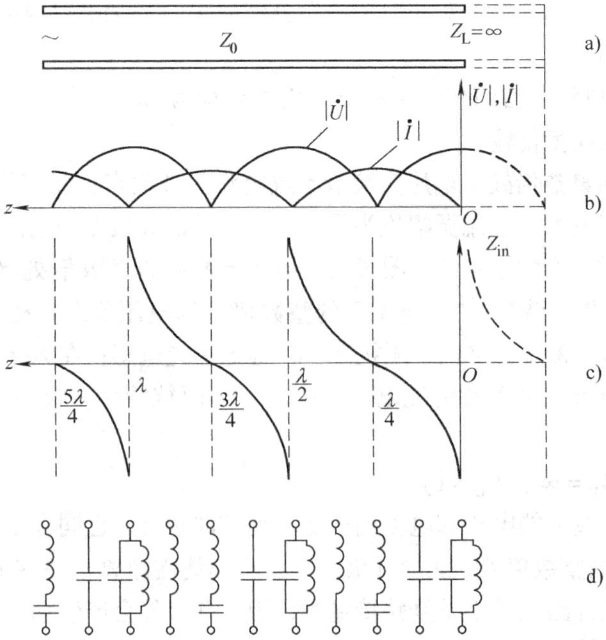

图1-5 无耗终端开路线的驻波特性

3. 终端接纯电抗负载

在无耗传输线终端接纯电抗负载 $Z_L = \pm jX$ 的情况，负载不消耗能量，终端既不是波腹也不是波节，沿线电压、电流仍按驻波分布。由上文分析可知，小于 $\lambda/4$ 的短路线相当于一纯电感，因此当终端纯电感负载为 $Z_L = jX$ 时，可用长度小于 $\lambda/4$ 的短路线 l_1 来代替。并由式（1-47）得

$$l_1 = \frac{\lambda}{2\pi}\arctan\left(\frac{X}{Z_0}\right) \tag{1-49}$$

同理，当终端负载为 $Z_L = -jX$ 的纯电容时，则用长度小于 $\lambda/4$ 的开路线 l_0 来代替（或用长度为大于 $\lambda/4$ 且小于 $\lambda/2$ 的短路线来代替，其长度为

$$l_0 = \frac{\lambda}{2\pi}\arctan\left(\frac{Z_0}{X}\right) \tag{1-50}$$

总之，当无耗线终端短路、终端开路或接纯电抗负载时，传输线上将会产生全反射而形成驻波。驻波特性为：沿线电压、电流的振幅值随位置而变化，在某些位置上是电压波腹点（或电流的波节点）且波腹点电压值为两倍的入射波电压；在与电压波腹点相差 $\lambda/4$ 处为电压波节点（或电流波腹点），且波节点振幅值为零；沿线电压和电流在时间和距离上均相差 $\pi/2$，因此线上无能量的传输；沿线阻抗分布除了电压波腹点为无限大和波节点为零以外，其余各处均为纯电抗；两波节点之间沿线电压（或电流）相位相同，在波节点的两侧沿线电压（或电流）相位相反。

1.6.3　行驻波状态

当均匀无耗线的终端接任意复数阻抗负载时，信号源给出的一部分能量被负载吸收，另一部分能量将被负载反射，从而产生部分反射而形成行驻波。

研究行驻波状态下沿线的电压、电流的分布规律时，为了方便和直观，在这里避开常规的解析方法，介绍一种矢量的分析方法，而且也是下面将要讨论的阻抗圆图的基础。

利用式(1-31)和式(1-32)

$$\begin{cases} U(z) = U_i[1 + \Gamma(z)] \\ I(z) = I_i[1 - \Gamma(z)] \end{cases} \tag{1-51}$$

将上式分别除以 U_i 和 I_i，得归一化电压和电流，并分别用 $\overline{U}(z)$ 和 $\overline{I}(z)$ 来表示，即

$$\begin{cases} \overline{U}(z) = \dfrac{U(z)}{U_i(z)} = 1 + \Gamma(z) = 1 + |\Gamma_L| e^{j(\varphi_L - 2\beta z)} \\ \overline{I}(z) = \dfrac{I(z)}{I_i(z)} = 1 - \Gamma(z) = 1 - |\Gamma_L| e^{j(\varphi_L - 2\beta z)} \end{cases} \tag{1-52}$$

则归一化阻抗

$$\overline{Z}(z)=\frac{\overline{U}(z)}{\overline{I}}=\frac{1+\Gamma(z)}{1-\Gamma(z)} \tag{1-53}$$

用矢量来表示，并绘制在同一个复平面上，式(1-52)中的第一式的第一项为实数1，表示在实轴方向的单位矢量，且始终不变。第二项为反射系数的旋转矢量，其模为 $|\Gamma|$ ，在终端处反射系数的相角为 φ_L，即在复平面上终端处的反射系数和实轴的夹角。由于无耗传输线上任意点的反射系数的模等于终端负载的反射系数的模，即 $|\Gamma|=|\Gamma_L|$。当离终端向电源方向移动时，反射系数的相位不断落后，即反射系数矢量沿着 $|\Gamma|$ 的圆顺时针方向旋转；反之，当从电源向负载方向移动时，反射系数的相位愈来愈超前，即反射系数矢量沿 $|\Gamma|$ 的圆反时针方向旋转。由式(1-52)第一式可见，沿线某点的归一化电压振幅值是单位矢量与该点的旋转反射系数矢量的和，如图1-6a所示。

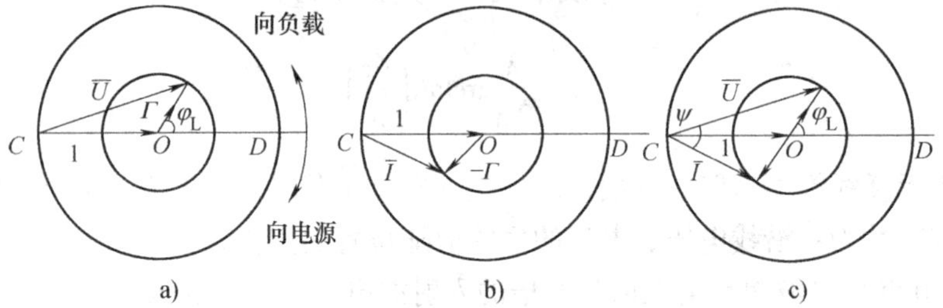

图1-6 矢量图

同理，对于式(1-52)中的第二式，表示单位矢量和某点反射系数旋转矢量的差，称为该点的归一化电流矢量。将反射系数矢量旋转，可得到沿线归一化电流的振幅分布。如图1-6b所示。

把归一化电压矢量和电流矢量画在同一个复平面上，如图1-6c所示。ψ 为归一化电压和归一化电流矢量的相位差，它反映该点的阻抗特性。将反射系数矢量大小随 Z_L 变化并旋转就可以得到终接任意负载时沿线各点的电压、电流和阻抗分布规律。

分析：电压波腹点和波节点的位置和大小

由图1-6a可知，当反射系数矢量旋转到与 OD 轴重合时，合成的归一化电压为最大（或归一化电流最小），OD 轴为电压波腹点（或电流波节点）的轨迹，再由式（1-52）可知，终端到第一个电压波腹点的距离 z_{max} 应满足

$$\varphi_L-2\beta z_{max}=0$$

即

$$z_{max}=\frac{\varphi_L}{2\beta} \tag{1-54}$$

电压最大值为

$$\overline{U}_{max}=1+|\Gamma| \tag{1-55}$$

当反射系数矢量旋转一周时，z 变化 $\frac{\lambda}{2}$，同样是波腹点，因此，传输线上波腹点表示为

$$z_{max}=\frac{\varphi_L}{2\beta}+n\frac{\lambda}{2}=\frac{\lambda}{4\pi}\varphi_L+n\frac{\lambda}{2}(n=0,1,2,\cdots) \tag{1-56}$$

此种情况下，阻抗为纯电阻且最大，电压为波腹点而电流为波节点，故该处的归一化电阻正好为驻波系数

$$\overline{R}_{max}=\frac{\overline{U}_{max}}{\overline{I}_{min}}=\frac{1+|\Gamma|}{1-|\Gamma|} \tag{1-57}$$

可得

$$\overline{R}_{max}=\frac{1+|\Gamma|}{1-|\Gamma|}=\rho \tag{1-58}$$

当反射系数矢量旋转到与 OC 轴重合时，合成归一化电压为最小（或归一化电流最大）。故 OC 轴为电压波节点（或电流波腹点）的轨迹，由式(1-52)可知，终端到第一个电压波节点的距离 z_{min} 应满足

$$\varphi_L-2\beta z_{min}=-\pi \tag{1-59}$$

即

$$z_{min}=\frac{\varphi_L}{2\beta}+\frac{\pi}{2\beta}=\frac{\varphi_L}{2\beta}+\frac{\lambda}{4} \tag{1-60}$$

传输线上波节点表示为

$$z_{min}=\frac{\varphi_L}{2\beta}+\frac{\lambda}{4}+n\frac{\lambda}{2}=\frac{\lambda}{4\pi}\varphi_L+(2n+1)\frac{\lambda}{4} \tag{1-61}$$

此时电压最小值为

$$\overline{U}_{min}=1-|\Gamma| \tag{1-62}$$

由于电压为波节点而电流为波腹点，阻抗为纯阻且最小，故该处归一化电阻正好为行波系数

$$\overline{R}_{min}=\frac{\overline{U}_{min}}{\overline{I}_{max}}=\frac{1-|\Gamma|}{1+|\Gamma|}=K \tag{1-63}$$

由图 1-6c 可见，当反射系数矢量落在上半平面内，则电压超前电流，阻抗为感性，故上半平面为感性阻抗的轨迹；当反射系数矢量落在下半平面内，则电流超前电压，阻抗为容性，故下半平面为容性阻抗的轨迹；总之，将单位矢量与反射系数旋转矢量合成即可得到任意负载情况下沿线电压、电流和阻抗的分布。

1.7　圆图及其应用

分析长线的工作状态离不开计算阻抗、反射系数和匹配问题，会遇到大量繁琐的复数运

算。工程中常用阻抗圆图来进行计算，既方便，又能满足工程要求。为了使阻抗圆图适用于任意特性阻抗的传输线的计算，圆图上的阻抗通常采用归一化值。由式(1-38)可得归一化阻抗与该点反射系数的关系为

$$\overline{Z}(z)=\frac{Z(z)}{Z_0}=\frac{1+\Gamma(z)}{1-\Gamma(z)}=r+\mathrm{j}x \tag{1-64}$$

$$\overline{Z}_{\mathrm{L}}=\frac{Z_{\mathrm{L}}}{Z_0}=\frac{1+\Gamma_{\mathrm{L}}}{1-\Gamma_{\mathrm{L}}}$$

或

$$\Gamma(z)=\frac{\overline{Z}(z)-1}{\overline{Z}(z)+1} \tag{1-65}$$

$$\Gamma_{\mathrm{L}}=\frac{\overline{Z}_{\mathrm{L}}-1}{\overline{Z}_{\mathrm{L}}+1}$$

$$\Gamma(z)=\Gamma_{\mathrm{L}}\mathrm{e}^{-\mathrm{j}2\beta z} \tag{1-66}$$

式中，$\overline{Z}(z)$ 和 $\overline{Z}_{\mathrm{L}}$ 分别为任意点和负载的归一化阻抗；$\Gamma(z)$和 Γ_{L} 分别为任意点和负载端的反射系数。

利用以上关系式，在直角坐标系中绘出的几组曲线称为直角坐标圆图；而在极坐标中绘出的曲线图称为极坐标圆图，又称为史密斯（Smith）圆图。其中以 Smith 圆图应用最广。

1.7.1 圆图的构成

阻抗圆图是由等反射系数圆族、等电阻圆族、等电抗圆族及等相位线族组成。下面分别进行讨论。

1. 等反射系数圆

无耗传输线上离终端距离为 z 处的反射系数为

$$\Gamma(z)=|\Gamma_{\mathrm{L}}|\mathrm{e}^{\mathrm{j}\varphi}=|\Gamma_{\mathrm{L}}|\mathrm{e}^{\mathrm{j}(\varphi_{\mathrm{L}}-2\beta z)}=|\Gamma_{\mathrm{L}}|\mathrm{e}^{\mathrm{j}\varphi}=\Gamma_{\mathrm{u}}+\mathrm{j}\Gamma_{\mathrm{v}} \tag{1-67}$$

则有

$$|\Gamma|=\sqrt{\Gamma_{\mathrm{u}}^2+\Gamma_{\mathrm{v}}^2} \tag{1-68}$$

以上两式表明，在 $\Gamma=\Gamma_{\mathrm{u}}+\mathrm{j}\Gamma_{\mathrm{v}}$ 复平面等反射系数模的轨迹是以坐标原点为圆心，半径为 $|\Gamma_{\mathrm{L}}|$ 的圆。由于反射系数模和驻波系数有一一对应的关系，故又称它为等驻波系数圆族。不同的反射系数模对应大小不同的圆。由于 $|\Gamma|\leqslant 1$，因此所有的反射系数圆都位于单位圆内。这一种圆族称为等反射系数圆族。反射系数等于零时，半径为零，即坐标原点为匹配点；半径为 1 时，表示最外面的单位圆为全反射圆。

若已知终端的反射系数为 $\Gamma_{\mathrm{L}}=|\Gamma_{\mathrm{L}}|\mathrm{e}^{\mathrm{j}\varphi_{\mathrm{L}}}$，则离开终端处任一点的反射系数为

$$\Gamma(z)=|\Gamma_{\mathrm{L}}|\mathrm{e}^{\mathrm{j}(\varphi_{\mathrm{L}}-2\beta z)}$$

其相位为 $\varphi=\varphi_{\mathrm{L}}-2\beta z$，表示 $\Gamma(z)$的相位比终端处的相位滞后 $2\beta z=4\pi z/\lambda$ 弧度，即由

Γ_L 处沿 $|\Gamma_L|$ 圆顺时针转过 $2\beta z$ 弧度；反之若已知 z 处的反射系数 $\Gamma(z)$，则终端的反射系数 Γ_L 为

$$\Gamma_L = \Gamma(z)e^{j2\beta z} \tag{1-69}$$

表示终端的反射系数的相位超前 $\Gamma(z)$ 处 $2\beta z$ 弧度，即由 $\Gamma(z)$ 处沿等反射系数圆逆时针方向转过 $2\beta z$ 弧度。

若在传输线 z 处向电源方向移动 Δz 一段距离，则 $\Gamma(z+\Delta z)$ 的相位由 $\Gamma(z)$ 处顺时针方向转过 $\Delta\varphi = 2\beta\Delta z$ 弧度；反之在传输线 z 处向负载方向移动 Δz 一段距离，则 $\Gamma(z+\Delta z)$ 的相位由 $\Gamma(z)$ 处逆时针方向转过 $\Delta\varphi = 2\beta\Delta z$ 弧度。传输线上移动距离与圆图上转动角度的关系为

$$\begin{aligned}\Delta\varphi &= 2\beta\Delta z = \frac{4\pi}{\lambda}\Delta z \\ &= 4\pi\frac{\Delta z}{\lambda} = 4\pi\Delta\bar{z}\end{aligned} \tag{1-70}$$

式中，$\Delta\bar{z}$ 为电长度的增量，$\Delta\bar{z} = \Delta z/\lambda$。

式(1-70)表明传输线上移 $\lambda/2$，则在圆图上反射系数转过一圈，重复到原来的位置。反射系数的相位既可以用角度来表示，也可以用电长度来表示。在圆图的最外面两圈分别表示了电长度和角度的读数。图 1-7 表示了反射系数圆及电长度和角度的标度值。

2. 等阻抗圆

将 $\Gamma = \Gamma_u + j\Gamma_v$ 代入式(1-64)，有

$$\bar{Z}(z) = \frac{1+\Gamma(z)}{1-\Gamma(z)} = r + jx = \frac{1+\Gamma_u + j\Gamma_v}{1-\Gamma_u - j\Gamma_v} \tag{1-71}$$

上式两边的实部和虚部分别相等，得

$$r = \frac{1-(\Gamma_u^2+\Gamma_v^2)}{(1-\Gamma_u)^2+\Gamma_v^2} \tag{1-72}$$

$$x = \frac{2\Gamma_v}{(1-\Gamma_u)^2+\Gamma_v^2} \tag{1-73}$$

整理得

$$\left(\Gamma_u - \frac{r}{1+r}\right)^2 + \Gamma_v^2 = \frac{1}{(1+r)^2} \tag{1-74}$$

$$(\Gamma_u - 1)^2 + \left(\Gamma_v - \frac{1}{x}\right)^2 = \frac{1}{x^2} \tag{1-75}$$

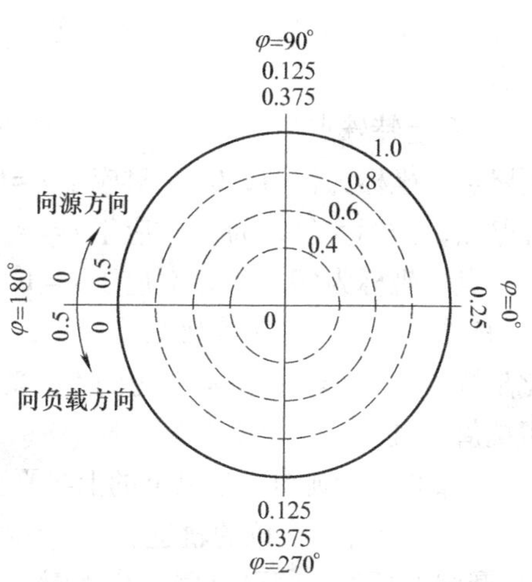

图 1-7　反射系数圆及电长度和角度的标度值

这就是在 $\Gamma_u + j\Gamma_v$ 复平面分别以 r 和 x 为参数的圆方程。

式(1-74)是以归一化电阻 r 为参量的圆族。这个圆族称为等电阻圆族。复平面上，等 r 圆的圆心坐标为 $\left(\frac{r}{1+r},\ 0\right)$，半径为 $\frac{1}{r+1}$，圆心横坐标与半径之和恒等于 1，即所有等 r 圆都切于(1,0)点。当 r 由零增加到无限大时，则电阻圆由单位圆缩小到 D 点；而 $r=0$ 的圆为单位圆，为纯电抗圆。如图 1-8 所示。

式(1-75)是以归一化电抗 x 为参变量的圆族，称为等电抗圆族。等 x 圆的圆心坐标为 $(1,\ 1/x)$、半径为 $|1/x|$。因 $|\Gamma| \leqslant 1$，因此只有在单位圆内的圆才有意义。等圆族也都切于(1,0)点，当 $|x|$ 由零增大到无限大时，则圆的半径由无限大减小到零，等电抗圆由直线缩为一点。如图 1-9 所示。

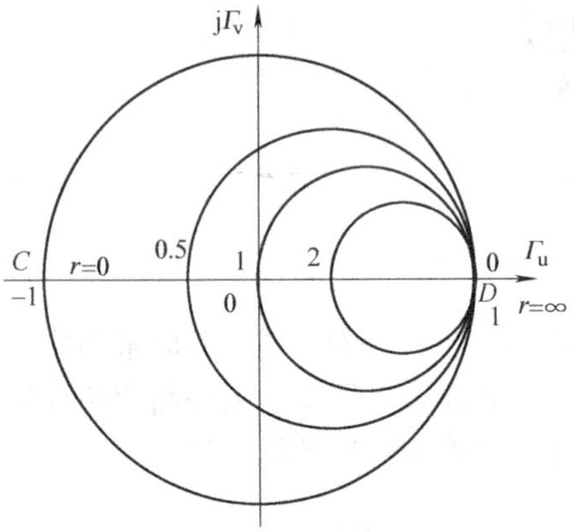

图 1-8　阻抗圆图的 r 圆

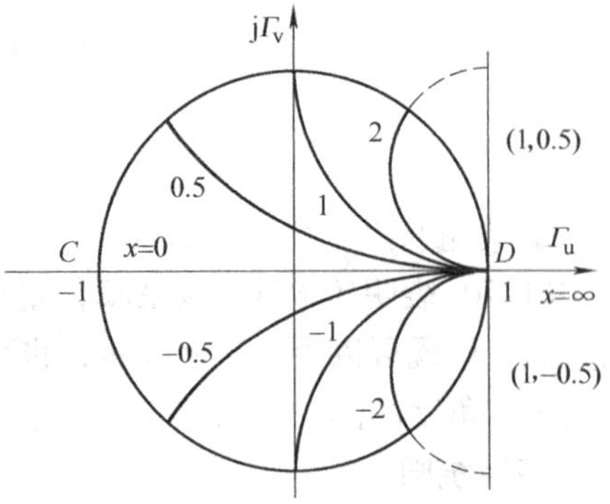

图 1-9　阻抗圆图的 x 圆

将上述两组曲线与反射系数圆绘制在一起，就构成了阻抗圆图，也就是史密斯（Smith）圆图。史密斯阻抗圆图如图 1-10 所示。

由上面的分析可知，阻抗圆图有如下几个特点：

1）x 为正值（即感性）的电抗圆均在上半平面上，x 为负值（即容性）的电抗圆均在下半平面上。

2）圆图上特殊点

短路点，坐标为$(-1,\ 0)$，对应于 $r=0$，$x=0$，$|\Gamma|=1$，$\phi=\pi$；

开路点，坐标为$(1,\ 0)$，对应于 $r=\infty$，$|x|=\infty$，$|\Gamma|=1$，$\phi=0$；

匹配点，坐标为$(0,\ 0)$，对应于 $r=1$，$|x|=0$，$|\Gamma|=0$，$\rho=1$。

3）特殊的线　圆图上实轴右边的点，对应于 $r>1$，$x=0$，即对应的是电压波腹点处的归一化阻抗值，且 $r=\rho$；实轴左边的点，对应于 $r<1$，$x=0$，即对应的是电压波节点处的归一化阻抗值，且 $r=1/\rho=K$。

4）特殊的面　圆图实轴以上的上半平面(即 $x>0$)是感性阻抗的轨迹；实轴以下的下半平面(即 $x<0$)是容性阻抗的轨迹。

5）圆图上任意点都可以用 4 个参量：r、x、$|\Gamma|$ 及 ϕ 来表示。其中 r 和 x 为归一化值，实际值须分别乘以特性阻抗 Z_0。

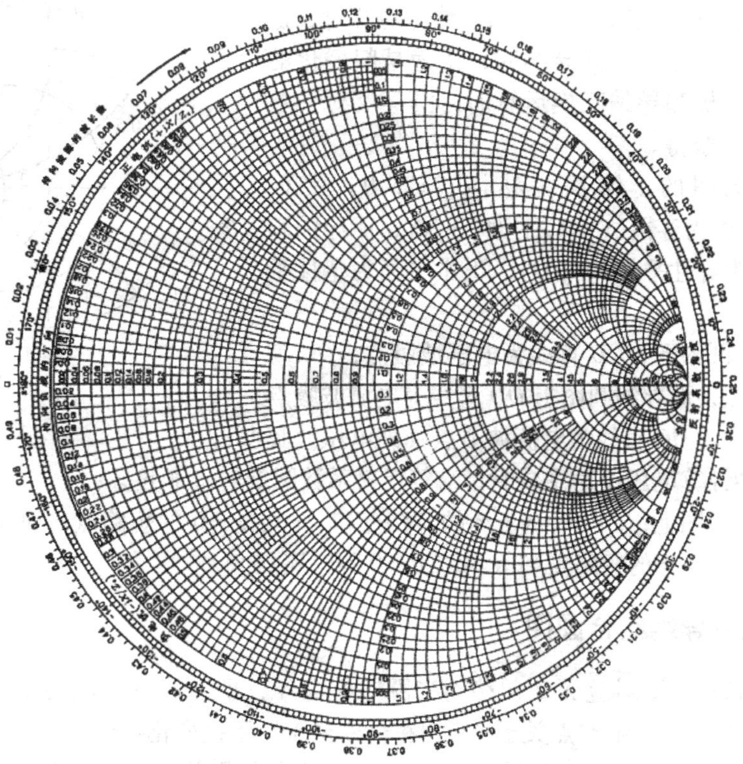

图 1-10　史密斯阻抗圆图

3. 导纳圆图

在处理并联元件构成的微波电路中，用导纳计算比较方便。设归一化的导纳 $\overline{Y}=\overline{G}+\mathrm{j}\,\overline{B}$，利用导纳是阻抗的倒数，则

$$\overline{Y}(z)=\frac{1}{\overline{Z}(z)}=\frac{1-\Gamma(z)}{1+\Gamma(z)} \tag{1-76}$$

利用电流反射系数 $\Gamma_{\mathrm{I}}(z)=-\Gamma(z)$，则有

$$\overline{Y}(z)=\frac{1+\Gamma_{\mathrm{I}}(z)}{1-\Gamma_{\mathrm{I}}(z)} \tag{1-77}$$

而

$$\overline{Z}(z)=\frac{1+\Gamma(z)}{1-\Gamma(z)} \tag{1-78}$$

式(1-77)和式(1-78)形式完全相同，表明 $\overline{Z}(z)$ 与 $\Gamma(z)$ 组成的阻抗圆图和 $\overline{Y}(z)$ 和 $\Gamma_{\mathrm{I}}(z)$ 组成的导纳圆图完全相同，因此阻抗圆图就可以作为导纳圆图，但图上代表的物理含义是不同的。导纳圆图上任一点对应的是该点的归一化导纳 $\overline{G}+\mathrm{j}\,\overline{B}$ 和电流反射系数 Γ_{I}。$\Gamma_{\mathrm{I}}=-\Gamma=\Gamma\,\mathrm{e}^{\mathrm{j}\pi}$，这意味着导纳圆图在 Γ 平面上的映像只需将阻抗圆图旋转 π 弧度即可得到。导纳圆图如图 1-11 所示。

把阻抗圆图作为导纳圆图应用时要注意以下几点：

1）图中的标称数字都不变，如，计算阻抗时，认为是归一化的阻抗值；计算导纳时，认为是归一化的导纳值。进行阻抗和导纳互换运算时，沿等反射系数旋转 π 弧度即可获得。

2）阻抗圆图的上半面为感性（$x>0$）平面（$+\mathrm{j}x$），下半平面为容性（$x<0$）平面（$-\mathrm{j}x$）；而导纳圆图的上半平面为容性平面（$+\mathrm{j}\overline{B}$），下半平面为感性平面（$-\mathrm{j}\overline{B}$）。

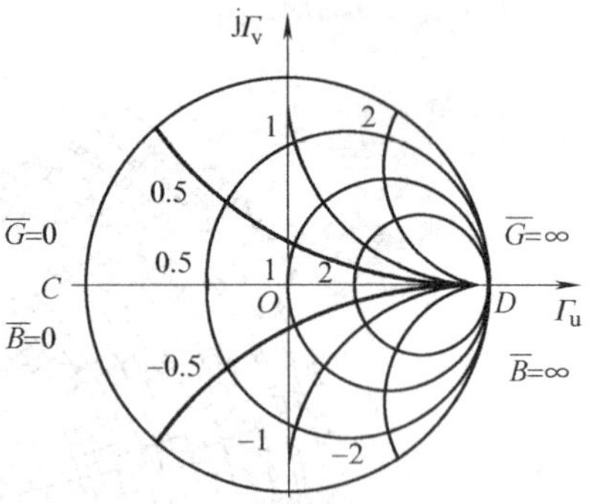

图1-11 导纳圆图

3）在阻抗圆图上，*OD* 直线为电压波腹点，*OC* 直线为电压波节点；而导纳圆图上 *OD* 直线为电流波腹点（即电压波节点），*OC* 直线为电流波节点（即电压波腹点）。

4）由导纳计算电压反射系数时，沿等反射系数圆旋转 π 弧度。

5）在阻抗圆图上，$r=\infty$，$x=\infty$ 的开路点和 $r=0$、$x=0$ 的短路点；而在导纳圆图上分别对应 $\overline{G}=\infty$、$\overline{B}=\infty$ 的短路点和 $\overline{G}=0$、$\overline{B}=0$ 的开路点。

1.7.2 阻抗－导纳组合圆图

沿阻抗图移动一圈对应 $\lambda/2$，移动半圈对应 $\lambda/4$，即在圆图上旋转 180°，如图1-12a所示，阻抗圆图上的 P 与 P' 点关于原点对称，根据 $\lambda/4$ 阻抗变化特性可知，这两点阻抗互为倒数，即 P' 点的阻抗为 P 点的导纳。因此，可以将阻抗圆图旋转 180°就可以得到另一种新的导纳圆图，如图1-12b所示。与阻抗圆图相比，其图的形状、数值和符号都发生了变化。

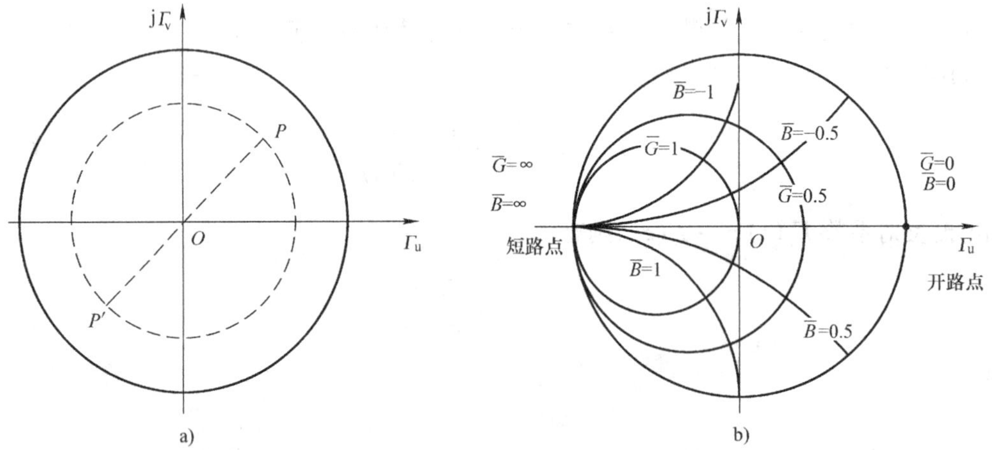

图1-12 导纳圆图的两种描述

在处理具体问题时，既可以用于阻抗计算，也可以用于导纳计算。将新的导纳图与阻抗图在同一个标度下叠放在一起，构成的图称为阻抗－导纳组合圆图，如图1-13所示。

例如：负载阻抗为 $Z_L=100+\mathrm{j}50\Omega$，端接在 50Ω 的传输线上，如果传输线长为 0.15λ，求负载导纳和输入导纳。

方法一 采用阻抗圆图

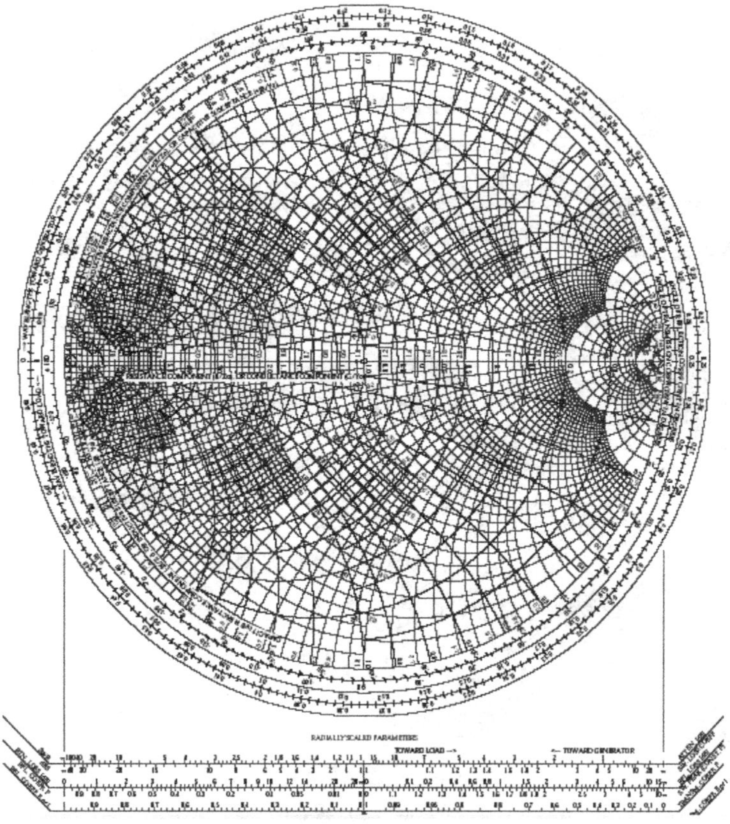

图 1-13 阻抗 - 导纳组合圆图

归一化负载阻抗 $\overline{Z}_L = Z_L/Z_0 = 2 + j$

如图 1-14 所示，根据归一化阻抗值找到 A 点，过 A 点画一个同心圆，即等反射系数圆。过 A 点和圆图中心点画一条直线，与等反射系数圆的交点为 C，C 点在阻抗圆图上的对应值就是负载导纳值 Y_L 。此时阻抗图作为导纳图用，由 C 点顺时针旋转 0.15λ ，就可以读出数值等于归一化的输入导纳 $\overline{Y}_{in}$ ，再由 $Y_{in} = \overline{Y}_{in}Y_0 = \overline{Y}_L/Z_0$ 求出实际值。

方法二 采用导纳圆图

在 A 点对应的导纳圆图中的数值即是归一化的负载导纳 $\overline{Y}_L = 0.4 - j0.2$ ，实际负载导纳可以求出 $Y_L = \overline{Y}_L Y_0 = \overline{Y}_L/Z_0 = 0.008 - j0.004S$。

在 E 处圆图的周边上，读出的标度为 0.214λ ，由 A 点顺时针旋转 0.15λ ，转到刻度为 0.364λ 处，交点为 B，在导纳圆图上 B 点可读出归一化的导纳值为 $\overline{Y}_{in} = 0.61 + j0.66$ 。因此，可求出实际的输入导纳 $Y_{in} = \overline{Y}_{in}Y_0 = 0.0122 + j0.0132S$。

1.7.3 圆图的应用举例

阻抗圆图是微波工程设计中的重要工具，可以方便形象地解决阻抗、导纳、匹配元部件

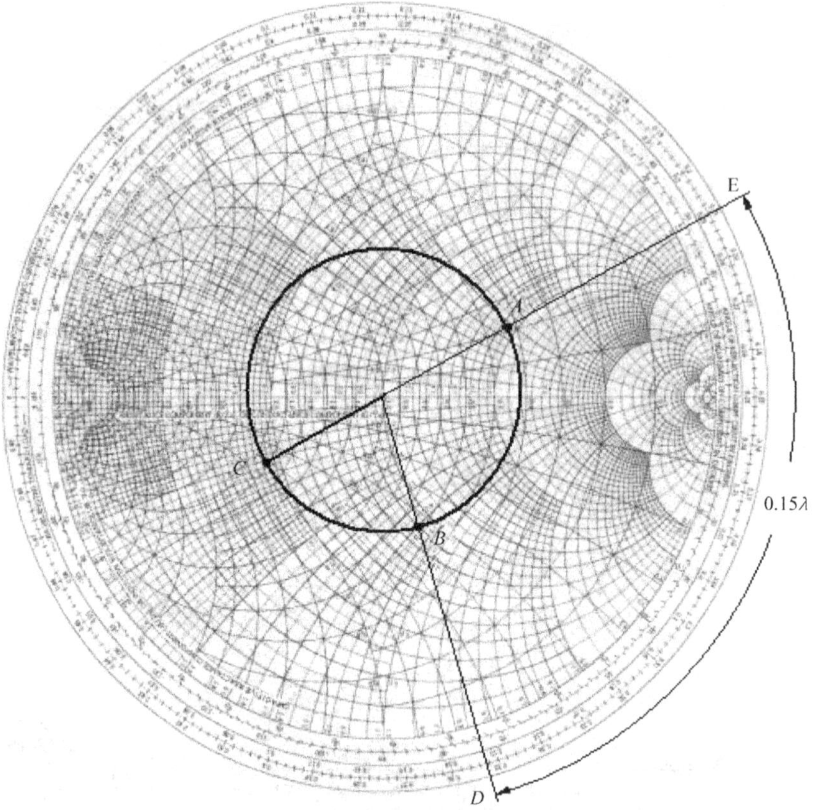

图1-14 阻抗－导纳圆图举例

及电路等设计问题，以下通过几个例子来说明圆图的使用方法。

例题1-3 在特性阻抗 $Z_0=50\Omega$ 的传输线上测得驻波比为 $\rho=2.5$，距终端负载 0.2λ 处是电压振幅值的节点，试求终端负载。

解 电压节点处的归一化阻抗为

$$r=1/\rho=1/2.5=0.4$$

如图1-15所示，在圆图左半实轴上找出与 $r=0.4$ 相对应的点 A，将 OA 逆时针旋转角度

$$\frac{4\pi}{\lambda}\times 0.2\lambda=\frac{4\pi}{5}\text{rad}$$

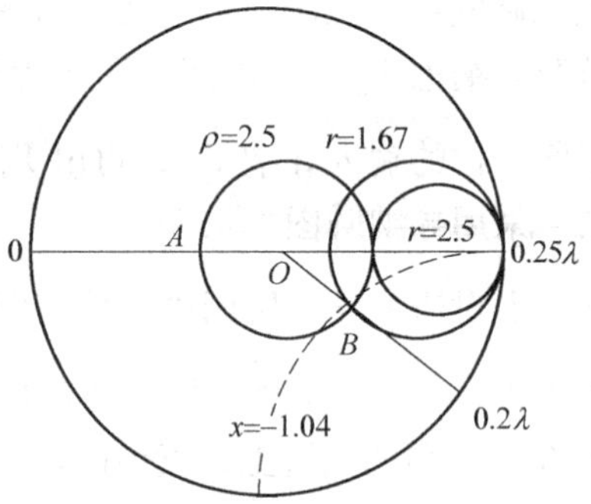

图1-15 例题1-3

得线段 OB，B 点处的归一化阻抗为

$$\overline{Z}=1.67-\text{j}1.04$$

则终端阻抗

$$Z_L=\overline{Z}Z_0=(1.67-\text{j}1.04)\times 50\Omega$$

例题 1-4　已知传输线的特性阻抗为 $Z_0=50\Omega$，终端负载阻抗 $Z_L=(30+j10)\Omega$，求距终端负载 $\lambda/3$ 处的输入阻抗 Z_{in}。

解　归一化的负载阻抗

$$\overline{Z}_L=\frac{30+j10}{50}=0.6+j0.2$$

如图 1-16 所示，在圆图中找出 0.6 + j0.2 的点 A，连接 OA 并延长此线与刻度圆交于点 B，从电压振幅值的波节点算起，该点读数为 0.047λ，将 OA 顺时针方向旋转

$$\frac{4\pi}{\lambda}\frac{\lambda}{3}=\frac{4\pi}{3}\text{rad}$$

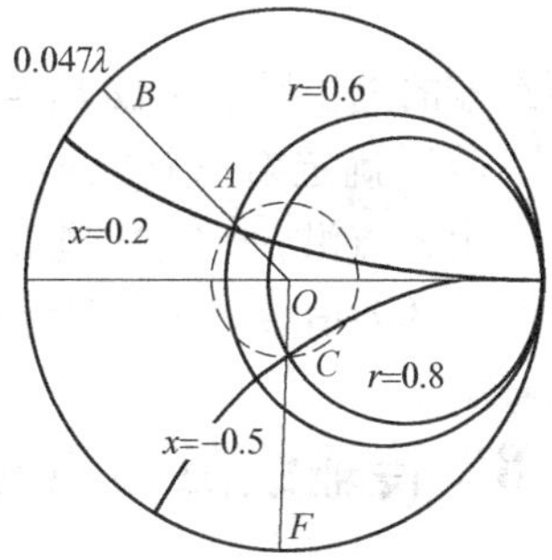

图 1-16　例题 1-4

在 $\frac{\lambda}{3}+0.047\lambda\approx0.38\lambda$ 处交于 E 点。

以点 O 为圆心、OA 为半径作一圆与 OE 交于 C（$r=0.83$，$x=-0.5$）点。

归一化的阻抗为　$\overline{Z}=0.83-j0.5$

则输入阻抗

$$Z_{in}=\overline{Z}Z_0=(0.83-j0.5)\times50\Omega=(41.5-j25)\Omega$$

例题 1-5　已知传输线的特性阻抗 $Z_0=300\Omega$，终端接负载阻抗 $Z_L=(180+j240)\Omega$，求终端反射系数 Γ_L 及离终端第一个电压波腹点至终端距离 l_{max}。

解　（1）计算归一化负载阻抗，如图 1-17 所示。

$$\overline{Z}_L=\frac{Z_L}{Z_0}=\frac{180+j240}{300}=0.6+j0.8$$

在阻抗圆图上找到 $r=0.6$、$x=0.8$ 两圆的交点 A 点，即为 $\overline{Z}_L$ 在圆图上的位置。

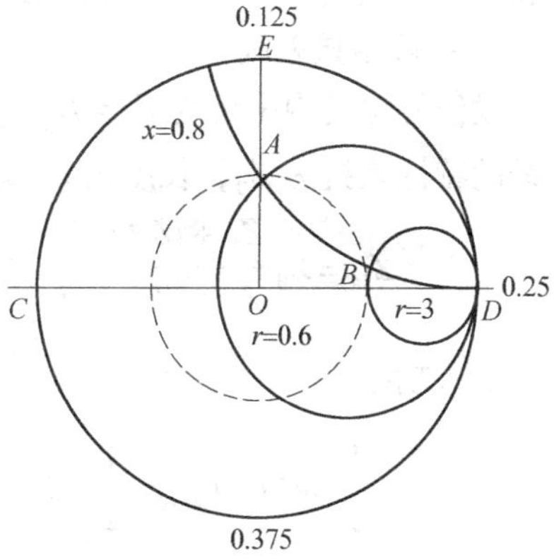

图 1-17　例题 1-5

（2）确定反射系数的模 $|\Gamma_L|$

以 O 点为圆心、OA 为半径画一个等反射系数圆，交实轴于 B 点，B 点处的归一化电阻 $r=3$，即为驻波比 $\rho=3$，则

$$|\Gamma_L|=\frac{\rho-1}{\rho+1}=\frac{3-1}{3+1}=0.5$$

（3）确定 Γ_L 的相位角 φ_L

圆图上 OA 和实轴 OD 的夹角即为反射系数的相位角 φ_L，可直接读得 $\varphi_L=90°$，也可以通过波长数标度来求这个相位角：延长 OA 至 E 点，读得波源方向的电长度为 0.125，实轴 OD 的电长度读数为 0.25，故 φ_L 对应的电长度为

$$\Delta\overline{z}=0.25-0.125=0.125$$

对应的角度为

$$\varphi_L = \Delta \bar{z} \times 4 \times 180° = 90°$$

则终端的电压反射系数 $\Gamma_L = 0.5e^{j90°}$。

（4）确定第一个电压波腹点离终端的距离 l_{max}

由 A 点沿 $\rho=3$ 的圆顺时针方向转到与实轴 OD 相交于 B 点，即为第一个波腹点的位置，电长度的差值乘以 λ，即为 l_{max}，故 $l_{max}=0.125\lambda$。

1.8　传输线阻抗匹配

1.8.1　三种匹配状态

阻抗匹配是传输线理论中的重要概念，有三种匹配状态，分别是负载阻抗匹配、源阻抗匹配和共轭阻抗匹配。

1. 负载阻抗匹配

负载阻抗匹配是指传输线的两端阻抗与传输线的特性阻抗相等，使线上电压与电流为行波。传输线上只有从信源到负载的入射波，无反射波。负载阻抗匹配一般采用阻抗匹配器。

2. 源阻抗匹配

当电源的内阻等于传输线的特性阻抗时，电源与传输线匹配，这时电源被称为匹配源，此时，传输线的入射功率不随负载变化而变化。当负载有反射时，反射波被电源吸收，通常用加一个去耦衰减器或隔离器的方法来吸收反射波。

3. 共轭阻抗匹配

设信号源的内阻抗为 $Z_g=R_g+jX_g$，电压为 E_g，传输线的输入阻抗为 $Z_{in}=R_{in}+jX_{in}$，传输线的特性阻抗为 Z_0，长度为 l，终端负载为 Z_L，如图1-18所示。则始端输入阻抗为

$$Z_{in} = Z_0 \frac{Z_L + jZ_0\tan\beta l}{Z_0 + jZ_L\tan\beta l} = R_{in} + jX_{in} \tag{1-79}$$

输入功率

$$P = \frac{1}{2}\mathrm{Re}\{U_{in}I_{in}^*\} = \frac{1}{2}|U_{in}|^2\mathrm{Re}\left\{\frac{1}{Z_{in}}\right\} \tag{1-80}$$

其中

$$U_{in} = \frac{Z_{in}}{Z_{in}+Z_g}E_g \tag{1-81}$$

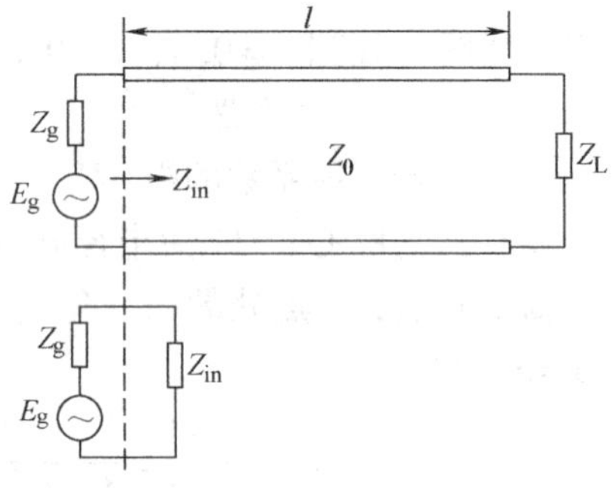

图1-18　信号源的共轭匹配

$$P = \frac{1}{2}\left|\frac{Z_{in}}{Z_{in}+Z_g}\right|^2 |E_g|^2\mathrm{Re}\left\{\frac{1}{Z_{in}}\right\} = \frac{1}{2}|E_g|^2\frac{R_{in}^2+X_{in}^2}{(R_g+R_{in})^2+(X_g+X_{in})^2}\mathrm{Re}\left(\frac{R_{in}-jX_{in}}{R_{in}^2+X_{in}^2}\right)$$

$$= \frac{1}{2}\frac{|E_g|^2R_{in}}{(R_g+R_{in})^2+(X_g+X_{in})^2} \tag{1-82}$$

由上式可见，要使信号源输出最大功率，必须要求传输线的输入阻抗和信号源的内阻抗互为共轭值。

即

$$Z_g = Z_{in}^*$$

即

$$R_g = R_{in},\ X_g = -X_{in}$$

在满足以上共轭匹配条件下，信号源输出的最大功率为

$$P_{max} = \frac{1}{2}|E_g|^2 \frac{1}{4R_g} \tag{1-83}$$

1.8.2 阻抗匹配方法

阻抗匹配的方法是在传输线和终端之间加一匹配网络。阻抗匹配方法从频率上划分有窄带匹配和宽带匹配；从实际实现上划分有串联 $\lambda/4$ 阻抗变换器法、支节调配器法、阶梯阻抗变换器法和渐变线变换器法，这里仅介绍前两种。

1. 阻抗变换器

（1）当负载阻抗为纯电阻 R_L 且与长线特性阻抗 Z_0 不相等时，可在两者之间加一段 $\lambda/4$ 的传输线，这段传输线就是阻抗变换器，如图1-19所示，特性阻抗为 Z_{01}、长度为 $\lambda/4$ 的传输线终端接纯电阻 R_L 时，由式(1-35) 无耗传输线输入阻抗公式可得

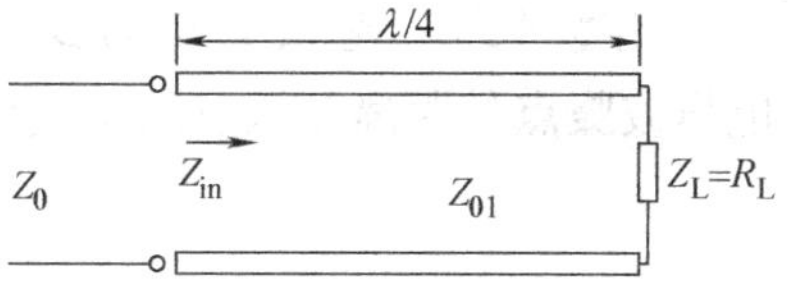

图1-19 阻抗变换器

$$Z_{in} = Z_{01}\frac{R_L + jZ_{01}\tan(\beta\lambda/4)}{Z_{01} + jR_L\tan(\beta\lambda/4)} = \frac{Z_{01}^2}{R_L} \tag{1-84}$$

为实现匹配必须使 $Z_{in} = Z_0$，得

$$Z_{01} = \sqrt{Z_0 R_L} \tag{1-85}$$

上式表明，若 Z_0 和 R_L 已知，只要中间加一段长度为 $\lambda/4$，特性阻抗为 $Z_{01} = \sqrt{Z_0 R_L}$ 的传输线，就能使特性阻抗为 Z_0 的传输线与纯电阻 R_L 匹配。

（2）若负载阻抗不是纯电阻，仍然可以采用 $\lambda/4$ 传输线实现匹配，但 $\lambda/4$ 线必须接在电压波腹点或波节点处，原因是此处的阻抗为纯电阻。

接入电压波腹点的情况，由式(1-58)

$$\overline{R}_{max} = \frac{\overline{U}_{max}}{\overline{I}_{min}} = \frac{1+|\Gamma|}{1-|\Gamma|} = \rho \tag{1-86}$$

$\lambda/4$ 线的特性阻抗为

$$Z_{01} = \sqrt{Z_0 \rho Z_0} = \sqrt{\rho} Z_0 \tag{1-87}$$

接入电压波节点的情况，由式(1-63)可得 $\lambda/4$ 线的特性阻抗

$$Z_{01}=\sqrt{Z_0\frac{Z_0}{\rho}}=\frac{Z_0}{\sqrt{\rho}} \tag{1-88}$$

由于 $\lambda/4$ 阻抗变换器的长度取决于波长，严格讲它只能在中心频率点匹配，当频率偏离时，匹配特性变差，所以说该匹配法是窄带的，为了加宽频带可采用多级 $\lambda/4$ 阻抗变换器或渐变式阻抗变换器。

2. 支节调配器

支节调配器是在传输线上并接或串接终端短路的传输线（又称支节），产生新的反射波抵消原来的反射波，从而达到匹配。这种匹配有单支节、双支节和三支节三种。下面仅介绍单支节匹配。

(1) 串联单支节调配器

如图 1-20 所示，假设传输线与支节的特性阻抗均为 Z_0，长度为 l_2 的单支节串联于距负载 l_1 处，负载阻抗 Z_L，设终端反射系数为 $\Gamma_L=|\Gamma_L|e^{j\phi_L}$，工作波长 λ，驻波系数为 ρ，则距负载第一个电压波腹点的距离及该点的阻抗分别为

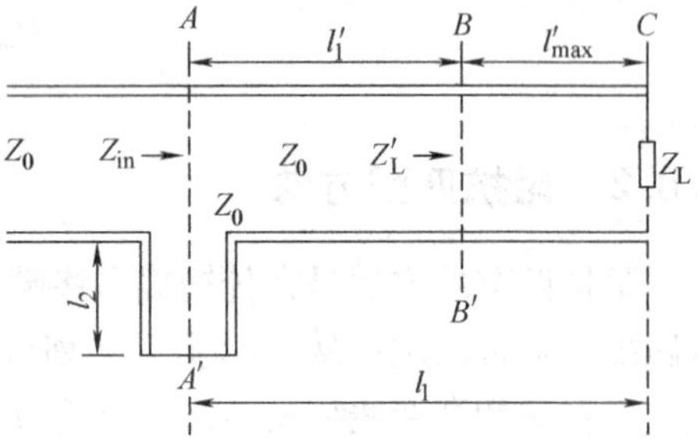

图 1-20 串联单支节调配器

$$\begin{cases} l'_{max}=\dfrac{\lambda}{4\pi}\phi_L \\ Z_L'=Z_0\rho \end{cases} \tag{1-89}$$

参考面 AA' 处输入阻抗为

$$Z_{in1}=Z_0\frac{Z_L'+jZ_0\tan(\beta l_1')}{Z_0+jZ_L'\tan(\beta l_1')}=R_L+jX_L \tag{1-90}$$

其中，$l_1'=l_1-l'_{max}$，终端短路的串联支节输入阻抗为

$$Z_{in2}=jZ_0\tan(\beta l_2) \tag{1-91}$$

总输入阻抗

$$Z_{in}=Z_{in1}+Z_{in2}=R_L+jX_L+jZ_0\tan(\beta l_2) \tag{1-92}$$

总输入阻抗与传输线特性阻抗匹配得

$$\begin{cases} R_L=Z_0 \\ X_L+Z_0\tan(\beta l_2)=0 \end{cases} \tag{1-93}$$

方程中的一组解为

$$\begin{cases} \tan\beta l_1' = \sqrt{\dfrac{Z_0}{Z_L'}} = \dfrac{1}{\sqrt{\rho}} \\ \tan\beta l_2 = \dfrac{Z_L' - Z_0}{\sqrt{Z_0 Z_L'}} = \dfrac{\rho - 1}{\sqrt{\rho}} \end{cases} \tag{1-94}$$

即

$$\begin{cases} l_1' = \dfrac{\lambda}{2\pi}\arctan\dfrac{1}{\sqrt{\rho}} \\ l_2 = \dfrac{\lambda}{2\pi}\arctan\dfrac{\rho - 1}{\sqrt{\rho}} \end{cases} \tag{1-95}$$

因此，串联单支节距负载距离为 $l_1 = l_1' + l_{\max}$。

（2）并联单支节调配器

如图 1-21 所示，假设传输线与支节的特性导纳均为 Y_0，长度为 l_2 的单支节并联于距负载 l_1 处，负载导纳 Y_L，设终端反射系数为 $\Gamma_L = |\Gamma_L| e^{j\phi_L}$，工作波长 λ，驻波系数为 ρ，则距负载第一个电压波节点的距离及该点的导纳分别为

$$\begin{cases} l_{\min}' = \dfrac{\lambda}{4\pi}\phi_L \pm \dfrac{\lambda}{4} \\ Y_L' = Y_0\rho \end{cases} \tag{1-96}$$

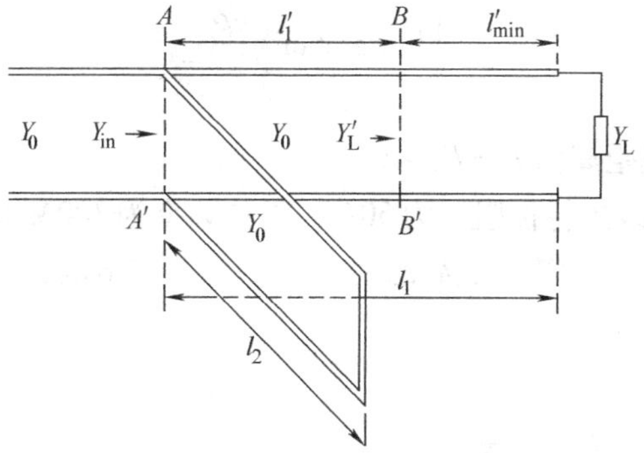

图 1-21　并联单支节调配器

参考面 AA' 处输入导纳为

$$Y_{in1} = Y_0 \frac{Y_L' + jY_0\tan(\beta l_1')}{Y_0 + jY_L'\tan(\beta l_1')} = G_L + jB_L \tag{1-97}$$

其中，$l_1' = l_1 - l_{\min}'$，终端短路的串联支节输入导纳为

$$Y_{in2} = -\frac{jY_0}{\tan(\beta l_2)} \tag{1-98}$$

总输入导纳

$$Y_{in} = Y_{in1} + Y_{in2} = G_L + jG_L - \frac{jY_0}{\tan(\beta l_2)} \tag{1-99}$$

总输入导纳与传输线特性导纳匹配得

$$\begin{cases} Y_L = Y_0 \\ B_L \tan(\beta l_2) - Y_0 = 0 \end{cases} \tag{1-100}$$

获得上述方程中的一组解为

$$\begin{cases} \tan\beta l_1' = \sqrt{\dfrac{Y_0}{Y_L'}} = \dfrac{1}{\sqrt{\rho}} \\ \tan\beta l_2 = \dfrac{\sqrt{\rho}}{1-\sqrt{\rho}} \end{cases} \tag{1-101}$$

即

$$\begin{cases} l_1' = \dfrac{\lambda}{2\pi}\arctan\dfrac{1}{\sqrt{\rho}} \\ l_2 = \arctan\dfrac{\sqrt{\rho}}{1-\sqrt{\rho}} \end{cases} \tag{1-102}$$

因此，并联单支节距负载距离为 $l_1 = l'_1 + l_{min}$。

例题1-6　无耗传输线的特性阻抗为50Ω，工作频率为300MHz，终端接有负载 $Z_L = (40+j110)\Omega$，求串联短路匹配支节离负载的距离 l_1 及短路支节的长度 l_2。

解　工作波长 $\lambda = c/f = 1\text{m}$

终端反射系数

$$\Gamma_L = |\Gamma_L| e^{j\phi_L} = \frac{Z_L - Z_0}{Z_L + Z_0} = 0.5545 + j0.5446 = 0.7772e^{j0.7764}$$

驻波系数　　$$\rho = \frac{1+|\Gamma_L|}{1-|\Gamma_L|} = 7.9445$$

第一个波腹点的位置　　$$l_{max} = \frac{\lambda}{4\pi}\phi_L = 0.0618\text{m}$$

支节位置　　$$l_1 = l_{max} + \frac{\lambda}{2\pi}\arctan\frac{1}{\sqrt{\rho}} = 0.1161\text{m}$$

支节长度
$$l_2 = \frac{\lambda}{2\pi}\arctan\frac{\rho - 1}{\sqrt{\rho}} = 0.1886\text{m}$$

1.9 分贝

分贝（dB）是描述两个功率或功率密度之比的一种单位，它等于功率或功率密度之比的常用对数的十倍，是一个无量纲的比值。常用于描述电路中功率增加或损耗的程度，若 P_1 和 P_2 为两个功率量，则两个功率的比值为 $\frac{P_1}{P_2}$，若以分贝（dB）表示为

$$N(\text{dB}) = 10\lg\frac{P_1}{P_2} \tag{1-103}$$

显然，分贝可转换为功率比 $\frac{P_1}{P_2} = 10^{N(\text{dB})/10}$

由于 $P = U^2/R$，电压用分贝可表示为

$$N(\text{dB}) = 20\lg\frac{U_1}{U_2} \tag{1-104}$$

（1）分贝瓦（dBW）

如果所选参考功率 $P_2 = 1\text{W}$，则可用分贝瓦单位，即

$$N(\text{dBW}) = 10\lg\frac{P_1}{1\text{W}} \tag{1-105}$$

如：1W = 0dBW，10W = 10dBW，0.1W = −10dBW

（2）分贝毫瓦（dBm）

如果所选参考功率 $P_2 = 1\text{mW}$（10^{-3}W），则可用分贝毫瓦单位，即

$$N(\text{dBm}) = 10\lg\frac{P_1}{1\text{mW}} \tag{1-106}$$

如：1mW = 0dBm，10mW = 10dBm，1W = 30dBm，0.1mW = −10dBm

增益和损耗。通常采用分贝描述电路中的增益和损耗，若输入功率和输出功率分别用 P_{in} 和 P_{out} 表示，则增益（Gain）为

$$G(\text{dB}) = 10\lg\frac{P_{out}}{P_{in}} \tag{1-107}$$

当电路中的输出功率减少时，可用损耗（Loss）来描述

$$L(\text{dB}) = 10\lg\frac{P_{in}}{P_{out}} \tag{1-108}$$

对于一个多级级联网络，以dB表示的增益分别为 G_1，G_2，…，G_n，损耗分别为 L_1，L_2，…，L_m，则网络的总增益分贝数等于各级增益分贝数之和减去各级损耗分贝数之和，即

$$G_{total} = G_1 + G_2 + \cdots + G_n - (L_1 + L_2 + \cdots + L_m) \tag{1-109}$$

例如一个电路系统，如图1-22所示，若输入功率 $P_{in} = 1\text{mW} = 0\text{dBm}$，求 P_{out}。

$$P_{out} = P_{in} + G_1 + G_2 + G_3 - L_1 = 0\text{dBm} + 20\text{dB} + 20\text{dB} + 20\text{dB} - 2\text{dB} = 58\text{dBm}$$

也即
$$P_{out} \approx 631\text{W}$$

若不用分贝计算，用比值时，要将分贝转化为比值

$$G_1 = G_2 = G_3 = 100\ ,\ L_1 = 10^{0.2} = 1.5849$$

则输出功率 $P_{out} = \dfrac{P_{in}G_1G_2G_3}{L_1} = \dfrac{1\text{mW}\times 100\times 100\times 100}{1.5849} \approx 6.31\times 10^5\text{mW} = 631\text{W}$

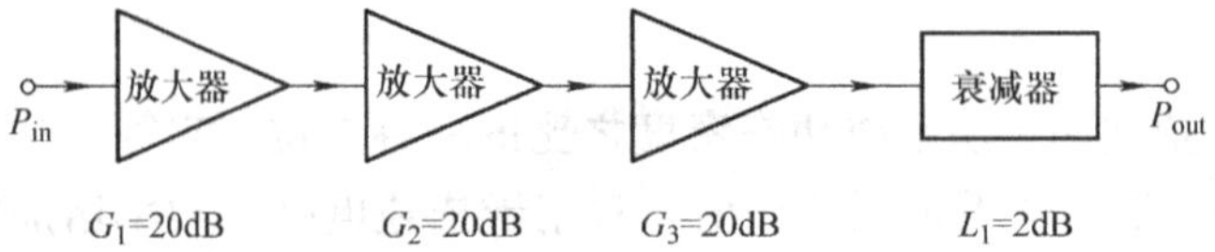

图1-22 级联电路

1.10 奈培（Np）

奈培定义为两个电压、电流或场强的比值的自然对数（以e为底的对数），通常作为放大或衰减的单位。若电压由 U_1 衰减至 U_2，则有 $\dfrac{U_2}{U_1} = e^{-N}$。

N 是以奈培表示的衰减量，其定义为

$$N(\text{Np}) = \log_e(U_2/U_1)^{-1} = -\ln(U_2/U_1) \tag{1-110}$$

奈培与分贝在单位上的相互转换关系推导如下

$$1\text{Np} = -\ln(U_2/U_1)$$

$$\frac{U_2}{U_1} = 1/e$$

则有 $1\text{Np} = 20\lg[1/(U_2/U_1)] = 20\lg(e) \approx 8.686\text{dB}$

即 $1\text{Np} \approx 8.686\text{dB}$

习 题 1

1.1 传输线长度为10cm，当信号频率为120kHz时，此传输线属于长线还是短线？

1.2 特性阻抗为50Ω的长线终端接负载时，测得反射系数模 $|\Gamma| = 0.4$，求线上电压波腹点和波节点处的输入阻抗。

1.3 已知无耗传输线接终端负载 $Z_L = (40 - j30)\Omega$；求

（1）要使传输线上驻波比最小，传输线的特性阻抗应为多少？

（2）此时最小的反射系数及驻波比各为多少？

（3）第一个波节点离终端的距离是多少？

1.4 设特性阻抗为50Ω的均匀传输线终端接负载 $Z_L = 200\Omega$，求

（1）负载反射系数；

（2）在离 0.25λ、0.5λ 负载处的输入阻抗及反射系数分别为多少？

1.5 试证明无耗传输线上任意相距 $\lambda/4$ 的两点处的阻抗的乘积等于传输线特性阻抗的平方。

1.6 有一特性阻抗 $Z_0 = 50\Omega$ 的无耗均匀传输线，导体间的介质参数为 $\varepsilon_r = 3.2$，$\mu_r = 1$，终端接有 $R_L = 2\Omega$ 的负载。当 $f = 200\text{MHz}$ 时，其线长度为 $\lambda_g/4$。求

（1）传输线的长度；

（2）负载终端反射系数；

（3）输入端反射系数；

（4）输入端阻抗。

1.7　已知长线特性阻抗 $Z_0=50\Omega$，负载阻抗 $Z_L=(30-j20)\Omega$，用圆图确定终端反射系数。

1.8　一均匀无耗传输线特性阻抗为 $Z_0=50\Omega$，终端接未知负载 Z_L，测得传输线电压最大值和最小值分别为200mV 和 40mV，已知第一个电压波节点离负载距离为 $l_{min}=\lambda/3$，求负载阻抗 Z_L。

1.9　特性阻抗为400Ω 的无耗传输线上，测得 $|U|_{max}=150V$，$|U|_{min}=30V$，第一个电压波节点的位置 $l_{min}=0.15\lambda$，求负载 Z_L，若用并联支节进行匹配，求出支节的位置和长度。

1.10　均匀无耗传输线的特性阻抗为60Ω，负载阻抗为 $Z_L=(70+j140)\Omega$，工作波长 $\lambda=40cm$，计算串联支节匹配器的位置和长度。

1.11　特性阻抗为 $Z_0=200\Omega$ 的均匀无耗传输线，终端接有负载 $Z_L=(300+j100)\Omega$，用 $\lambda/4$ 阻抗变换器实现阻抗匹配如图 1-23 所示，试求 $\lambda/4$ 阻抗变换器的特性阻抗 Z_{01} 及离终端的距离。

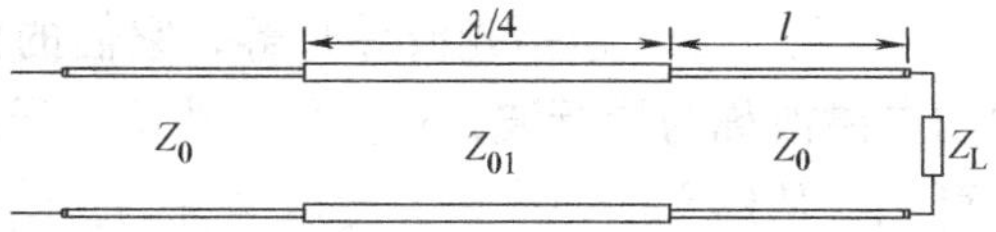

图 1-23　习题 1.11 图

1.12　已知长线特性阻抗 $Z_0=500\Omega$，负载阻抗 $Z_L=(800-j600)\Omega$，令 $\beta l=60°$。求终端反射系数、驻波系数及输入阻抗。

1.13　一个天线连接到50Ω 的传输线上，驻波比为1.5。若发射功率为5W，求反射功率。

第2章　波导传输线

2.1　引言

用来引导电磁波传播或传输电磁能量的装置统称为传输系统，简称传输线，在微波传输线中，如双导线、同轴线、空心的金属波导（矩形、圆形、椭圆形和其他形状的波导管等），以及带状线、微带线和介质波导（包括光波导）等，它们的作用都是导引电磁波沿着一定的方向传播，被导引的电磁波称为导行波，这些传输线称为导波系统，简称波导。导波系统也可以称为传输线。可见，从广义的角度讲，导波系统与传输线两者的含义是一样的。

微波传输线从其结构上大致可分三类，第一类为双导体结构的传输线，如平行板传输线、同轴线、带状线及微带线等，传输的电磁波的波型主要是横电磁（TEM）波或准横电磁波，所以又称为TEM波传输线；第二类为单导体结构的传输线，如矩形波导、圆波导、椭圆波和脊波导等，传输的波型主要是横电（TE）波或横磁（TM）波，它们都为色散波，所以又称为色散波传输线；第三类为介质传输线，如光纤，其传输的波型是横电波和横磁波的混合波，也属于色散波传输线。

在本章，首先从“场”理论分析出发，求解规则波导在特定边界条件下电磁波所满足的波动方程，得到电磁场的时空变化规律，并分析电磁波沿线的传播特性。推导出柱状规则波导的一般表示式和结论，然后再利用它们具体地讨论矩形和圆形波导中的场分布，以及实际应用中的一些问题。此外，还对同轴线中的场分布及微带线场分布进行了讨论。

2.2　规则波导中的电磁波

所谓规则波导，是指沿其轴线方向，横截面的形状、尺寸，以及填充介质的分布状态和电参数均不变化的无限长的直波导。显然，实际波导的长度不可能是无限的，在这里只是一种抽象化了的物理模型。假设我们研究的是柱状规则波导，且波沿纵轴 z 方向传播，对于无源简谐场，常常将场量进行时空分离，问题处理起来将变得更为方便，如对于电场

$$\boldsymbol{E}(x,y,z,t)=\boldsymbol{E}(x,y,z)\mathrm{e}^{\mathrm{j}\omega t} \tag{2-1}$$

对于磁场也作同样的处理，而电磁场的空间变化部分，满足波动方程

$$\nabla^2\boldsymbol{E}+k^2\boldsymbol{E}=0 \tag{2-2}$$

$$\nabla^2\boldsymbol{H}+k^2\boldsymbol{H}=0 \tag{2-3}$$

式中，$k^2=\omega^2\mu\varepsilon$。

以空间变化部分电场量 $\boldsymbol{E}(x,\ y,\ z)$ 为例（磁场量 $\boldsymbol{H}(x,\ y,\ z)$ 的处理方法相同），简要说明一下处理步骤，将 $\boldsymbol{E}(x,\ y,\ z)$ 分离为横向分布函数和纵向分布函数，即 $\boldsymbol{E}(x,y,z)=\boldsymbol{E}$

$(x,y)\boldsymbol{Z}(z)$，代入方程式（2-2），可得两个方程，一个关于 $\boldsymbol{Z}(z)$，可以直接求得。另一个是关于 $\boldsymbol{E}(x,\ y)$的二阶偏微分方程。为求解 $\boldsymbol{E}(x,\ y)$，将其分解为横向分量和纵向分量之和，即

$$\boldsymbol{E}(x,y)=\boldsymbol{E}_t(x,y)+a_z\boldsymbol{E}_z(x,y)$$

最后，根据边界条件，求出场的纵向分量 $\boldsymbol{E}_z(x,\ y)$，进一步求得其他分量。

2.2.1　纵向传输函数的表达式

$$\boldsymbol{E}(x,y,z)=\boldsymbol{E}(x,y)\boldsymbol{Z}(z) \tag{2-4}$$

$$\nabla^2=\frac{\partial^2}{\partial x^2}+\frac{\partial^2}{\partial y^2}+\frac{\partial^2}{\partial z^2}=\nabla_t^2+\frac{\partial^2}{\partial z^2} \tag{2-5}$$

将以上两式代入式（2-2）得

$$-\frac{(\nabla_t^2+k^2)\boldsymbol{E}(x,y)}{\boldsymbol{E}(x,y)}=\frac{\dfrac{\mathrm{d}^2}{\mathrm{d}z^2}\boldsymbol{Z}(z)}{\boldsymbol{Z}(z)}=\gamma^2 \tag{2-6}$$

整理得

$$\begin{cases}\nabla_t^2\boldsymbol{E}(x,y)+(k^2+\gamma^2)\boldsymbol{E}(x,y)=0\\ \dfrac{\mathrm{d}^2}{\mathrm{d}z^2}\boldsymbol{Z}(z)-\gamma^2\boldsymbol{Z}(z)=0\end{cases} \tag{2-7}$$

第二式的通解为

$$\boldsymbol{Z}(z)=A_+\mathrm{e}^{-\gamma z}+A_-\mathrm{e}^{+\gamma z} \tag{2-8}$$

式中，γ 为波的传播常数。

假设金属波导为无限长，且无反射波，即 $A_-=0$，因此，纵向电场的纵向分量解的形式为

$$\boldsymbol{Z}(z)=A_+\mathrm{e}^{-\gamma z} \tag{2-9}$$

式中，A_+为待定常数。

当系统无耗传输时，满足 $\gamma=\mathrm{j}\beta$，β 为相移常数。若考虑时间因子 $\mathrm{e}^{\mathrm{j}\omega t}$，则得到导行波的通解为

$$\boldsymbol{E}(x,y,z)=\boldsymbol{E}(x,y)\mathrm{e}^{\mathrm{j}(\omega t-\beta z)} \tag{2-10}$$

式中，常数包含在 $\boldsymbol{E}(x,\ y)$ 中。

同理得

$$\boldsymbol{H}(x,y,z)=\boldsymbol{H}(x,y)\mathrm{e}^{\mathrm{j}(\omega t-\beta z)} \tag{2-11}$$

令　$k_c^2=k^2+\gamma^2$，对于横向分布函数 $\boldsymbol{E}(x,\ y)$，由式（2-7）得

$$\nabla_t^2\boldsymbol{E}(x,y)+k_c^2\boldsymbol{E}(x,y)=0 \tag{2-12}$$

同理
$$\nabla_t^2\boldsymbol{H}(x,y)+k_c^2\boldsymbol{H}(x,y)=0 \tag{2-13}$$
当相移常数$\beta=0$时，此时波导系统不能传播能量，也称为截止，此时$k_c=k$，故将k_c称为截止波数。
$$k_c=\frac{2\pi}{\lambda_c} \tag{2-14}$$
式中，λ_c称为截止波长，对应的截止频率
$$f_c=\frac{c}{\lambda_c} \tag{2-15}$$
在直角坐标系中，场的横向分布函数为
$$\boldsymbol{E}(x,y)=\boldsymbol{a}_x\boldsymbol{E}_x(x,y)+\boldsymbol{a}_y\boldsymbol{E}_y(x,y)+\boldsymbol{a}_z\boldsymbol{E}_z(x,y) \tag{2-16}$$
$$\boldsymbol{H}(x,y)=\boldsymbol{a}_x\boldsymbol{H}_x(x,y)+\boldsymbol{a}_y\boldsymbol{H}_y(x,y)+\boldsymbol{a}_z\boldsymbol{H}_z(x,y) \tag{2-17}$$
将以上两式代入式（2-7）可得纵向分量满足的标量波动方程
$$\nabla_t^2\boldsymbol{E}_z(x,y)+k_c^2\boldsymbol{E}_z(x,y)=0 \tag{2-18}$$
$$\nabla_t^2\boldsymbol{H}_z(x,y)+k_c^2\boldsymbol{H}_z(x,y)=0 \tag{2-19}$$
利用麦克斯韦方程
$$\nabla\times\boldsymbol{E}=-\mathrm{j}\omega\mu\boldsymbol{H} \tag{2-20}$$
$$\nabla\times\boldsymbol{H}=\mathrm{j}\omega\varepsilon\boldsymbol{E} \tag{2-21}$$
获得各分量的表达式
$$(\nabla\times\boldsymbol{E})_x=\frac{\partial\boldsymbol{E}_z}{\partial y}-\frac{\partial\boldsymbol{E}_y}{\partial z}=-\mathrm{j}\omega\mu\boldsymbol{H}_x \tag{2-22}$$
$$(\nabla\times\boldsymbol{E})_y=\frac{\partial\boldsymbol{E}_x}{\partial z}-\frac{\partial\boldsymbol{E}_z}{\partial x}=-\mathrm{j}\omega\mu\boldsymbol{H}_y \tag{2-23}$$
$$(\nabla\times\boldsymbol{H})_x=\frac{\partial\boldsymbol{H}_z}{\partial y}-\frac{\partial\boldsymbol{H}_y}{\partial z}=\mathrm{j}\omega\varepsilon\boldsymbol{E}_x \tag{2-24}$$
$$(\nabla\times\boldsymbol{H})_y=\frac{\partial\boldsymbol{H}_x}{\partial z}-\frac{\partial\boldsymbol{H}_z}{\partial x}=\mathrm{j}\omega\varepsilon\boldsymbol{E}_y \tag{2-25}$$
将式(2-10)和式(2-11)略去时间因子且代入上式，并注意$\frac{\partial\boldsymbol{E}_x}{\partial z}=-\mathrm{j}\beta\boldsymbol{E}_x$，$\frac{\partial\boldsymbol{H}_x}{\partial z}=-\mathrm{j}\beta\boldsymbol{H}_x\cdots$，得

$$\begin{cases} E_x = -\dfrac{j}{k_c^2}\left(\omega\mu\dfrac{\partial H_z}{\partial y} + \beta\dfrac{\partial E_z}{\partial x}\right) \\ E_y = \dfrac{j}{k_c^2}\left(\omega\mu\dfrac{\partial H_z}{\partial x} - \beta\dfrac{\partial E_z}{\partial y}\right) \\ H_x = \dfrac{j}{k_c^2}\left(-\beta\dfrac{\partial H_z}{\partial x} + \omega\varepsilon\dfrac{\partial E_z}{\partial y}\right) \\ H_y = -\dfrac{j}{k_c^2}\left(\beta\dfrac{\partial H_z}{\partial y} + \omega\varepsilon\dfrac{\partial E_z}{\partial x}\right) \end{cases} \tag{2-26}$$

由上式可见，把两个纵向分量 $\boldsymbol{E}_z$ 和 $\boldsymbol{H}_z$ 作为独立分量，其他 4 个分量均可用纵向分量表示，因此，求解电磁场问题就转化为求解关于两个纵向分量的方程。

同样的方法，可得圆柱坐标系下同样以纵向分量表示的横向分量

$$\begin{cases} E_r = -\dfrac{j}{k_c^2}\left(\beta\dfrac{\partial E_z}{\partial r} + \dfrac{\omega\mu\partial H_z}{r\ \partial\phi}\right) \\ E_\phi = \dfrac{j}{k_c^2}\left(\omega\mu\dfrac{\partial H_z}{\partial r} - \dfrac{\beta\ \partial E_z}{r\ \partial\phi}\right) \\ H_r = \dfrac{j}{k_c^2}\left(-\beta\dfrac{\partial H_z}{\partial r} + \dfrac{\omega\varepsilon\partial E_z}{r\ \partial\phi}\right) \\ H_\phi = -\dfrac{j}{k_c^2}\left(\dfrac{\beta\ \partial H_z}{r\ \partial\phi} + \omega\varepsilon\dfrac{\partial E_z}{\partial r}\right) \end{cases} \tag{2-27}$$

2.2.2　传输特性

描述波导传输特性的主要参数：相移常数、相速、波阻抗及传输功率，以下分别讨论。

1. 相移常数 $\boldsymbol{\beta}$

$$\beta = \sqrt{k^2 - k_c^2} \tag{2-28}$$

式中，k 是工作波数，$k = \dfrac{2\pi}{\lambda} = \omega\sqrt{\mu\varepsilon}$；$k_c$ 为截止波数，$k_c = \dfrac{2\pi}{\lambda_c}$；$\lambda$ 及 λ_c 分别为工作波长和截止波长。

2. 相速 v_p

电磁波在传播中，其等相面运动的速率称为相速，则波导中的相速有

$$v_p = \frac{\omega}{\beta} = \frac{\omega}{\sqrt{k^2 - k_c^2}} = \frac{c/\sqrt{\mu_r\varepsilon_r}}{\sqrt{1 - k_c^2/k^2}}\text{（}c\text{ 为真空中的光速）} \tag{2-29}$$

对于导行波有 $k > k_c$，得 $v_p > c/\sqrt{\mu_r\varepsilon_r}$，说明在规则波导中的波传播速率要比在自由介质中的传播速率要快。另外，当存在色散时，相速 v_p 已不能很好地描述波的传播速度，这时要引入群速的概念，导行波的群速度定义为

$$v_g = \frac{d\omega}{d\beta} = \frac{1}{d\beta/d\omega} = \frac{c}{\sqrt{\mu_r \varepsilon_r}}\sqrt{1 - k_c^2/k^2} \tag{2-30}$$

3. 波导波长 λ_g

导行波的波长称为波导波长，用 λ_g 表示

$$\lambda_g = \frac{2\pi}{\beta} = \frac{2\pi}{\sqrt{k^2 - k_c^2}} \tag{2-31}$$

4. 波阻抗

某个波型的横向电场和横向磁场之比称为波阻抗，表达式为

$$\eta = \frac{\boldsymbol{E}_t}{\boldsymbol{H}_t} = \sqrt{\frac{\mu}{\varepsilon}} \tag{2-32}$$

5. 传输功率

根据坡印亭矢量，波导中某个波型的传输功率为

$$\begin{aligned} P &= \frac{1}{2}\mathrm{Re}\int_S (\boldsymbol{E}_t \times \boldsymbol{H}_t^*)\, d\boldsymbol{S} = \frac{1}{2}\mathrm{Re}\int_S (\boldsymbol{E}_t \times \boldsymbol{H}_t^*)\boldsymbol{a}_z dS \\ &= \frac{1}{2\eta}\int_S |\boldsymbol{E}_t|^2 dS = \frac{\eta}{2}\int_S |\boldsymbol{H}_t|^2 dS \end{aligned} \tag{2-33}$$

2.2.3 导行波分类

约束或导引电磁波的能量沿一定方向传输的结构称为导波结构，在这种导波结构中传输的电磁波称为导行波。由式(2-26)和式(2-27)看出，电磁场分量只与分量 $\boldsymbol{E}_z$ 和分量 $\boldsymbol{H}_z$ 有关，这也是导行波分类的理论依据，以下分别讨论。

1. 横电磁波

横电磁波(TEM 波)的特征：$\boldsymbol{E}_z = 0$ 和 $\boldsymbol{H}_z = 0$。

当 $k_c^2 = 0$，即 $k_c = 0$ 时，这时必定有 $\boldsymbol{E}_z = 0$ 和 $\boldsymbol{H}_z = 0$，由式（2-18）和式（2-19）可以说明这一点，若两者不等于零，$\boldsymbol{E}_x$、$\boldsymbol{E}_y$、$\boldsymbol{H}_x$ 及 $\boldsymbol{H}_y$ 均将为无穷大，这种情况在实际中是不存在的。$k_c = 0$ 也即截止频率 $f_c = 0$，这意味着该波可在任意频率下都处于传播状态，即没有截止状态，我们把这种既无纵向电场 $\boldsymbol{E}_z$ 也无纵向磁场 $\boldsymbol{H}_z$，只有横向电场和磁场的波，称为横电磁波，简称 TEM 波。

对于 TEM 波，$\beta = k$，因此相速、波长及波阻抗均与无界空间均匀媒质中相同，且其电场、磁场和传播方向三者互相垂直。由电磁场理论，TEM 波在真空（或空气）中自由传输的波阻抗

$$\eta_{TEM} = \frac{\boldsymbol{E}_x}{\boldsymbol{H}_y} = -\frac{\boldsymbol{E}_y}{\boldsymbol{H}_x} = \eta_0 = \sqrt{\frac{\mu_0}{\varepsilon_0}} = 120\pi\Omega \tag{2-34}$$

在均匀介质中自由传输的波阻抗

$$\eta_{TEM} = \frac{\boldsymbol{E}_x}{\boldsymbol{H}_y} = -\frac{\boldsymbol{E}_y}{\boldsymbol{H}_x} = \eta = \sqrt{\frac{\mu}{\varepsilon}} = \sqrt{\frac{\mu_0\mu_r}{\varepsilon_0\varepsilon_r}} = 120\pi\sqrt{\frac{\mu_r}{\varepsilon_r}} = \frac{120\pi}{\sqrt{\varepsilon_r}}\Omega \tag{2-35}$$

通常情况 $\mu_r = 1$。

2. 横电波和横磁波

当 $k_c^2 > 0$ 时，$\boldsymbol{E}_z$ 和 $\boldsymbol{H}_z$ 不能同时为零，否则电磁场的横向分量全为零，系统不会传输任何波。根据两者不能同时为零的条件，下面可分两种情况说明。

（1）横电波

横电波（TE 波）的特征：$\boldsymbol{E}_z = 0$，$\boldsymbol{H}_z \neq 0$

即电场是横向的，而磁场有纵向分量，简称 TE 波。它满足的边界条件

$$\left.\frac{\partial \boldsymbol{H}_z}{\partial \boldsymbol{n}}\right|_S = 0$$

其中，S 为波导周界；$\boldsymbol{n}$ 为边界法向单位矢量。

横电波的场分量由式(2-26)可得

$$\boldsymbol{E}_x = -\frac{\mathrm{j}}{k_c^2}\left(\omega\mu \frac{\partial \boldsymbol{H}_z}{\partial y}\right) \tag{2-36a}$$

$$\boldsymbol{E}_y = \frac{\mathrm{j}}{k_c^2}\left(\omega\mu \frac{\partial \boldsymbol{H}_z}{\partial x}\right) \tag{2-36b}$$

$$\boldsymbol{H}_x = \frac{\mathrm{j}}{k_c^2}\left(-\beta \frac{\partial \boldsymbol{H}_z}{\partial x}\right) \tag{2-36c}$$

$$\boldsymbol{H}_y = -\frac{\mathrm{j}}{k_c^2}\left(\beta \frac{\partial \boldsymbol{H}_z}{\partial y}\right) \tag{2-36d}$$

由上式可得横电波的波阻抗

$$\eta_{\mathrm{TE}} = \frac{\boldsymbol{E}_x}{\boldsymbol{H}_y} = -\frac{\boldsymbol{E}_y}{\boldsymbol{H}_x} = \frac{\omega\mu}{\beta} = \sqrt{\frac{\mu}{\varepsilon}}\frac{1}{\sqrt{1 - k_c^2/k^2}} \tag{2-37}$$

（2）横磁波

横磁波(TM 波)的特征：$\boldsymbol{H}_z = 0$，$\boldsymbol{E}_z \neq 0$

即磁场是横向的，而电场有纵向分量，简称 TM 波。它满足的边界条件

$$\boldsymbol{E}_z \big|_S = 0$$

其中，S 为波导周界。

横磁波的场分量

$$\boldsymbol{E}_x = -\frac{\mathrm{j}}{k_c^2}\left(\beta \frac{\partial \boldsymbol{E}_z}{\partial x}\right) \tag{2-38a}$$

$$\boldsymbol{E}_y = \frac{\mathrm{j}}{k_c^2}\left(-\beta \frac{\partial \boldsymbol{E}_z}{\partial y}\right) \tag{2-38b}$$

$$\boldsymbol{H}_x = \frac{\mathrm{j}}{k_c^2}\left(\omega\varepsilon \frac{\partial \boldsymbol{E}_z}{\partial y}\right) \tag{2-38c}$$

$$\boldsymbol{H}_y = -\frac{\mathrm{j}}{k_c^2}\left(\omega\varepsilon \frac{\partial \boldsymbol{E}_z}{\partial x}\right) \tag{2-38d}$$

横磁波的波阻抗

$$\eta_{TM}=\frac{E_x}{H_y}=-\frac{E_y}{H_x}=\frac{\beta}{\omega\varepsilon}=\sqrt{\frac{\mu}{\varepsilon}}\sqrt{1-k_c^2/k^2} \tag{2-39}$$

对于相速，TE 波和 TM 波的相速均比无界介质空间中的速率要快，即 $v_p=\frac{\omega}{\beta}>c/\sqrt{\mu_r\varepsilon_r}$。

2.3　矩形波导

矩形波导是微波工程中应用最为广泛的传输系统之一，矩形波导通常由金属材料制成，截面为矩形，内部为空气，如图 2-1 所示，a 为矩形波导的宽边，b 为窄边。

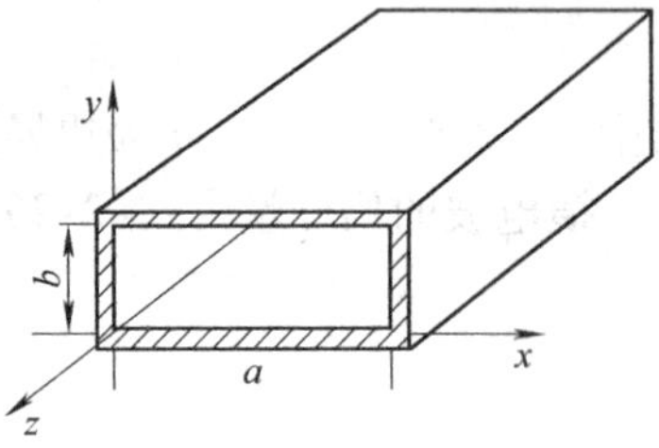

图 2-1　矩形波导

2.3.1　矩形波导中的场

由前面分析得知，矩形波导中只能传输 TE 波和 TM 波，以下分别讨论。

1. TE 波

横电波 $E_z=0$，$H_z\neq0$，由式(2-13)可得二维标量波动方程

$$\nabla_t^2 H_z(x,y)+k_c^2 H_z(x,y)=0 \tag{2-40}$$

利用直角坐标系 $\nabla_t^2=\frac{\partial^2}{\partial x^2}+\frac{\partial^2}{\partial y^2}$

即

$$\left(\frac{\partial^2}{\partial x^2}+\frac{\partial^2}{\partial y^2}\right)H_z(x,y)+k_c^2 H_z(x,y)=0 \tag{2-41}$$

用分离变量法，令 $H_z(x,y)=X(x)Y(y)$

代入上式得

$$\begin{cases}\dfrac{d^2X(x)}{dx^2}+k_x^2X(x)=0\\ \dfrac{d^2Y(y)}{dy^2}+k_y^2Y(y)=0\end{cases} \tag{2-42}$$

其中，$k_c^2=k_x^2+k_y^2$。

于是 $H_z(x,\ y)$ 的通解为

$$H_z(x,y)=X(x)Y(y)=(A\cos k_x x+B\sin k_x x)(C\cos k_y y+D\sin k_y y)$$

式中，A，B，C，D，k_x，k_y 为待定常数，可由边界条件来确定。

利用 TE 波的边界条件

$$\left.\frac{\partial H_z}{\partial n}\right|_S=0$$

即

$$\begin{cases}\left.\dfrac{\partial H_z}{\partial x}\right|_{x=0}=\left.\dfrac{\partial H_z}{\partial x}\right|_{x=a}=0\\ \left.\dfrac{\partial H_z}{\partial y}\right|_{y=0}=\left.\dfrac{\partial H_z}{\partial y}\right|_{y=b}=0\end{cases} \tag{2-43}$$

于是

$$\begin{cases} B=0, & k_x=\dfrac{m\pi}{a} \quad (m=0,\ 1,\ 2,\ \cdots) \\ D=0, & k_y=\dfrac{n\pi}{b} \quad (n=0,\ 1,\ 2,\ \cdots) \end{cases}$$

且

$$(k_c)^2_{mn}=\left(\frac{m\pi}{a}\right)^2+\left(\frac{n\pi}{b}\right)^2$$

则纵向磁场的基本解为

$$\boldsymbol{H}_z(x,y)=AC\cos(k_x x)\cos k_y y=H_{mn}\cos\left(\frac{m\pi}{a}x\right)\cos\left(\frac{n\pi}{b}y\right) \tag{2-44}$$

$$m,\ n=0,\ 1,\ 2,\ \cdots$$

式中，H_{mn}是待定常数。

将式(2-44)代入式(2-26)并利用$\boldsymbol{E}_z=0$，可导出其他 4 个场分量

$$\begin{cases} \boldsymbol{E}_x=\dfrac{j\omega\mu}{k_c^2}\dfrac{n\pi}{b}H_{mn}\cos\left(\dfrac{m\pi}{a}x\right)\sin\left(\dfrac{n\pi}{b}y\right) \\ \boldsymbol{E}_y=\dfrac{-j\omega\mu}{k_c^2}\dfrac{m\pi}{a}H_{mn}\sin\left(\dfrac{m\pi}{a}x\right)\cos\left(\dfrac{n\pi}{b}y\right) \\ \boldsymbol{E}_z=0 \\ \boldsymbol{H}_x=\dfrac{j\beta}{k_c^2}\dfrac{m\pi}{a}H_{mn}\sin\left(\dfrac{m\pi}{a}x\right)\cos\left(\dfrac{n\pi}{b}y\right) \\ \boldsymbol{H}_y=\dfrac{j\beta}{k_c^2}\dfrac{n\pi}{b}H_{mn}\cos\left(\dfrac{m\pi}{a}x\right)\sin\left(\dfrac{n\pi}{b}y\right) \end{cases} \tag{2-45}$$

最后，将式(2-45)乘以因子 $e^{j(\omega t-\beta z)}$，可得到 TE 波的时空状态的解

$$\begin{cases} \boldsymbol{E}_x=\dfrac{j\omega\mu}{k_c^2}\dfrac{n\pi}{b}H_{mn}\cos\left(\dfrac{m\pi}{a}x\right)\sin\left(\dfrac{n\pi}{b}y\right)e^{j(\omega t-\beta z)} \\ \boldsymbol{E}_y=\dfrac{-j\omega\mu}{k_c^2}\dfrac{m\pi}{a}H_{mn}\sin\left(\dfrac{m\pi}{a}x\right)\cos\left(\dfrac{n\pi}{b}y\right)e^{j(\omega t-\beta z)} \\ \boldsymbol{E}_z=0 \\ \boldsymbol{H}_x=\dfrac{j\beta}{k_c^2}\dfrac{m\pi}{a}H_{mn}\sin\left(\dfrac{m\pi}{a}x\right)\cos\left(\dfrac{n\pi}{b}y\right)e^{j(\omega t-\beta z)} \\ \boldsymbol{H}_y=\dfrac{j\beta}{k_c^2}\dfrac{n\pi}{b}H_{mn}\cos\left(\dfrac{m\pi}{a}x\right)\sin\left(\dfrac{n\pi}{b}y\right)e^{j(\omega t-\beta z)} \end{cases} \tag{2-46}$$

一组 m、n，对应一种 TE 波型或模式，称为 TE_{mn}（或 H_{mn}）模，由上式可见，m、n 不能同时为零，否则场分量全为零，因此，矩形波导存在 TE_{0n}、TE_{m0} 和 TE_{mn}（$m,\ n\neq0$），其中最低次模是 TE_{10}模，不存在 TE_{00}模。

2. TM 波

TM 波有 $\boldsymbol{E}_z\neq0$，$\boldsymbol{H}_z=0$，由式(2-12)可得二维标量波动方程

$$\nabla_t^2 \boldsymbol{E}_z(x,y) + k_c^2 \boldsymbol{E}_z(x,y) = 0 \tag{2-47}$$

此方程的通解为

$$\boldsymbol{E}_z(x,y) = (A\cos k_x x + B\sin k_x x)(C\cos k_y y + D\sin k_y y) \tag{2-48}$$

利用TM波的边界条件

$$\begin{cases} \boldsymbol{E}_z(0,y) = \boldsymbol{E}_z(a,y) = 0 \\ \boldsymbol{E}_z(x,0) = \boldsymbol{E}_z(x,b) = 0 \end{cases} \tag{2-49}$$

得出TM波的场分量时空状态的表达式

$$\begin{cases} \boldsymbol{E}_x = \dfrac{-\mathrm{j}\beta}{k_c^2}\dfrac{m\pi}{a}E_{mn}\cos\left(\dfrac{m\pi}{a}x\right)\sin\left(\dfrac{n\pi}{b}y\right)\mathrm{e}^{\mathrm{j}(\omega t-\beta z)} \\ \boldsymbol{E}_y = \dfrac{-\mathrm{j}\beta}{k_c^2}\dfrac{n\pi}{b}E_{mn}\sin\left(\dfrac{m\pi}{a}x\right)\cos\left(\dfrac{n\pi}{b}y\right)\mathrm{e}^{\mathrm{j}(\omega t-\beta z)} \\ \boldsymbol{E}_z = E_{mn}\sin\left(\dfrac{m\pi}{a}x\right)\sin\left(\dfrac{n\pi}{b}y\right)\mathrm{e}^{\mathrm{j}(\omega t-\beta z)} \\ \boldsymbol{H}_x = \dfrac{\mathrm{j}\omega\varepsilon}{k_c^2}\dfrac{n\pi}{b}E_{mn}\sin\left(\dfrac{m\pi}{a}x\right)\cos\left(\dfrac{n\pi}{b}y\right)\mathrm{e}^{\mathrm{j}(\omega t-\beta z)} \\ \boldsymbol{H}_y = \dfrac{-\mathrm{j}\omega\varepsilon}{k_c^2}\dfrac{m\pi}{a}E_{mn}\cos\left(\dfrac{m\pi}{a}x\right)\sin\left(\dfrac{n\pi}{b}y\right)\mathrm{e}^{\mathrm{j}(\omega t-\beta z)} \\ \boldsymbol{H}_z = 0 \end{cases} \tag{2-50}$$

$\boldsymbol{E}_{mn}$为模式电场振幅数，与TE波相同，不同的m、n，对应不同的模，称为TM_{mn}（或$\boldsymbol{E}_{mn}$）模，由上式看出，m、n一个也不能为零，都是以1开始的正整数，即矩形波导存在TM波的最低次模是TM_{11}模。

2.3.2 矩形波导中的传输特性

1. 截止波数与截止波长

由前面分析可知，矩形波导TE_{mn}模和TM_{mn}模的截止波数均为

$$(k_c)_{mn}^2 = \left(\frac{m\pi}{a}\right)^2 + \left(\frac{n\pi}{b}\right)^2 \tag{2-51}$$

其对应的截止波长为

$$\lambda_c\ (\mathrm{TE}_{mn}) = \lambda_c(\mathrm{TM}_{mn}) = \frac{2\pi}{k_{cmn}} = \frac{2}{\sqrt{(m/a)^2 + (n/b)^2}} = \lambda_c \tag{2-52}$$

相移常数为

$$\beta = \sqrt{k^2 - k_c^2} = \frac{2\pi}{\lambda}\sqrt{1-\left(\frac{\lambda}{\lambda_c}\right)^2} \tag{2-53}$$

式中，λ为工作波长，$\lambda = 2\pi/k$。

显然，当工作波长λ小于某个模的截止波长λ_c时，也即$\beta^2>0$，该模可在波导中传输，被称为传导模；当工作波长λ大于某个模的截止波长λ_c时，$\beta^2<0$，该模在波导中不能传

输，被称为截止模；对于相同的 m 和 n，TE_{mn} 和 TM_{mn} 模具有相同的截止波长，这些波型称为波的简并，又称为简并模，它们具有相同的传输特性。显然，m 和 n 均不为零的 TE_{mn} 和 TM_{mn} 模是简并型，称之为 E-H 简并；由于矩形波导中不存在 TM_{m0} 和 TM_{0n} 模，所以，TE_{m0} 和 TE_{0n} 这两类模是非简并型。

2. 主模与单模传播

一般情况下矩形波导中的 $a>b$，所以 TE_{10} 波的截止频率要比 TE_{01} 波的截止频率低，具有最低截止频率的模式称为主模，所以 TE_{10} 波是矩形波导的主模。由前面分析可知，工作波长小于截止波长的模式都可以在矩形波导中传播，因此，对于给定的工作波长，波导中可以存在多种传播模式，如图 2-2 所示为矩形波导中各种模式的截止波长分布图，设 $2b<a$，分为三个区域。

Ⅰ区：工作波长 $\lambda \geqslant 2a$，波导中不能传播任何模式的波，称为截止区。

Ⅱ区：$a<\lambda<2a$，波导中只能传播 TE_{10} 波，称为单模工作区。

Ⅲ区：$0<\lambda<a$，波导中可以传播多个模式的波，称为多模工作区。

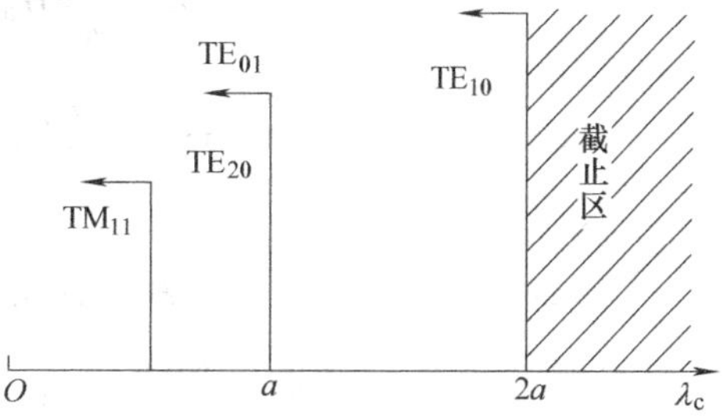

图 2-2 矩形波导中各种模式的截止波长分布图（$2b<a$）

多数情况下，要求矩形波导工作在单模工作区，即要求以 TE_{10} 波传播，因此，为了保证矩形波导中仅仅传播 TE_{10} 波，须满足

$$a<\lambda<2a,\quad 2b<\lambda$$

若给定了工作波长，波导宽壁尺寸应满足

$$\lambda/2<a<\lambda$$

而波导窄壁尺寸应满足

$$b<\lambda/2$$

例题 2-1 设某矩形波导的尺寸为 $a=12\text{cm}$，$b=8\text{cm}$；求工作频率在 1.5GHz 时波导的传输模式。

解 由 $f=1.5\text{GHz}$

得 $\lambda=\dfrac{c}{f}=0.2\text{m}$

于是 $\lambda_c(TE_{10})=2a=0.24\text{m}>\lambda$

$\lambda_c(TE_{01})=2b=0.16\text{m}<\lambda$

$\lambda_c(TM_{11})=\dfrac{2ab}{\sqrt{a^2+b^2}}\approx 0.133\text{m}<\lambda$

可见，该波导仅仅传播 TE_{10} 波。

3. 主模 TE_{10} 波的场分布

将 $m=1$，$n=0$，$k_c=\pi/a$，代入式(2-46)则可得 TE_{10} 波的场分量

$$E_y = -j\frac{\omega\mu a}{\pi}H_{10}\sin\left(\frac{\pi}{a}x\right)e^{j(\omega t-\beta z)} \tag{2-54a}$$

$$H_x = j\frac{\beta a}{\pi}H_{10}\sin\left(\frac{\pi}{a}x\right)e^{j(\omega t-\beta z)} \tag{2-54b}$$

$$H_z = H_{10}\cos\left(\frac{\pi}{a}x\right)e^{j(\omega t-\beta z)} \tag{2-54c}$$

$$E_x = E_z = H_y = 0 \tag{2-54d}$$

对上式取实部，可得其场分量的瞬时值

$$E_y = \frac{\omega\mu a}{\pi}H_{10}\sin\left(\frac{\pi}{a}x\right)\sin(\omega t-\beta z) \tag{2-55a}$$

$$H_x = -\frac{\beta a}{\pi}H_{10}\sin\left(\frac{\pi}{a}x\right)\sin(\omega t-\beta z) \tag{2-55b}$$

$$H_z = H_{10}\cos\left(\frac{\pi}{a}x\right)\cos(\omega t-\beta z) \tag{2-55c}$$

$$E_x = E_z = H_y = 0 \tag{2-55d}$$

由上式可见，TE_{10}波的电场只有 y 分量，电场线在横向平面内，是平行于波导窄壁（y 方向）的直线；而磁场有 x 和 z 方向两方向分量，且磁场线位于波导宽壁 $x-z$ 平面内，是椭圆状的闭合曲线。如图 2-3 所示。

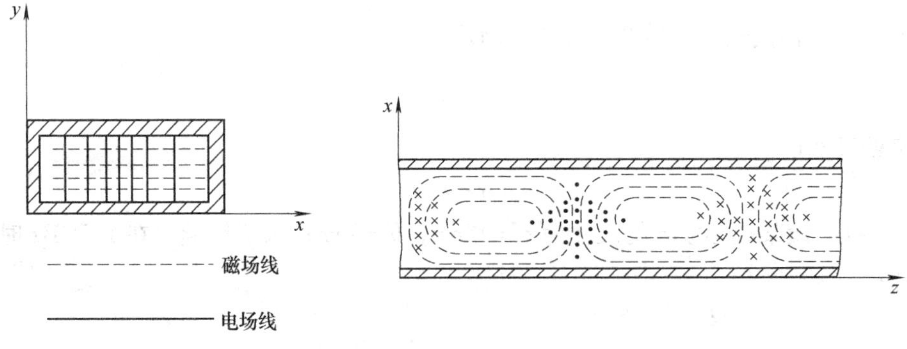

a) b)

图 2-3 矩形波导 TE_{10}波的场分布图

例题 2-2 矩形波导截面尺寸 $a \times b = 46\text{mm} \times 12\text{mm}$，波导中充有空气，信号源频率为 6GHz，试求：

（1）波导中可以传输的模式；

（2）该模式的截止波长 λ_c、相移常数 β、波导波长 λ_g、相度 v_p、群速 v_g 及波阻抗。

解 （1）信号波长

$$\lambda = \frac{c}{f} = \frac{3\times10^8}{6\times10^9}\text{cm} = 5\text{cm}$$

$$\lambda_c(TE_{10}) = 2a = 9.2\text{cm} \qquad \lambda_c(TE_{20}) = a = 4.6\text{cm}$$

因此，波导中只能传输 TE_{10}模。

（2）TE_{10}模的截止波长

$$\lambda_c = 2a = 9.2\text{cm}$$

截止波数　$k_c = \dfrac{\pi}{a} \approx 21.74\pi$

自由空间的波数　$k = \dfrac{2\pi}{\lambda} = 40\pi$

则，相移常数为　$\beta = \sqrt{k^2 - k_c^2} = 105.48$

波导波长为　$\lambda_g = \dfrac{2\pi}{\beta} = 5.95\text{cm}$

相速度和群速度分别为

$$v_p = \frac{\omega}{\beta} = 3.57 \times 10^8 \text{m/s}$$

$$v_g = \frac{d\omega}{d\beta} = c\sqrt{1 - k_c^2/k^2} = 2.52 \times 10^8 \text{m/s}$$

波阻抗为　$\eta_{TE} = \sqrt{\dfrac{\mu_0}{\varepsilon_0}} \dfrac{1}{\sqrt{1 - k_c^2/k^2}} = \dfrac{120\pi}{\sqrt{1 - k_c^2/k^2}} = 449.1\Omega$

2.4　圆形波导

圆形波导是截面为圆形的空心金属波导，简称圆波导，如图 2-4 所示。圆波导具有加工方便、双极化、低损耗等优点，是应用较广泛的波导。圆波导的分析方法与矩形波导的基本相似，只是横截面形状不同，在这里采用柱坐标系（r，ϕ，z），下面简要讨论圆波导的场分量及其基本传输特性。

2.4.1　圆波导中的场

与矩形波导一样，圆波导也只能传输 TE 波和 TM 波。设圆形波导外导体内径为 a，并建立如图 2-4 所示的圆柱坐标。

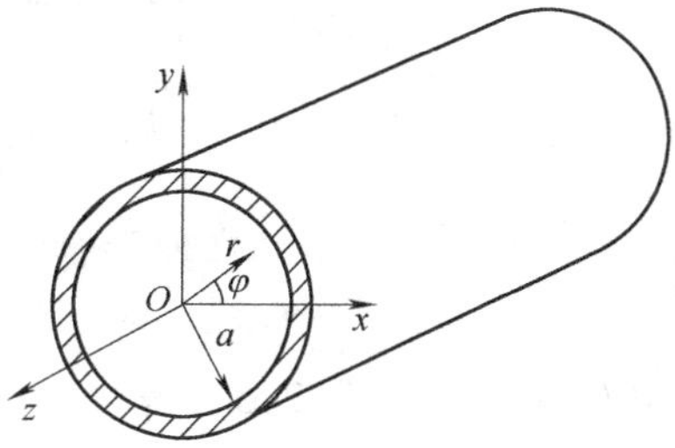

图 2-4　圆形波导示意图

1. TM 波的场分量

沿 z 方向的传输函数 $Z(z)$ 与矩形波导的相同，可表示为

$$Z(z) = e^{j(\omega t - \beta z)} \tag{2-56}$$

横向分布函数可表示为

$$\boldsymbol{E}(r,\varphi) = \boldsymbol{a}_r E_r(r,\varphi) + \boldsymbol{a}_\varphi E_\varphi(r,\varphi) + \boldsymbol{a}_z E_z(r,\varphi) \tag{2-57}$$

上式中的纵向分量 $\boldsymbol{E}_z(r,\varphi)$ 满足如下方程

$$\left(\frac{\partial}{\partial r^2}+\frac{1}{r}\frac{\partial}{\partial r}+\frac{1}{r^2}\frac{\partial}{\partial \varphi^2}\right)\boldsymbol{E}_z(r,\varphi)+k_c^2\boldsymbol{E}_z(r,\varphi)=0 \tag{2-58}$$

用分离变量法，令 $\boldsymbol{E}_z(r,\varphi)=R(r)\Phi(\varphi)$，将其代入式(2-58)，并除以 $R(r)\Phi(\varphi)$，得

$$\frac{1}{R(r)}\left[r^2\frac{\mathrm{d}^2R(r)}{\mathrm{d}r^2}+r\frac{\mathrm{d}R(r)}{\mathrm{d}r}+r^2k_c^2R(r)\right]=-\frac{1}{\Phi(\varphi)}\frac{\mathrm{d}^2\Phi(\varphi)}{\mathrm{d}\varphi^2} \tag{2-59}$$

显然，上式两边均为常数，设常数为 m^2，得

$$r^2\frac{\mathrm{d}^2R}{\mathrm{d}r^2}+r\frac{\mathrm{d}R}{\mathrm{d}r}+(r^2k_c^2-m^2)R=0 \tag{2-60}$$

$$\frac{\mathrm{d}^2\Phi(\varphi)}{\mathrm{d}\varphi^2}+m^2\Phi(\varphi)=0 \tag{2-61}$$

式(2-60)的通解为

$$R(r)=A_1J_m(k_cr)+A_2N_m(k_cr) \tag{2-62}$$

式中，$J_m(x)$、$N_m(x)$ 分别为第一类和第二类 m 阶贝塞尔函数。

式(2-61)的通解为

$$\Phi(\varphi)=B_1\cos m\varphi+B_2\sin m\varphi=B\begin{pmatrix}\cos m\varphi\\ \sin m\varphi\end{pmatrix} \tag{2-63}$$

由于 $r\to0$ 时，$N_m(k_cr)\to-\infty$，不符合物理实际，因此式(2-62)中必然有 $A_2=0$；于是 $\boldsymbol{E}_z(r,\varphi)$ 的通解为

$$\boldsymbol{E}_z(r,\varphi)=R(r)\Phi(\varphi)=A_1BJ_m(k_cr)\begin{pmatrix}\cos m\varphi\\ \sin m\varphi\end{pmatrix}=AJ_m(k_cr)\begin{pmatrix}\cos m\varphi\\ \sin m\varphi\end{pmatrix} \tag{2-64}$$

由边界条件 $r=a$ 时 $\boldsymbol{E}_z=0$，代入式(2-64)，可得

$$J_m(k_ca)=0 \tag{2-65}$$

由上式可见，k_ca 是 m 阶贝塞尔函数的根，设 m 阶贝塞尔函数的第 n 个根为 μ_{mn}，则有

$$k_ca=\mu_{mn},\ k_c=\frac{\mu_{mn}}{a}\quad(n=1,2,3,\cdots) \tag{2-66}$$

且

$$\lambda_c(\mathrm{TM}_{mn})=\frac{2\pi}{k_c}=\frac{2\pi a}{\mu_{mn}} \tag{2-67}$$

将式(2-66)代入式(2-64)得

$$\boldsymbol{E}_z(r,\varphi)=R(r)\Phi(\varphi)=AJ_m\left(\frac{\mu_{mn}}{a}r\right)\begin{pmatrix}\cos m\varphi\\ \sin m\varphi\end{pmatrix} \tag{2-68}$$

考虑到沿 z 方向的瞬时值

$$\boldsymbol{E}_z(r,\varphi,z,t)=AJ_m\left(\frac{\mu_{mn}}{a}r\right)\begin{pmatrix}\cos m\varphi\\ \sin m\varphi\end{pmatrix}\mathrm{e}^{\mathrm{j}(\omega t-\beta z)} \tag{2-69}$$

利用柱坐标系下的纵向分量与横向分量的关系式(2-27)，可得出圆波导 TM 波($\boldsymbol{H}_z=0$)的全

部场分量

$$E_r(r,\varphi,z,t) = -\frac{j\beta aA}{\mu_{mn}}J_m'\left(\frac{\mu_{mn}}{a}r\right)\begin{pmatrix}\cos m\varphi\\ \sin m\varphi\end{pmatrix}e^{j(\omega t-\beta z)} \tag{2-70a}$$

$$E_\varphi(r,\varphi,z,t) = \pm\frac{j\beta mA}{r}\left(\frac{a}{\mu_{mn}}\right)^2 J_m\left(\frac{\mu_{mn}}{a}r\right)\begin{pmatrix}\sin m\varphi\\ \cos m\varphi\end{pmatrix}e^{j(\omega t-\beta z)} \tag{2-70b}$$

$$H_r(r,\varphi,z,t) = \mp\frac{j\omega\varepsilon mA}{r}\left(\frac{a}{\mu_{mn}}\right)^2 J_m\left(\frac{\mu_{mn}}{a}r\right)\begin{pmatrix}\sin m\varphi\\ \cos m\varphi\end{pmatrix}e^{j(\omega t-\beta z)} \tag{2-70c}$$

$$H_\varphi=(r,\varphi,z,t) = -\frac{j\omega\varepsilon aA}{\mu_{mn}}J_m'\left(\frac{\mu_{mn}}{a}r\right)\begin{pmatrix}\cos m\varphi\\ \sin m\varphi\end{pmatrix}e^{j(\omega t-\beta z)} \tag{2-70d}$$

$$H_z=0\ (m=0,1,2,\cdots;n=1,2,3,\cdots) \tag{2-70e}$$

其中，J_m'为贝塞尔函数的一阶导数，$J_m'=\frac{dJ_m}{dr}$。

可见，圆波导中有无穷多个 TM 模，不同的 m 和 n 代表不同的模式，记作 TM_{mn}，m 表示场沿圆周分布的整数波数，n 表示场沿半径分布的最大值个数。其波阻抗为

$$\eta_{TM_{mn}}=\frac{E_r}{H_\varphi}=\frac{\beta_{TM_{mn}}}{\omega\varepsilon} \tag{2-71}$$

相移常数

$$\beta_{TM_{mn}}=\sqrt{k^2-\left(\frac{\mu_{mn}}{a}\right)^2}$$

2. TE 波的场分量

与 TM 波相同的分析方法，可得 TE 波纵向磁场分量 $H_z(r,\varphi,z,t)$为

$$H_z(r,\varphi,z,t)=BJ_m\left(\frac{v_{mn}}{a}r\right)\begin{pmatrix}\cos m\varphi\\ \sin m\varphi\end{pmatrix}e^{j(\omega t-\beta z)} \tag{2-72}$$

式中，v_{mn}是 m 阶贝塞尔函数导数 $J_m'(v)$的第 n 个零点的值，即 $J_m'(v_{mn})=0$，且 $k_c=\frac{v_{mn}}{a}$。

TM 的截止波长

$$\lambda_c(TE_{mn})=\frac{2\pi}{k_c}=\frac{2\pi a}{v_{mn}}$$

于是求得其他场分量

$$H_r(r,\varphi,z,t) = -\frac{j\beta aB}{v_{mn}}J_m'\left(\frac{v_{mn}}{a}r\right)\begin{pmatrix}\cos m\varphi\\ \sin m\varphi\end{pmatrix}e^{j(\omega t-\beta z)} \tag{2-73a}$$

$$H_\varphi(r,\varphi,z,t) = \pm\frac{j\beta mB}{r}\left(\frac{a}{v_{mn}}\right)^2 J_m\left(\frac{v_{mn}}{a}r\right)\begin{pmatrix}\sin m\varphi\\ \cos m\varphi\end{pmatrix}e^{j(\omega t-\beta z)} \tag{2-73b}$$

$$E_r(r,\varphi,z,t) = \pm\frac{j\omega\mu mB}{r}\left(\frac{a}{v_{mn}}\right)^2 J_m\left(\frac{v_{mn}}{a}r\right)\begin{pmatrix}\sin m\varphi\\ \cos m\varphi\end{pmatrix}e^{j(\omega t-\beta z)} \tag{2-73c}$$

$$E_\varphi(r,\varphi,z,t) = \frac{j\omega\mu aB}{v_{mn}}J_m'\left(\frac{v_{mn}}{a}r\right)\begin{pmatrix}\cos m\varphi\\ \sin m\varphi\end{pmatrix}e^{j(\omega t-\beta z)} \tag{2-73d}$$

$$E_z=0\ (m=0,1,2,\cdots;n=1,2,3,\cdots) \tag{2-73e}$$

可见，TE 模在圆波导中也有无穷多个，波形指数 m 和 n 的意义与 TM 模相同。其波阻抗为

$$\eta_{\mathrm{TE}_{mn}}=\frac{\boldsymbol{E}_r}{\boldsymbol{H}_\varphi}=\frac{\omega\mu}{\beta_{\mathrm{TE}_{mn}}} \tag{2-74}$$

式中，$\beta_{\mathrm{TE}_{mn}}=\sqrt{k^2-\left(\frac{v_{mn}}{a}\right)^2}$。

2.4.2 传输特性

圆形波导的TM波和TE波的传输特性不同，这一点与矩形波导不同。分析如下：

1. 截止波长

圆波导的TM_{mn}模和TE_{mn}模的截止波数分别为

$$k_{\mathrm{cTM}_{mn}}=\frac{\mu_{mn}}{a}$$

$$k_{\mathrm{cTE}_{mn}}=\frac{v_{mn}}{a}$$

对应的截止波数为

$$\lambda_c(\mathrm{TM}_{mn})=\frac{2\pi}{k_{\mathrm{cTM}_{mn}}}=\frac{2\pi a}{\mu_{mn}}$$

$$\lambda_c(\mathrm{TE}_{mn})=\frac{2\pi}{k_{\mathrm{cTE}_{mn}}}=\frac{2\pi a}{v_{mn}}$$

圆波导所有模式中，TE_{11}模的截止波长最大，其他截止波长由大到小依次对应的模式为TM_{01}模、TE_{21}模和TE_{01}（或TM_{11}）模，这4种典型模式的截止波长分别为

$$\lambda_c(\mathrm{TE}_{11})=3.41a,\ \lambda_c(\mathrm{TM}_{01})=2.62a,\ \lambda_c(\mathrm{TE}_{21})=2.06a,\ \lambda_c(\mathrm{TE}_{01})=\lambda_c(\mathrm{TM}_{11})=1.64a$$

圆波导的各模式截止波长的分布图如图2-5所示。

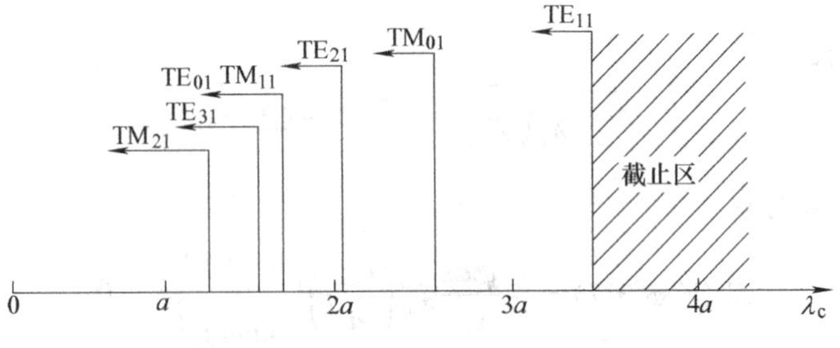

图2-5 圆波导的各模式截止波长的分布图

2. 圆波导中的模式简并

圆波导的简并有两种，一种是E-H简并，另一种是极化简并。

（1）E-H简并

根据贝塞尔函数的性质：$J_0'(x)=-J_1(x)$，这就意味着零阶贝塞尔函数导数的根与一阶贝塞尔函数的根相等，即$v_{0n}=\mu_{1n}$，也就是说TE_{0n}和TM_{1n}这两种波具有相同的截止波长，两者形成简并，称之为E-H简并。

（2）极化简并

从场分量表示式中可以看出，场沿 φ 的分布存在 $\cos m\varphi$ 和 $\sin m\varphi$ 的两种变化的可能性，两者场的分布形状相同，只是极化面旋转了 90°，可看作两种波型，但它们对应相同的截止波长。因此，除 $m=0$ 的波型外，其余波型都存在极化简并。

例题 2-3　已知工作波长 $\lambda=10\text{mm}$，要求单模传输，试确定圆波导的半径，并指出是什么模式？

解　圆波导中两种模式的截止波长为

$$\lambda_c(\text{TE}_{11})=3.41a$$

$$\lambda_c(\text{TM}_{01})=2.62a$$

要保证单模传输，工作波长须满足

$$2.62a<\lambda<3.41a$$

即 $2.93\text{mm}<a<3.82\text{mm}$，可以保证单模传输，且传输的是主模 TE_{11}。

例题 2-4　已知圆波导的半径 $a=4.2\text{cm}$，波导内充有空气，试求：

（1）TE_{11}、TM_{01} 和 TE_{21} 三种模式的截止波长；

（2）当工作波长为 $\lambda=12\text{cm}$ 时，求最低次模的波导波长 λ_g；

（3）求传输单模时频率范围。

解　（1）三种模式的截止波长

$$\lambda_c(\text{TE}_{11})=3.41a\approx14.3\text{cm}$$

$$\lambda_c(\text{TM}_{01})=2.62a\approx11\text{cm}$$

$$\lambda_c(\text{TE}_{21})=2.06a\approx8.65\text{cm}$$

（2）当工作波长为 $\lambda=12\text{cm}$ 时，只出现主模 TE_{11}，其波导波长为

$$\lambda_g=\frac{2\pi}{\beta}=\frac{\lambda}{\sqrt{1-\left(\frac{\lambda}{\lambda_c}\right)^2}}=\frac{12}{\sqrt{1-\left(\frac{12}{13.64}\right)^2}}=25.24\text{cm}$$

（3）单模传输必须满足以下条件：

$$\lambda_c(\text{TM}_{01})<\lambda<\lambda_c(\text{TE}_{11})$$

$$10.96\times10^{-2}<\frac{c}{f}<13.64\times10^{-2}$$

所以实现单模传输的频率范围为

$$2.2\text{GHz}<f<2.7\text{GHz}$$

2.5　同轴线中的导行波

同轴线结构及其柱坐标系示意图如图 2-6 所示，它是一种由内、外导体构成的双导体传输线，也称为同轴波导，a 和 b 分别为内外导体的半径，同轴线中的主波型是 TEM 波，是

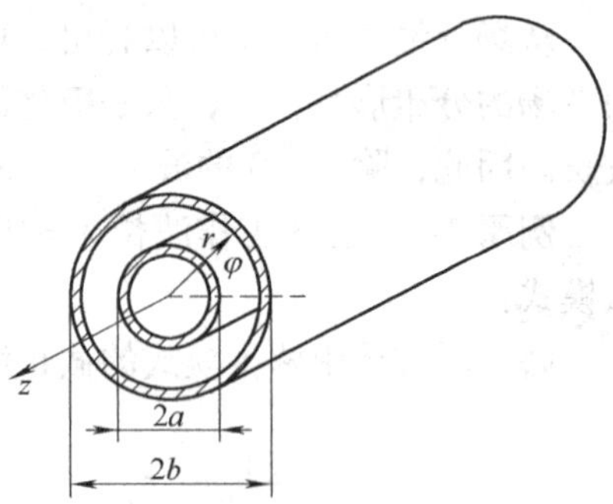

图2-6 同轴线结构及其柱坐标系示意图

无色散波。为了确保同轴线中的TEM波的单模传输，必须抑制高次模的产生。本节仅介绍其中的TEM波的场分量表达式及其特性。

同轴线横截面上的场分布与二维静电场和静磁场的分布相类似，我们用求静态场的方法计算出横向场分量，然后，乘以纵向传输的场部分，即可得到整个场。

1. TEM模的场

由安培环路定律可得横向磁场

$$\boldsymbol{H}(r,\varphi)=\frac{I}{2\pi r}\boldsymbol{a}_{\varphi} \tag{2-75}$$

利用TEM波的波阻抗

$$\eta_{\mathrm{TEM}}=\boldsymbol{E}_{\mathrm{r}}(r,\varphi)/\boldsymbol{H}_{\varphi}(r,\varphi)=\sqrt{\frac{\mu}{\varepsilon}}=\frac{120\pi}{\sqrt{\varepsilon_{\mathrm{r}}}} \tag{2-76}$$

得到横向电场

$$\boldsymbol{E}(r,\varphi)=\boldsymbol{E}_{\mathrm{r}}(r,\varphi)\boldsymbol{a}_{\mathrm{r}}=\eta_{\mathrm{TEM}}\boldsymbol{H}_{\varphi}(r,\varphi)\boldsymbol{a}_{\mathrm{r}}=\sqrt{\frac{\mu}{\varepsilon}}\frac{I}{2\pi r}\boldsymbol{a}_{\mathrm{r}}=\frac{60}{\sqrt{\varepsilon_{\mathrm{r}}}}\frac{I}{r}\boldsymbol{a}_{\mathrm{r}} \tag{2-77}$$

于是同轴线中沿 z 方向传输的TEM波的解为

$$\boldsymbol{E}(r,\varphi,z,t)=\frac{60}{\sqrt{\varepsilon_{\mathrm{r}}}}\frac{I}{r}\mathrm{e}^{\mathrm{j}(\omega t-\beta z)}\boldsymbol{a}_{\mathrm{r}} \tag{2-78}$$

$$\boldsymbol{H}(r,\varphi)=\frac{I}{2\pi r}\mathrm{e}^{\mathrm{j}(\omega t-\beta z)}\boldsymbol{a}_{\varphi} \tag{2-79}$$

其场结构如图2-7所示。

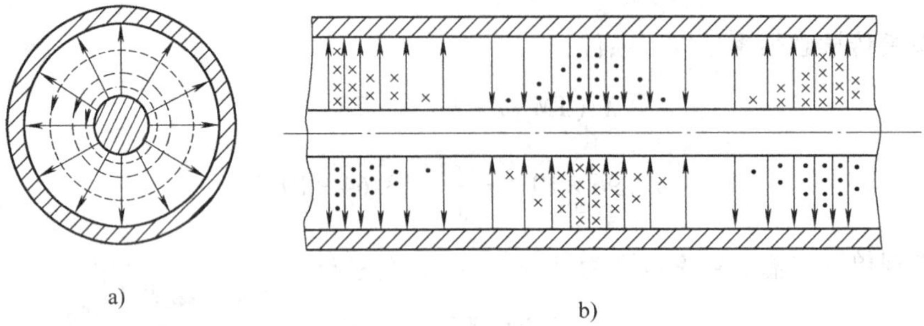

图2-7 同轴线中TEM模的场结构

2. TEM模的特性参量

对于同轴线中的TEM模，$k_{\mathrm{c}}=0$

特性阻抗为

$$Z_0=\frac{U}{I}=\frac{60}{\sqrt{\varepsilon_r}}\ln\frac{b}{a} \tag{2-80}$$

相速与光速的关系为

$$v_p=v_g\frac{\omega}{\beta}=\frac{1}{\sqrt{\mu\varepsilon}}=\frac{c}{\sqrt{\varepsilon_r}} \tag{2-81}$$

相波长与工作波长的关系为

$$\lambda_p=\frac{2\pi}{\beta}=\frac{v_p}{f}=\frac{\lambda}{\sqrt{\varepsilon_r}} \tag{2-82}$$

式中，ε_r 为同轴线内外导体间的相对介电常数；c 为真空中的光速。

3. 同轴线中的高次模

在同轴线中，除传输 TEM 主模外，还可能传输高次模——TE 模和 TM 模。但在实际应用中，同轴线是以 TEM 模工作的。

通常用数值方法近似求解其截止波长，TM 和 TE 波的截止波长分别表示如下：

TM_{mn}模的截止波长近似为

$$\lambda_c(TM_{mn})\approx\frac{2(b-a)}{n},\ (n=1,2,3,\cdots)$$

最低次模 TM_{01}模的截止波长为

$$\lambda_c(TM_{01})\approx2(b-a)$$

TE_{m1}模截止波长为

$$\lambda_c(TE_{m1})\approx\frac{\pi}{m}(a+b),\ (m=1,2,3,\cdots)$$

对于 TE_{m1}波的最低次模 TE_{11}模

$$\lambda_c(TE_{11})\approx\pi(a+b)$$

由上式可见，可能出现的高模 TE 或 TM 中，TE_{11}模的截止波长最大，为保证 TEM 波单模传输，必须选取 $\lambda>\pi(a+b)$，为了可靠满足这个条件，常常再乘以系数 1.1，即单模传输条件 $\lambda>1.1\pi(a+b)$。

2.6　微带传输线

微带传输线有两种形式，分别为带状传输线和微带线。带状传输线的结构如图 2-8a 所示，上下面是接地板，中间有宽度为 w，厚为 t 的导带，内部充有厚度为 h 的电介质，它可看作是由同轴线演化而来的，演化过程如图 2-9 所示。

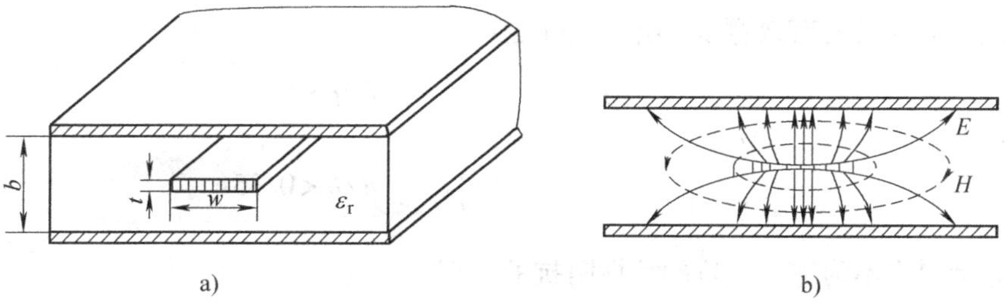

图 2-8　带状线结构及场分布

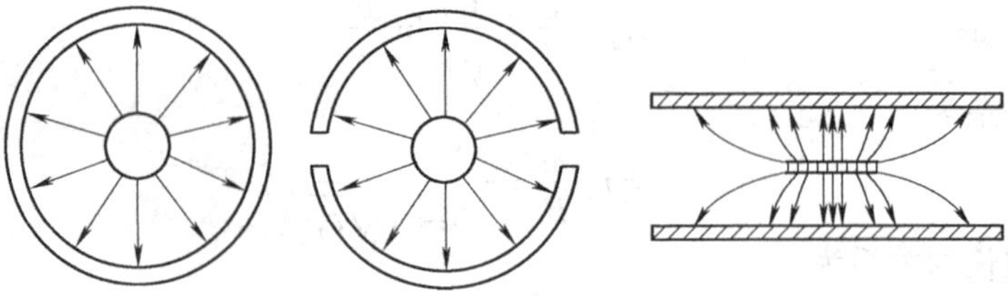

图2-9 带状线的演化过程

2.6.1 带状线

带状线属双导体类传输线，传输的主模是TEM模，也存在高次TE和TM模。对于带状线的分析可以用传输线理论来分析。表征带状线的主要特性参量有传播常数、衰减常数、相移常数、相波长、相速和特性阻抗。当工作频率满足条件$R<<\omega L$及$G<<\omega C$时，有如下关系式：

传播常数 $$\gamma=\alpha+\mathrm{j}\beta$$

衰减常数 $$\alpha=\frac{1}{2}\frac{R}{Z_0}+\frac{1}{2}GZ_0$$

相移常数 $$\beta=\omega\sqrt{LC}$$

相波长 $$\lambda_{\mathrm{p}}=\frac{2\pi}{\beta}=\frac{\lambda}{\sqrt{\varepsilon_{\mathrm{r}}}}$$

相速 $$v_{\mathrm{p}}=\frac{1}{\sqrt{LC}}=\frac{c}{\sqrt{\varepsilon_{\mathrm{r}}}}$$

特性阻抗 $$Z_0=\sqrt{\frac{L}{C}}=\frac{1}{v_{\mathrm{p}}C}$$

当频率一定时，若求解以上所有参量，必须计算特性阻抗，最终归结为求解分布电容C，要精确求解电容C，求解过程相当复杂，这里给出一组简单的计算公式。

(1) 导带为零厚度($t=0$)的带状线，其特性阻抗的近似公式为

$$Z_0=\frac{30\pi}{\sqrt{\varepsilon_{\mathrm{r}}}}\frac{b}{w_{\mathrm{e}}+0.441b} \tag{2-83}$$

式中，w_{e}是中心导带的有效宽度，由下式确定：

$$\frac{w_{\mathrm{e}}}{b}=\frac{w}{b}-\begin{cases}0 & w/b>0.35\\ \left(0.35-\frac{w}{b}\right)^2 & w/b<0.35\end{cases} \tag{2-84}$$

(2) 导带厚度不为零($t\neq0$)的特性阻抗的近似公式为

$$Z_0=\frac{30}{\sqrt{\varepsilon_{\mathrm{r}}}}\ln\left\{1+\frac{4}{\pi}\frac{1}{m}\left[\frac{8}{\pi}\frac{1}{m}+\sqrt{\left(\frac{8}{\pi}\frac{1}{m}\right)^2+6.27}\right]\right\} \tag{2-85}$$

式中，$m=\frac{w}{b-t}+\frac{\Delta w}{b-t}$。

$$\frac{\Delta w}{b-t}=\frac{x}{\pi(1-x)}\left\{1-0.5\ln\left[\left(\frac{x}{2-x}\right)^2+\left(\frac{0.0796x}{w/b+1.1x}\right)^n\right]\right\} \tag{2-86}$$

$$n=\frac{2}{1+\frac{2x/3}{1-x}} \quad x=\frac{t}{b} \tag{2-87}$$

以 $Z_0\sqrt{\varepsilon_r}$ 为纵坐标，w/b 为横坐标，用 MATLAB 绘出带状线的特性阻抗分布，如图 2-10 所示。

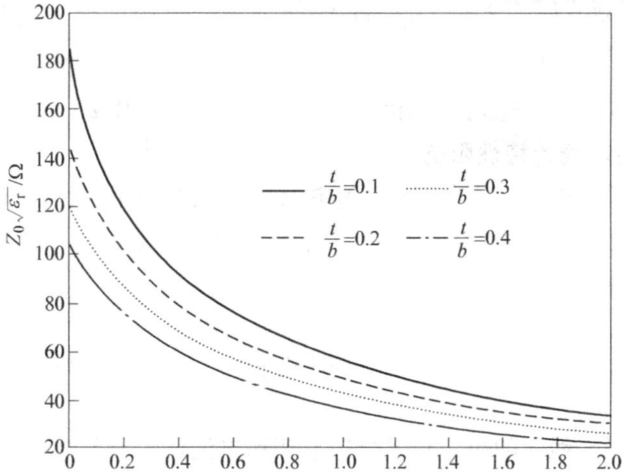

图 2-10　带状线的特性阻抗与常数 w/b 的关系

由图可见，带状线的特性阻抗与 w/b 及 t/b 均成反比关系。

例题 2-5　用 MATLAB 计算聚四氟乙烯（$\varepsilon_r=2.1$）铜板带状线的特性阻抗。已知 $b=2\text{mm}$，$t=0.01\text{mm}$，$w=1.6\text{mm}$。

解　将 $w/b=0.8$，$x=t/b=0.005$ 代入式(2-85)及式(2-86)得

$$n\approx1.93 \quad m\approx0.92$$

$$Z_0\approx47.7\Omega$$

2.6.2　微带线

微带线是一种重要的微波传输线，其结构如图 2-11 所示。它是由介质基片上的导带和基片下面的接地板构成。微带线容易实现微带电路的小型化和集成化，所以微带线在微波集成电路中获得了广泛的应用。

微带线可看作是由平行双导体系统演变而来的，如图 2-12 所示。

空气介质的微带线存在无色散的 TEM 模，而实际上的微带线是制作在介质基片上的，虽然它仍然是双导体系统，但由于存在空气和介质的分界面，这就使得问题复杂化。利用电磁场理论可以证明，当 $\varepsilon_r\neq1$ 时，不存在单纯的 TEM 模，而只能存在 TE 模和 TM 模的混合模。但在微波波段的低频端，由于场的色散现象很弱，传输模式类似于 TEM 模，故称为准 TEM 模。微波波段微带线一般工作在弱色散区，因此把微带线的工作模式当作 TEM 模来分

析，这种分析方法称为“准静态分析法”。

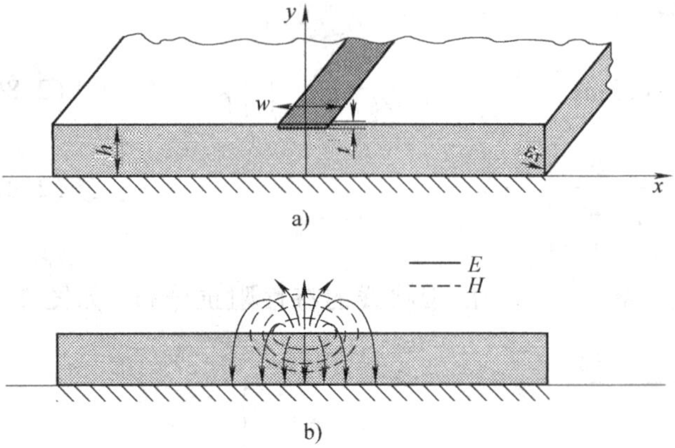

图2-11 微带线及其场结构

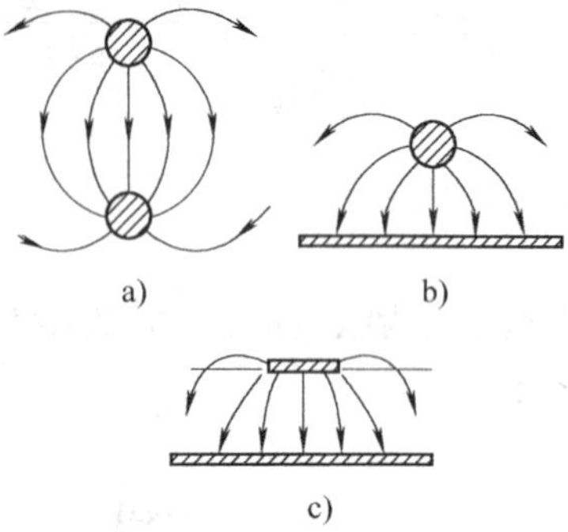

图2-12 微带线演化过程及结构

1. 准TEM模传输线的特性阻抗

微带线同样满足传输方程，对于准TEM模传输线的特性阻抗

$$Z_0=\sqrt{\frac{L}{C}}=\frac{1}{v_{\mathrm{p}}C_0} \tag{2-88}$$

$$v_{\mathrm{p}}=\frac{1}{\sqrt{LC}} \tag{2-89}$$

式中，L、C分别为微带线上的单位长度分布电感和单位长度分布电容。

2. 实际微带线的特性阻抗

由电磁理论知，当微带线中的导带周围是同一种介质时，这时传输的是纯TEM波，这可分两种情况：①周围是空气，其相速$v_{\mathrm{p}}\approx c=3\times10^8\mathrm{m/s}$；②周围是同种介质，其相速是$v_{\mathrm{p}}=c/\sqrt{\varepsilon_{\mathrm{r}}}$。但实际的微带线通常被空气和介质两种不同介质包围，它将对相速和介电常数产生影响，因此，实际的相速应该介于光速c和$c/\sqrt{\varepsilon_{\mathrm{r}}}$之间，考虑到不同介质对介电常数的影响，引入有效介电常数ε_{e}的概念。

$$\varepsilon_{\mathrm{e}}=\frac{C_1}{C_0}$$

式中，C_1、C_0分别是介质微带线的分布电容和空气微带线的分布电容。

于是有

介质微带线的相速 $$v_{\mathrm{p}}=\frac{c}{\sqrt{\varepsilon_{\mathrm{e}}}}$$

波导波长 $$\lambda_{\mathrm{g}}=\frac{\lambda}{\sqrt{\varepsilon_{\mathrm{e}}}}$$

介质微带线的特性阻抗 $$Z_0=\frac{Z_0^a}{\sqrt{\varepsilon_{\mathrm{e}}}}$$

式中，Z_0^a是空气微带线的特性阻抗。

由以上分析可以看出，若已知有效介电常数ε_{e}和空气微带线的特性阻抗Z_0^a即可得到介质微带线的特性阻抗 Z_0，但两者的计算遇到与带状线相同的复杂的数学问题，工程上常采用以下近似公式。

(1) 导带厚度为零($t=0$)时

$$Z_0^a=\begin{cases}59.952\ln\left(\dfrac{8h}{w}+\dfrac{w}{4h}\right) & \left(\dfrac{w}{h}\leqslant 1\right)\\ \dfrac{119.904\pi}{\dfrac{w}{h}+2.42-0.44\dfrac{h}{w}+\left(1-\dfrac{h}{w}\right)^6} & \left(\dfrac{w}{h}>1\right)\end{cases} \tag{2-90}$$

$$\varepsilon_e=\frac{\varepsilon_r+1}{2}+\frac{\varepsilon_r-1}{2}\left(1+\frac{12h}{w}\right)^{-\frac{1}{2}} \tag{2-91}$$

(2) 导带厚度不为零($t\neq 0$)时

导带厚度不为零时，空气中的特性阻抗计算表达式与上式完全相同，只是导带宽度 w 用有效宽度 w_e 来取代即可。

$$w_e=\begin{cases}w+\dfrac{t}{\pi}\left(1+\ln\dfrac{2h}{t}\right) & \dfrac{w}{h}\geqslant\dfrac{1}{2\pi}\\ w+\dfrac{t}{\pi}\left(1+\ln\dfrac{4\pi w}{t}\right) & \dfrac{w}{h}\leqslant\dfrac{1}{2\pi}\end{cases} \tag{2-92}$$

2.6.3　耦合微带线

在微波电路中，常常需要把某一传输线上能量的一部分耦合到另外的传输线上，只要将两根微带线靠近就可以实现。耦合微带线是由两根平行放置、彼此靠得很近的导带构成，如图 2-13 所示，耦合微带线和微带线一样，都是部分填充介质的不均匀结构，因此传输的不是纯 TEM 模、而是具有色散特性的混合模，称为准 TEM 模。其具体应用有定向耦合器、滤波器、变换器等。

1. 奇偶模分析法

对于耦合传输线的分析，由于边界条件复杂，一般避开场分析法，常采用奇偶模参量法进行分析，若将等幅同相的电压 U_e 分别加在耦合传输线的两导带上，如图 2-14a 所示，则耦合线的电磁场是以 yOz 平面偶对称分布，且沿切向磁场分量为零，称该平面为磁壁，耦合线上的波称为偶模，相应的激励称为偶模激励；若将等幅反相的电压 U_o 与 $-U_o$ 分别加在两导带上，如图 2-14b 所示，则耦合线的电磁场是以 yOz 平面奇对称分布，且切向电场分量为零，称此平面为电壁，耦合线上的波称为奇模，相应的激励称为奇模激励。

显然，当两导带上分别加上任意激励电压 U_1 和 U_2，总可由一对奇偶模激励的线性叠加来表示

$$U_1=U_e+U_o$$
$$U_2=U_e-U_o$$

上式表明，对于任意激励电压时的耦合线，只要将耦模和奇模分别激励下得到的结果相叠加，即可得到所求耦合线的完整解。

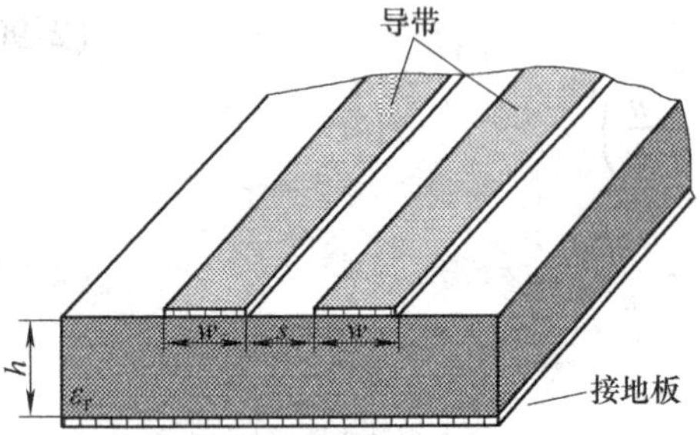

图 2-13　耦合微带线结构

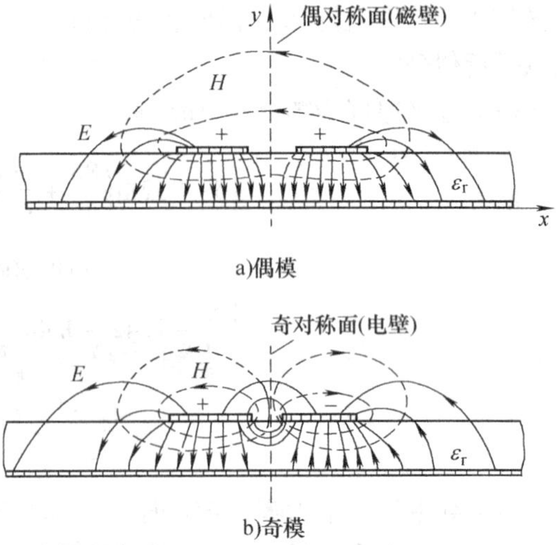

图 2-14　对称耦合微带线奇偶对称面及场结构

2. 均匀介质对称传输线的解

设耦合线两导带上的电压分别为 $U_1(z)$ 和 $U_2(z)$，线上的电流分别为 $I_1(z)$ 和 $I_2(z)$，且是无耗传输，两耦合线上任一微分段 dz 可等效为图 2-15 所示的电路。其中，C_a、C_m 分别为分布电容和互分布电容；L_a、L_m 分别为分布电感和互分布电感。由电路理论，电压、电流满足如下方程：

$$U_1(z)=U_1(z+\Delta z)+\mathrm{j}\omega L_a\Delta z I_1(z)+\mathrm{j}\omega L_m\Delta z I_2(z)$$

$$I_1(z)=I_1(z+\Delta z)+\mathrm{j}\omega C_a\Delta z U_1(z+\Delta z)+\mathrm{j}\omega C_m\Delta z[U_1(z+\Delta z)-U_2(z+\Delta z)]$$

$$U_2(z)=U_2(z+\Delta z)+\mathrm{j}\omega L_a\Delta z I_2(z)+\mathrm{j}\omega L_m\Delta z I_1(z)$$

$$I_2(z)=I_2(z+\Delta z)+\mathrm{j}\omega C_a\Delta z U_2(z+\Delta z)+\mathrm{j}\omega C_m\Delta z[U_2(z+\Delta z)-U_1(z+\Delta z)]$$

对以上各式整理，并取 $\Delta z\to 0$ 的极限得

$$\frac{\mathrm{d}U_1(z)}{\mathrm{d}z}=-\mathrm{j}\omega L I_1(z)-\mathrm{j}\omega L_m I_2(z) \tag{2-93a}$$

$$\frac{\mathrm{d}I_1(z)}{\mathrm{d}z}=-\mathrm{j}\omega C U_1(z)+\mathrm{j}\omega C_m U_2(z) \tag{2-93b}$$

$$\frac{\mathrm{d}U_2(z)}{\mathrm{d}z}=-\mathrm{j}\omega L I_2(z)-\mathrm{j}\omega L_m I_1(z) \tag{2-93c}$$

$$\frac{\mathrm{d}I_2(z)}{\mathrm{d}z}=-\mathrm{j}\omega C U_2(z)+\mathrm{j}\omega C_m U_1(z) \tag{2-93d}$$

式中，$L=L_a$，$C=C_a+C_m$。

下面分别讨论偶模激励和奇模激励时的传输方程的解。

(1) 偶模激励

令 $U_1=U_2=U_e$，$I_1=I_2=I_e$ 并代入式(2-93)得

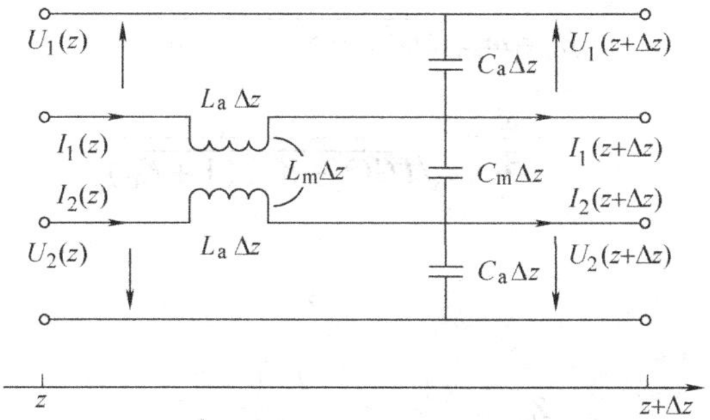

图 2-15　对称耦合传输线的等效电路

$$\begin{cases} \dfrac{dU_e}{dz} = -j\omega(L+L_m)I_e \\ \dfrac{dI_e}{dz} = -j\omega(C-C_m)U_e \end{cases}$$

其解为

$$U_e(z) = A_1 e^{-j\beta_e z} + A_2 e^{j\beta_e z} \tag{2-94}$$

$$I_e(z) = \frac{1}{Z_{0e}}(A_1 e^{-j\beta_e z} + A_2 e^{j\beta_e z}) \tag{2-95}$$

相移常数

$$\beta_e = \omega\sqrt{LC(1+K_L)(1-K_C)}$$

相速度

$$v_{pe} = \frac{\omega}{\beta_e} = \frac{1}{\sqrt{LC(1+K_L)(1-K_C)}}$$

相波长

$$\lambda_{pe} = \frac{2\pi}{\beta_e}$$

特性阻抗

$$Z_{0e} = \frac{1}{v_{pe}C_{1e}} = \sqrt{\frac{L(1+K_L)}{C(1-K_C)}}$$

式中，K_L 为电感耦合系数，$K_L = L_m/L$；K_C 为电容耦合系数，$K_C = C_m/C$；C_{1e} 为耦模电容，$C_{1e} = C(1-K_C)$。

（2）奇模激励

令 $U_1 = -U_2 = U_o$，$I_1 = -I_2 = I_o$，代入式(2-93)得

$$\begin{cases} \dfrac{dU_o}{dz} = -j\omega(L-L_m)I_o \\ \dfrac{dI_o}{dz} = -j\omega(C+C_m)U_o \end{cases} \tag{2-96}$$

方程解为

$$U_o(z) = B_1 e^{-j\beta_e z} + B_2 e^{j\beta_e z} \tag{2-97}$$

$$I_o(z) = \frac{1}{Z_{0o}}(B_1 e^{-j\beta_e z} - B_2 e^{j\beta_e z}) \tag{2-98}$$

相移常数 $$\beta_o = \omega\sqrt{LC(1-K_L)(1+K_C)}$$

相速度 $$v_{po} = \frac{\omega}{\beta_o} = \frac{1}{\sqrt{LC(1-K_L)(1+K_C)}}$$

相波长 $$\lambda_{po} = \frac{2\pi}{\beta_o}$$

特性阻抗 $$Z_{0o} = \frac{1}{v_{po}C_{1o}} = \sqrt{\frac{L(1-K_L)}{C(1+K_C)}}$$

式中，K_L 为电感耦合系数，$K_L = L_m/L$；K_C 为电容耦合系数，$K_C = C_m/C$；C_{1o} 为奇模电容$C_{1o} = C(1+K_C)$。

当对称耦合线印刷在均匀介质中时，传输的是 TEM 波，无论是偶模波还是奇模波，其传播的相速度都等于波在介质的速度，即

$$v_{pe} = v_{po} = \frac{1}{\sqrt{\mu\varepsilon}} = \frac{c}{\sqrt{\varepsilon_r}} \tag{2-99}$$

显然要求 $K_L = K_C = K$，即处于均匀介质中的对称耦合线的电感耦合系数等于电容耦合系数，可得

$$\beta_e = \beta_o = \omega\sqrt{LC(1-K^2)} = \frac{2\pi}{\lambda_p} \tag{2-100a}$$

$$\lambda_{pe} = \lambda_{po} = \lambda_p = \frac{\lambda_0}{\sqrt{\varepsilon_r}} \tag{2-100b}$$

$$Z_{0e} = \frac{1}{v_{pe}C_{1e}} = \sqrt{\frac{L(1+K)}{C(1-K)}} = Z_0'\sqrt{\frac{1+K}{1-K}} \tag{2-100c}$$

$$Z_{0o} = \frac{1}{v_{po}C_{1o}} = \sqrt{\frac{L(1-K)}{C(1+K)}} = Z_0'\sqrt{\frac{1-K}{1+K}} \tag{2-100d}$$

式中，Z_0' 为考虑另一根耦合线影响时，单根传输线的特性阻抗，$Z_0' = \sqrt{\frac{L}{C}}$。

根据式(1-22)，并利用关系式 $v_{pe} = v_{po} = \frac{c}{\sqrt{\varepsilon_r}}$，可得出 Z_0' 与独立单根线的特性阻抗 $Z_0 = \sqrt{\frac{L_0}{C_0}}$ 的关系式

$$L_0C_0 = LC(1-K^2) \tag{2-101}$$

传输线一般不是铁磁性材料构成的，因此，另一根传输线的存在并不影响分布电感 L 的值，即 $L = L_a \approx L_0$，代入上式得

$$C = C_0/(1-K^2) \tag{2-102}$$

则有 $$Z_0' = \sqrt{\frac{L}{C}} = \sqrt{\frac{L_0}{C_0}(1-K^2)} = Z_0\sqrt{1-K^2} \tag{2-103}$$

偶奇模特性阻抗可表示为

$$Z_{0e} = Z_0(1+K)\text{，}Z_{0o} = Z_0(1-K) \tag{2-104}$$

于是得　$Z_{0o} < Z_0 < Z_{0e}$

由式(2-102)和式(2-104)得

$$Z_{0e}Z_{0o} = Z_0'^2, \quad K = \frac{Z_{0e} - Z_{0o}}{Z_{0e} + Z_{0o}} \tag{2-105}$$

由式（2-105）可得出结论：偶奇模的特性阻抗的乘积等于存在另一根传输线时，单根线特性阻抗 Z_0' 的二次方；同时，耦合系数 K 较大时，即耦合强时，Z_{0e} 与 Z_{0o} 的差值也大；当弱耦合时，Z_{0e} 与 Z_{0o} 的差值也小。当耦合系数 K 趋近于零时，则有 $Z_{0o} \to Z_{0e} \to Z_0$，即耦合很弱时，也就是说两根传输线间距很大，两种模的特性阻抗与独立单根传输线的特性阻抗相同。

习　题　2

2.1　矩形波导的横截面尺寸为 $a = 22.6\text{mm}$，$b = 10.2\text{mm}$，将自由空间波长为 20mm、30mm 和 50mm 的信号接入此波导，能否传输？若能，出现哪些模式？

2.2　一矩形波导（$a = 23\text{mm}$，$b = 10\text{mm}$），波导中充有空气，信号源频率为 10GHz，求：

（1）波导中可传输的模式；

（2）该模式的截止波长 λ_c、相移常数 β、波导波长 λ_g 及相速度 v_p。

2.3　试证明工作波长 λ，波导波长 λ_g 和截止波长 λ_c 满足以下关系：

$$\lambda = \frac{\lambda_c \lambda_g}{\sqrt{\lambda_c^2 + \lambda_g^2}}$$

2.4　已知矩形波导内传输波的电场分量为 $E_x = A\sin\left(\frac{\pi}{b}y\right)e^{j(\omega t - \beta z)}$；$E_y = E_z = 0$，试求相应的磁场分量及相移常数 β 的表示式。

2.5　用 BJ—100 型（$a = 22.86\text{mm}$，$b = 10.16\text{mm}$）矩形波导以主模传输 10GHz 的微波信号，试求

（1）λ_c、λ_g、β 和波阻抗 η_W；

（2）若波导宽边尺寸增加一倍，上述各量如何变化？

（3）若波导窄边尺寸增加一倍，上述各量如何变化？

2.6　已知工作波长 $\lambda = 6\text{mm}$，试确定要求单模传输的圆波导的半径，并指出是什么模式？

2.7　直径为 6cm 的空气圆波导以 TE_{11} 模工作，求频率为 3GHz 时的 f_c 及 λ_g。

2.8　直径为 2cm 的空气圆波导，传输 10GHz 的信号，求可能传输的模式。

2.9　已知圆波导的半径 $a = 25\text{mm}$，波导内充有空气，试求：

（1）TE_{11}、TM_{01}、TE_{01} 三种模式的截止波长；

（2）当工作波长分别为 70mm、60mm、30mm 时，波导中出现上述哪些模式？

（3）当工作波长为 $\lambda = 70\text{mm}$ 时，求最低次模的波导波长 λ_g。

2.10　什么是模式简并？矩形波导和圆波导中的模式简并有何异同？

2.11　根据带状线公式，用 MATLAB 画出带状线特性阻抗。t/b 取值为［0，0.05，0.1，0.15，0.2，0.25，0.3］，以 $Z_0\sqrt{\varepsilon_r}$ 为纵坐标，以 w/b 为横坐标且取值在（0，2）和（1，5）两种情况。

2.12　什么是偶模激励和奇模激励？

第3章 微波网络

3.1 引言

任何一个微波系统都是由各种微波元件和微波传输线组成的。微波元件的内部随用途不同结构也不同，多种多样，其内部结构往往是不连续的非均匀区域，若把连接微波元件的均匀微带传输线看作一个整体，若用上一章的“场解”的方法求解，由于复杂的边界条件，问题将会变得更为复杂，甚至不能求解。另一种所谓“路”的分析方法，即“等效电路”法，是把与元件相连接的外接均匀微波传输线等效为双线或长线，将微波元件等效为网络，用它的等效电路来描述其对外接电路的影响，即用网络参数来描述其对外的作用，由于网络参数的测量方便且容易，网络理论已成为微波技术的主要组成部分。可以根据研究的物理量不同，引入不同的网络参数，如分析电压和电流时，则要引入阻抗或导纳参数，研究输入波和输出波的关系时，则要引入网络散射参量等，因此，引入微波网络模型后，可不必知道网络内部的结构，就能够准确分析其对外部的作用，避开了严格的“场解”方程计算，问题的解决变得更为容易。

一般的微波元件都可以用“路”的方法来分析，但有些个别元件只适合用“场”方法分析，如波导谐振腔，要具体问题具体分析。

3.2 微波传输线等效为双线

在电路理论中，基本的物理量是电压和电流，并能直接测量，但到了微波波段情况大不一样，即使电压和电流有明确的物理意义，在微波段测量其值是很困难的，或说是不可能的。尤其是对于实际的非 TEM 传输线如金属波导等，其电磁场不仅与 z 有关，还与 x、y 有关，这时电压和电流的意义十分不明确。因此，将传输线等效为双线，首先要解决将波导传输线等效为双线问题。

3.2.1 波导传输线等效为双线

为了定义任意截面沿 z 方向单模传输的均匀波导参考面上的模式电压和模式电流，一般作如下规定：

1）令模式电压 $U(z)$ 正比于横向电场 $\boldsymbol{E}_{\mathrm{t}}$；模式电流 $I(z)$ 正比于横向磁场 $\boldsymbol{H}_{\mathrm{t}}$。

2）模式电压与模式电流共轭的乘积的实部等于平均传输功率。

3）模式电压与模式电流之比等于模式特性阻抗。

对于任意波导，无论 TM 波还是 TE 波都可表示为

$$\begin{cases}\boldsymbol{E}_{\mathrm{t}}=\boldsymbol{e}(x,y)U(z)\\ \boldsymbol{H}_{\mathrm{t}}=\boldsymbol{h}(x,y)I(z)\end{cases}\tag{3-1}$$

式中，$\boldsymbol{e}(x,y)$、$\boldsymbol{h}(x,y)$代表横向场的模式横向分布函数。

则波导传输线上的功率为

$$P = \frac{1}{2}\mathrm{Re}\iint_S \boldsymbol{E}_t \times \boldsymbol{H}_t^* \mathrm{d}\boldsymbol{S} = \frac{1}{2}\mathrm{Re}[U(z)I(z)^*]\iint_S \boldsymbol{e} \times \boldsymbol{h}\mathrm{d}\boldsymbol{S} \tag{3-2}$$

由规定2）可知，波导的传输功率为

$$P = \frac{1}{2}\mathrm{Re}[U(z)I(z)^*] \tag{3-3}$$

于是有

$$\iint_S \boldsymbol{e} \times \boldsymbol{h}\mathrm{d}\boldsymbol{S} = 1 \tag{3-4}$$

根据长线理论，长线上的传输功率为

$$P = \frac{1}{2}\mathrm{Re}(UI^*) \tag{3-5}$$

由以上三式可见，只要双线上的电压、电流用波导的模式电压、模式电流代替，就可以将波导传输线等效为双线，原因是两者功率相同。

由式（3-1）的定义得到的波导模式电压$U(z)$、模式电流$I(z)$不是唯一的，它可以相差一个实常数k。设新的模式电压电流分别为$U'(z)$、$I'(z)$，则

$$U'(z) = kU(z), \qquad I'(z) = \frac{1}{k}I(z)$$

$$\boldsymbol{e}' = \frac{1}{k}\boldsymbol{e}, \qquad \boldsymbol{h}' = k\boldsymbol{h}$$

代入式（3-3）和式（3-4）可知，新的模式电压电流的功率与原来的功率相等，且同样满足式（3-4）的归一化条件，即

$$\boldsymbol{E}_t' = \boldsymbol{e}'(x, y)U'(z) = \frac{1}{k}\boldsymbol{e}(x, y)kU(z) = \boldsymbol{e}(x, y)U(z) = \boldsymbol{E}_t$$

同理

$$\boldsymbol{H}_t' = \boldsymbol{H}_t$$

归一化

$$\iint_S \boldsymbol{e}' \times \boldsymbol{h}'\mathrm{d}\boldsymbol{S} = \iint_S \boldsymbol{e} \times \boldsymbol{h}\mathrm{d}\boldsymbol{S} = 1$$

功率

$$P' = \frac{1}{2}\mathrm{Re}[U'(z)I'(z)^*] = \frac{1}{2}\mathrm{Re}[U(z)I(z)^*] = P$$

但是，新的模式电压电流定义的特性阻抗不相等。

$$Z_0' = \frac{U'(z)}{I'(z)} = k^2\frac{U(z)}{I(z)} = k^2 Z_0$$

可见，由于模式电压电流的不唯一，导致特性阻抗不唯一确定，为了消除阻抗的不确定性，我们可以通过归一化的阻抗，引入归一化的电压与归一化的电流，因为归一化的阻抗是唯一的，原因是在微波测量中，反射系数是唯一确定的量，归一化的阻抗与反射系数的关系为

$$\bar{Z}(z) = \frac{Z(z)}{Z_0} = \frac{1 + \Gamma(z)}{1 - \Gamma(z)} \tag{3-6}$$

归一化电压$\bar{U}(z)$，归一化电流$\bar{I}(z)$的定义如下：

利用归一化阻抗

$$\overline{Z}(z)=\frac{\overline{U}(z)}{\overline{I}(z)}=\frac{Z(z)}{Z_0}=\frac{U(z)}{I(z)}\frac{1}{Z_0}$$

为确保 $$P=\frac{1}{2}\mathrm{Re}[\overline{U}(z)\overline{I}(z)^*]=\frac{1}{2}\mathrm{Re}[U(z)I(z)^*]$$

则获得归一化的电压和电流

$$\overline{U}(z)=U(z)/\sqrt{Z_0},\ \overline{I}(z)=I(z)\sqrt{Z_0}$$

由此可见，引入归一化电压和归一化电流，消除了模式电压、模式电流和特性阻抗的不确定性。由第1章内容可知，传输线上的电压、电流是入射波与反射波的叠加

$$U(z)=U_{\mathrm{i}}(z)+U_{\mathrm{r}}(z)$$

$$I(z)=\frac{1}{Z_0}[U_{\mathrm{i}}(z)-U_{\mathrm{r}}(z)]$$

引入归一化电压和归一化电流后

$$\begin{cases}\overline{U}(z)=\overline{U}_{\mathrm{i}}(z)+\overline{U}_{\mathrm{r}}(z)=a+b\\ \overline{I}(z)=\overline{U}_{\mathrm{i}}(z)-\overline{U}_{\mathrm{r}}(z)=a-b\end{cases}\tag{3-7}$$

功率为

$$P=P_{\mathrm{i}}-P_{\mathrm{r}}=\frac{1}{2}|\overline{U}_{\mathrm{i}}(z)|^2-\frac{1}{2}|\overline{U}_{\mathrm{r}}(z)|^2=\frac{1}{2}|a|^2-\frac{1}{2}|b|^2\tag{3-8}$$

3.2.2 不均匀区域等效为网络

以上分析的是单模工作时的微波传输线与双线等效，对于单模传输情况来说，微波网络的外接传输线的路数与参考面的数目相等。当多模工作状态时又如何等效？微波元件往往存在不均匀的区域，这种不均匀性将会导致传输系统中出现多模传输。由于每个模式的功率不受其他模式的影响，而且各模式的特性阻抗及传播常数各不相同，因此每一个模式可用一独立的等效双线来描述。这样多模传输系统的等效电路就可以看作是由多个单模传输线组合而成的，即传输 N 个模式的波导系统等效为 N 个独立的模式等效传输线，如图3-1所示。另外不均匀性引起的高次模，通常不能在传输系统中传播，其振幅指数性衰减。因此高次模的场只存在于不均匀区域附近。在偏离不均匀处，高次模就衰减到可以忽略，通常把参考面选在这些地方，从而将不均匀性问题化为等效网络来处理。

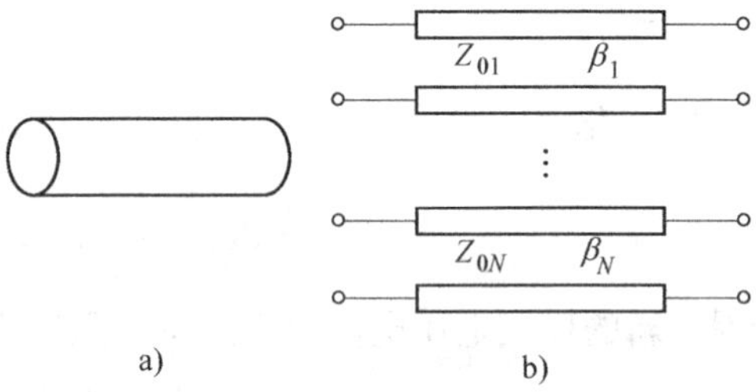

图3-1 多模传输线的等效图

参考面的位置可以任选，但必须考虑以下两点：

1）单模传输时，参考面的位置应尽量远离不连续性区域，这样参考面上的高次模场强可以忽略，只考虑主模的场强；

2）选择参考面必须与传输方向相垂直，这样使参考面上的电压和电流有明确的意义，如果参考面位置改变，则网络参数也随之改变。

3.3　二端口网络

二端口网络是微波中最基本的网络，任意具有两个端口的微波元件均可等效为二端口网络，如图3-2所示为二端口网络示意图。

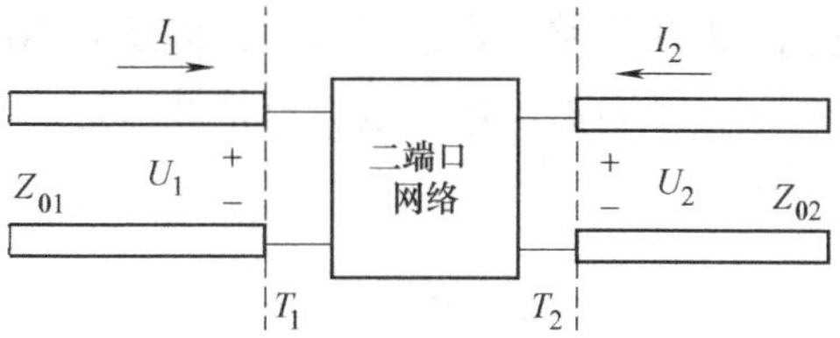

图3-2　二端口网络

3.3.1　阻抗矩阵

设I_1、U_1及Z_{01}分别为参考面T_1（端口1）处的电流、电压和传输线上的特性阻抗；I_2、U_2及Z_{02}分别为参考面T_2（端口2）处的电流、电压和传输线上的特性阻抗。

对于线性网络，电压和电流之间的关系为

$$\begin{cases}U_1 = Z_{11}I_1 + Z_{12}I_2\\ U_2 = Z_{21}I_1 + Z_{22}I_2\end{cases} \tag{3-9}$$

其矩阵形式

$$\begin{pmatrix}U_1\\ U_2\end{pmatrix} = \begin{pmatrix}Z_{11} & Z_{12}\\ Z_{21} & Z_{22}\end{pmatrix}\begin{pmatrix}I_1\\ I_2\end{pmatrix} \tag{3-10}$$

或表示为

$$U = ZI$$

由式(3-9)可知Z参数的物理意义。分别表述如下：

$Z_{11} = \left.\dfrac{U_1}{I_1}\right|_{I_2=0}$表示端口2（$T_2$面）开路时，端口1（$T_1$面）的输入阻抗；

$Z_{22} = \left.\dfrac{U_2}{I_2}\right|_{I_1=0}$表示端口1（$T_1$面）开路时，端口2（$T_2$面）的输入阻抗；

$Z_{12} = \left.\dfrac{U_1}{I_2}\right|_{I_1=0}$表示端口1开路时，端口2至端口1的互阻抗；

$Z_{21} = \left.\dfrac{U_2}{I_1}\right|_{I_2=0}$表示端口2开路时，端口1至端口2的互阻抗。

由以上定义可知，$\boldsymbol{Z}$矩阵中的参数必须在开路条件下测量获得，因此，又称为开路阻抗参数，若选择的参考面不同，则相应的阻抗参数不同。

1. 无耗网络

$\boldsymbol{Z}$矩阵中所有的参数均为纯虚数。

2. 互易网络

若网络参考面所包围的区域内填充的是均匀的各向同性的介质，则该网络是互易的，互易网络的矩阵是转置不变的，即

$$Z_{12} = Z_{21}$$

3. 对称网络

若某一微波网络在结构上具有面对称或轴对称性，则该网络称作对称网络，对称网络的对称端口互换，其网络特性不变，即

$$Z_{11}=Z_{22},\ Z_{12}=Z_{21}$$

可见，对称网络必定是互易的，但反之不成立。

对各端口的电压、电流及特性阻抗归一化。

$$\overline{Z}_{01}=Z_{01}/Z_{01}=1$$

$$\overline{Z}_{02}=Z_{02}/Z_{02}=1$$

$$\overline{U}_1=\frac{U_1}{\sqrt{Z_{01}}}$$

$$\overline{U}_2=\frac{U_2}{\sqrt{Z_{02}}}$$

$$\overline{I}_1=I_1\sqrt{Z_{01}}$$

$$\overline{I}_2=I_2\sqrt{Z_{02}}$$

如图3-3所示是归一化的二端口网络。将上式代入式(3-9)得

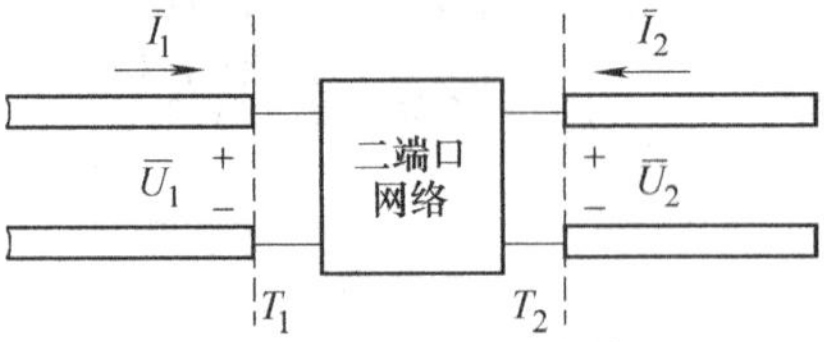

图3-3 归一化的二端口网络

$$\begin{cases}\overline{U}_1=\overline{Z}_{11}\overline{I}_1+\overline{Z}_{12}\overline{I}_2\\ \overline{U}_2=\overline{Z}_{21}\overline{I}_1+\overline{Z}_{22}\overline{I}_2\end{cases}\tag{3-11}$$

写成矩阵形式

$$\begin{pmatrix}\overline{U}_1\\ \overline{U}_2\end{pmatrix}=\begin{pmatrix}\overline{Z}_{11} & \overline{Z}_{12}\\ \overline{Z}_{21} & \overline{Z}_{22}\end{pmatrix}\begin{pmatrix}\overline{I}_1\\ \overline{I}_2\end{pmatrix}\tag{3-12}$$

或

$$\overline{\boldsymbol{U}}=\overline{\boldsymbol{Z}\boldsymbol{I}}$$

其中

$$\boldsymbol{Z}=\begin{pmatrix}\overline{Z}_{11} & \overline{Z}_{12}\\ \overline{Z}_{21} & \overline{Z}_{22}\end{pmatrix}=\begin{pmatrix}Z_{11}/Z_{01} & Z_{12}/\sqrt{Z_{01}Z_{02}}\\ Z_{21}/\sqrt{Z_{01}Z_{02}} & Z_{22}/Z_{02}\end{pmatrix}$$

3.3.2 导纳矩阵

在上述的二端口网络中，描述了电压和电流的线性关系，同样也可描述电流与电压的线性关系，即

$$\begin{cases} I_1 = Y_{11}U_1 + Y_{12}U_2 \\ I_2 = Y_{21}U_1 + Y_{22}U_2 \end{cases} \tag{3-13}$$

矩阵形式

$$\begin{pmatrix} I_1 \\ I_2 \end{pmatrix} = \begin{pmatrix} Y_{11} & Y_{12} \\ Y_{21} & Y_{22} \end{pmatrix} \begin{pmatrix} U_1 \\ U_2 \end{pmatrix} \tag{3-14}$$

或表示为

$$\boldsymbol{I} = \boldsymbol{YU}$$

导纳矩阵 $\boldsymbol{Y}$ 中的各参数的物理意义表述如下：

$Y_{11} = \left.\dfrac{I_1}{U_1}\right|_{U_2=0}$ 表示端口 2 短路时，端口 1 的输入导纳；

$Y_{22} = \left.\dfrac{I_2}{U_2}\right|_{U_1=0}$ 表示端口 1 短路时，端口 2 的输入导纳；

$Y_{12} = \left.\dfrac{I_1}{U_2}\right|_{U_1=0}$ 表示端口 1 短路时，端口 2 至端口 1 的转移导纳；

$Y_{21} = \left.\dfrac{I_2}{U_1}\right|_{U_2=0}$ 表示端口 2 短路时，端口 1 至端口 2 的转移导纳。

可见，$\boldsymbol{Y}$ 矩阵中的参数必须在短路条件下测量获得，又称为短路导纳参数。

1. 无耗网络

$\boldsymbol{Y}$ 矩阵中所有的参数均为纯虚数。

2. 互易网络

$$Y_{12} = Y_{21}$$

3. 对称网络

$$Y_{11} = Y_{22}, \ Y_{12} = Y_{21}$$

归一化处理

$$\overline{U}_1 = U_1\sqrt{Y_{01}}\ ,\ \overline{U}_2 = U_2\sqrt{Y_{02}}\ ,\ \overline{I}_1 = \frac{I_1}{\sqrt{Y_{01}}}\ ,\ \overline{I}_2 = \frac{I_2}{\sqrt{Y_{02}}}$$

将上式代入式(3-14)得

$$\begin{pmatrix} \overline{I}_1 \\ \overline{I}_2 \end{pmatrix} = \begin{pmatrix} \overline{Y}_{11} & \overline{Y}_{12} \\ \overline{Y}_{21} & \overline{Y}_{22} \end{pmatrix} \begin{pmatrix} \overline{U}_1 \\ \overline{U}_2 \end{pmatrix} \tag{3-15}$$

或

$$\overline{\boldsymbol{I}} = \overline{\boldsymbol{YU}}$$

其中

$$\overline{\boldsymbol{Y}} = \begin{pmatrix} \overline{Y}_{11} & \overline{Y}_{12} \\ \overline{Y}_{21} & \overline{Y}_{22} \end{pmatrix} = \begin{pmatrix} Y_{11}/Y_{01} & Y_{12}/\sqrt{Y_{01}Y_{02}} \\ Y_{21}/\sqrt{Y_{01}Y_{02}} & Y_{22}/Y_{02} \end{pmatrix},\ Y_{01} = 1/Z_{01},\ Y_{02} = 1/Z_{02}$$

同一网络中，阻抗矩阵 $\boldsymbol{Z}$ 与导纳矩阵 $\boldsymbol{Y}$ 的关系有

$$\boldsymbol{ZY} = \boldsymbol{I} \qquad (\boldsymbol{I}\text{ 是单位矩阵})$$

$$\boldsymbol{Y} = \boldsymbol{Z}^{-1}$$

综上所述，对于二端口网络有如下特性：

1）无耗性

$$Z_{ij},\ Y_{ij}(i,\ j=1,\ 2)\ (\text{或}\ \overline{Z}_{ij}\overline{Y}_{ij})\text{均为纯虚数；}$$

2）互易性

$$Z_{12}=Z_{21},\ Y_{12}=Y_{21}(\text{或}\ \overline{Z}_{12}=\overline{Z}_{21}\ \overline{Y}_{12}=\overline{Y}_{21})$$

3）对称性

$$Z_{11}=Z_{22},\ Z_{12}=Z_{21}\text{及}\ Y_{11}=Y_{22},\ Y_{12},\ Y_{21}$$

$$(\text{或}\ \overline{Z}_{11}=\overline{Z}_{22},\ \overline{Z}_{12}=\overline{Z}_{21}\text{及}\ \overline{Y}_{11}=\overline{Y}_{22},\ \overline{Y}_{12}=\overline{Y}_{21})$$

例题 3-1 求如图 3-4 所示二端口网络的 **Z** 矩阵和 **Y** 矩阵。

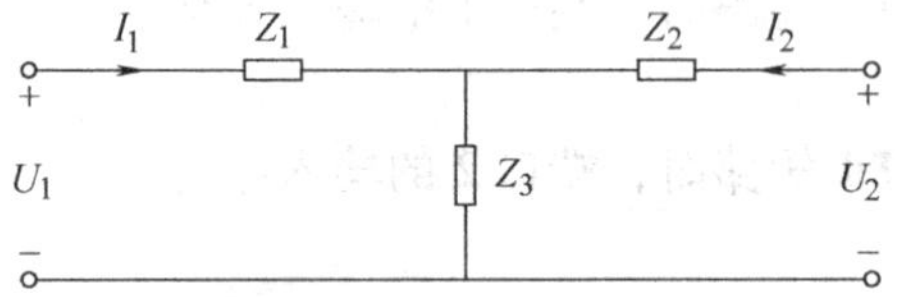

图 3-4 二端口网络

解 根据阻抗矩阵定义

$$Z_{11}=\left.\frac{U_1}{I_1}\right|_{I_2=0}=Z_1+Z_3$$

$$Z_{22}=\left.\frac{U_2}{I_2}\right|_{I_1=0}=Z_2+Z_3$$

$$Z_{12}=\left.\frac{U_1}{I_2}\right|_{I_1=0}=Z_3$$

$$Z_{21}=\left.\frac{U_2}{I_1}\right|_{I_2=0}=Z_3$$

可知网络是互易网络。

则阻抗矩阵为 $\boldsymbol{Z}=\begin{pmatrix} Z_1+Z_3 & Z_3 \\ Z_3 & Z_2+Z_3 \end{pmatrix}$

利用导纳矩阵与阻抗矩阵间的关系

$$\boldsymbol{Y}=\boldsymbol{Z}^{-1}=\frac{1}{Z_1Z_2+(Z_1+Z_2)Z_3}\begin{pmatrix} Z_2+Z_3 & -Z_3 \\ -Z_3 & Z_1+Z_3 \end{pmatrix}$$

例题 3-2 求如图 3-5 所示电路的阻抗参数矩阵。

解 根据阻抗参数定义

$$Z_{11}=\left.\frac{U_1}{I_1}\right|_{I_2=0}=\mathrm{j}\omega L+\frac{1}{\mathrm{j}\omega C}$$

$$Z_{22}=\left.\frac{U_2}{I_2}\right|_{I_1=0}=\frac{1}{\mathrm{j}\omega C}$$

$$Z_{12}=\left.\frac{U_1}{I_2}\right|_{I_1=0}=\frac{1}{\mathrm{j}\omega C}$$

$$Z_{21}=\frac{U_2}{I_1}\bigg|_{I_2=0}=\frac{1}{\mathrm{j}\omega C}$$

则阻抗矩阵为

$$\boldsymbol{Z}=\begin{pmatrix}\mathrm{j}\omega L+\frac{1}{\mathrm{j}\omega C} & \frac{1}{\mathrm{j}\omega C}\\ \frac{1}{\mathrm{j}\omega C} & \frac{1}{\mathrm{j}\omega C}\end{pmatrix}$$

由网络性质可知此网络是无耗互易网络。

3.3.3 转移矩阵

如图3-6所示，I_1、U_1 分别为输入电流和输入电压，I_2、U_2 为输出量，电流 I_2 的正方向为流出 T_2 参考面，与图3-2中相反，网络转移矩阵规定输出电流的正向指向网络外部，若采用图3-2所示的电流方向，则输出电流应表示为 $-I_2$，在本图中为表示方便将 I_2 方向与正向一致。

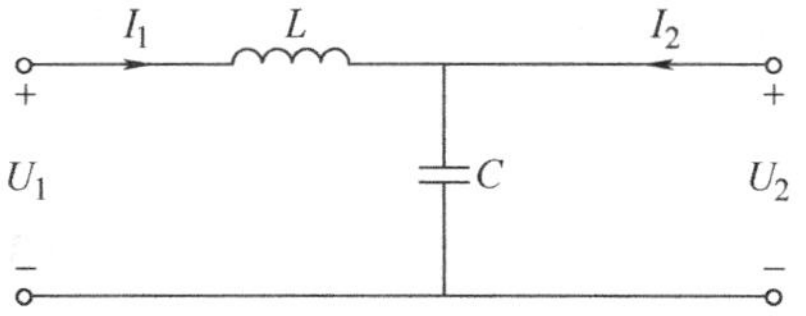

图3-5 Γ形网络电路

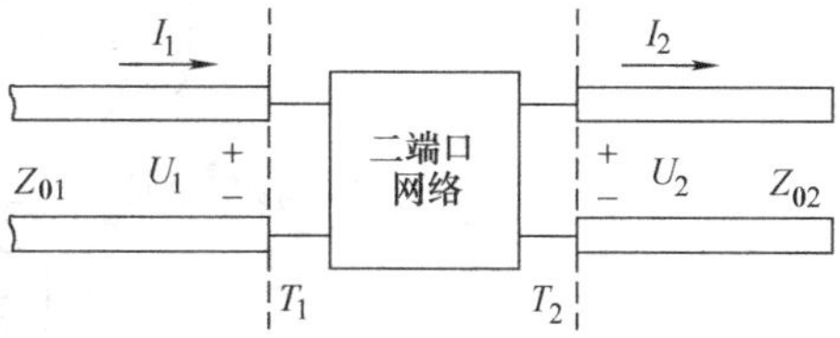

图3-6 二端口网络

把输出量(I_2, U_2)作为自变量，输入量(I_1, U_1)作为因变量，得到一组线性方程，称为转移参数方程。

$$\begin{cases}U_1=A_{11}U_2+A_{12}I_2\\ I_1=A_{21}U_2+A_{22}I_2\end{cases}\tag{3-16}$$

矩阵形式

$$\begin{pmatrix}U_1\\ I_1\end{pmatrix}=\begin{pmatrix}A_{11} & A_{12}\\ A_{21} & A_{22}\end{pmatrix}\begin{pmatrix}U_2\\ I_2\end{pmatrix}=\boldsymbol{A}\begin{pmatrix}U_2\\ I_2\end{pmatrix}\tag{3-17}$$

式中，$\boldsymbol{A}$ 又称为 $\boldsymbol{A}$ 矩阵，$\boldsymbol{A}=\begin{pmatrix}A_{11} & A_{12}\\ A_{21} & A_{22}\end{pmatrix}$。

$\boldsymbol{A}$ 参数的物理意义表述如下：

$A_{11}=\frac{U_1}{U_2}\Big|_{I_2=0}$ 表示端口2开路时的电压转移系数；

$A_{22}=\frac{I_1}{I_2}\Big|_{U_2=0}$ 表示端口2短路时的电流转移系数；

$A_{12}=\frac{U_1}{I_2}\Big|_{U_2=0}$ 表示端口2短路时的转移阻抗；

$A_{21}=\frac{I_1}{U_2}\Big|_{I_2=0}$ 表示端口2开路时的转移导纳。

1. 归一化的 $\boldsymbol{A}$ 参数

将网络各端口电压、电流对自身特性阻抗归一化

$$\overline{Z}_{01}=Z_{01}/Z_{01}=1,\ \overline{U}_1=\frac{U_1}{\sqrt{Z_{01}}},\ \overline{I}_1=I_1\sqrt{Z_{01}}$$

$$\overline{Z}_{02}=Z_{02}/Z_{02}=1,\ \overline{U}_2=\frac{U_2}{\sqrt{Z_{02}}},\ \overline{I}_2=I_2\sqrt{Z_{02}}$$

将上式代入式(3-16)得

$$U_1=\sqrt{Z_{01}}\,\overline{U}_1=A_{11}\sqrt{Z_{02}}\,\overline{U}_2+\frac{A_{12}}{\sqrt{Z_{02}}}\overline{I}_2$$

$$I_1=\frac{\overline{I}_1}{\sqrt{Z_{01}}}=A_{21}\sqrt{Z_{02}}\,\overline{U}_2+\frac{A_{22}}{\sqrt{Z_{02}}}\overline{I}_2$$

矩阵形式

$$\begin{pmatrix}\overline{U}_1\\ \overline{I}_1\end{pmatrix}=\begin{pmatrix}A_{11}\sqrt{\dfrac{Z_{02}}{Z_{01}}} & A_{12}/\sqrt{Z_{01}Z_{02}}\\ A_{21}\sqrt{Z_{01}Z_{02}} & A_{22}\sqrt{\dfrac{Z_{01}}{Z_{02}}}\end{pmatrix}\begin{pmatrix}\overline{U}_2\\ \overline{I}_2\end{pmatrix} \tag{3-18a}$$

则

$$\begin{pmatrix}\overline{U}_1\\ \overline{I}_1\end{pmatrix}=\overline{\boldsymbol{A}}\begin{pmatrix}\overline{U}_2\\ \overline{I}_2\end{pmatrix} \tag{3-18b}$$

式中

$$\overline{\boldsymbol{A}}=\begin{pmatrix}a_{11} & a_{12}\\ a_{21} & a_{22}\end{pmatrix}$$

$\overline{\boldsymbol{A}}$ 称为归一化的转移参数矩阵。

显然，归一化的 $\overline{\boldsymbol{A}}$ 参数与非归一化的 $\boldsymbol{A}$ 参数之间的关系

$$\begin{pmatrix}a_{11} & a_{12}\\ a_{21} & a_{22}\end{pmatrix}=\begin{pmatrix}A_{11}\sqrt{\dfrac{Z_{02}}{Z_{01}}} & A_{12}/\sqrt{Z_{01}Z_{02}}\\ A_{21}\sqrt{Z_{01}Z_{02}} & A_{22}\sqrt{\dfrac{Z_{01}}{Z_{02}}}\end{pmatrix} \tag{3-19}$$

2. *A* 参数的性质

变换式(3-16)，导出 $\boldsymbol{A}$ 参数和 $\boldsymbol{Z}$ 参数的关系。

将

$$U_2=\frac{I_1-A_{22}I_2}{A_{21}}$$

代入

$$U_1=A_{11}U_2+A_{12}I_2$$

得

$$U_1=\frac{A_{11}}{A_{21}}(I_1-A_{22}I_2)+A_{12}I_2=\frac{A_{11}}{A_{21}}I_1+\frac{A_{11}A_{22}-A_{12}A_{21}}{A_{21}}(-I_2)$$

即

$$U_1=\frac{A_{11}}{A_{21}}I_1+\frac{\det\boldsymbol{A}}{A_{21}}(-I_2)=Z_{11}I_1+Z_{12}(-I_2)$$

$$U_2 = \frac{I_1 - A_{22}I_2}{A_{21}} = \frac{I_1}{A_{21}} + \frac{A_{22}}{A_{21}}(-I_2) = Z_{21}I_1 + Z_{22}(-I_2)$$

(1) 无耗网络

由于 **Z** 矩阵中所有的参数均为纯虚数，由上式看出 A_{12}、A_{21} 应为虚数，而 A_{11}、A_{22} 均为实数；或其归一化的参数，a_{12}、a_{21} 为虚数，a_{11}、a_{22} 为实数。

(2) 互易网络

由于 $Z_{12} = Z_{21}$，得出 $\det\boldsymbol{A} = 1$ 或 $\det\overline{\boldsymbol{A}} = 1$。

(3) 对称网络

由于 $Z_{11} = Z_{22}$，$Z_{12} = Z_{21}$，可见，$A_{11} = A_{22}$，$\det\boldsymbol{A} = 1$；或 $a_{11} = a_{22}$，$\det\overline{\boldsymbol{A}} = 1$。

3. A 参数的应用

(1) 二端口级联系统的应用

如图3-7所示的 n 个二端口网络级联系统，在矩阵计算应用中非常方便。

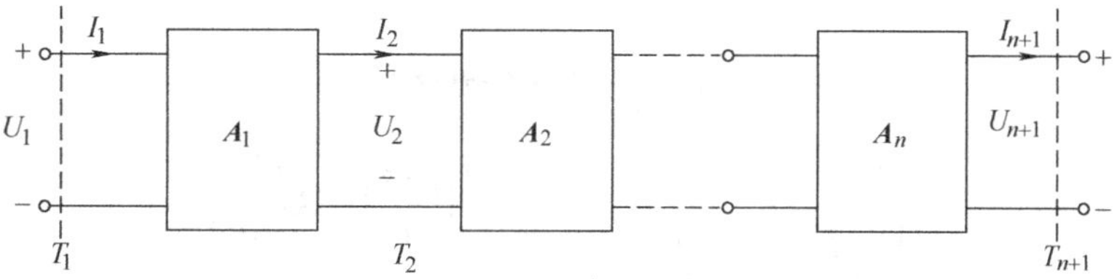

图3-7 n 个二端口网络级联系统

根据 **A** 矩阵的定义及图3-7中的网络顺序得

$$\begin{pmatrix} U_1 \\ I_1 \end{pmatrix} = \boldsymbol{A}_1 \begin{pmatrix} U_2 \\ I_2 \end{pmatrix} = \boldsymbol{A}_1\boldsymbol{A}_2 \begin{pmatrix} U_3 \\ I_3 \end{pmatrix} = \cdots = \boldsymbol{A}_1\boldsymbol{A}_2\cdots\boldsymbol{A}_n \begin{pmatrix} U_{n+1} \\ I_{n+1} \end{pmatrix} = \boldsymbol{A}\begin{pmatrix} U_{n+1} \\ I_{n+1} \end{pmatrix}$$

式中

$$\boldsymbol{A} = \boldsymbol{A}_1\boldsymbol{A}_2\cdots\boldsymbol{A}_n = \prod_{i=1}^{n}\boldsymbol{A}_i \tag{3-20a}$$

上式表明，二端口网络级联后的 **A** 矩阵等于各个网络矩阵的乘积，且矩阵乘积的顺序与网络排列顺序一致。

对于归一化后的级联二端口网络，与上面有相同的形式

$$\overline{\boldsymbol{A}} = \overline{\boldsymbol{A}}_1\overline{\boldsymbol{A}}_2\cdots\overline{\boldsymbol{A}}_n = \prod_{i=1}^{n}\overline{\boldsymbol{A}}_i \tag{3-20b}$$

(2) 求输入阻抗

由 **A** 参数定义可知，可以很容易由 **A** 参数求出输入阻抗，利用网络参数方程

$$\begin{cases} U_1 = A_{11}U_2 + A_{12}I_2 \\ I_1 = A_{21}U_2 + A_{22}I_2 \end{cases}$$

由于输出端阻抗 $Z_L = \dfrac{U_2}{I_{21}}$，则

输入阻抗

$$Z_{in}=\frac{U_1}{I_1}=\frac{A_{11}U_2+A_{12}I_2}{A_{21}U_2+A_{22}I_2}=\frac{A_{11}Z_L+A_{12}}{A_{21}Z_L+A_{22}} \tag{3-21a}$$

对于归一化的网络，也有相同的形式

$$\overline{Z}_{in}=\frac{\overline{U}_1}{\overline{I}_1}=\frac{a_{11}\overline{U}_2+a_{12}\overline{I}_2}{a_{21}\overline{U}_2+a_{22}\overline{I}_2}=\frac{a_{11}\overline{Z}_L+a_{12}}{a_{21}\overline{Z}_L+a_{22}} \tag{3-21b}$$

例题 3-3　求长为 l 的无耗传输线的 $\boldsymbol{A}$ 矩阵及 $\overline{\boldsymbol{A}}$ 矩阵。

解　对于无耗传输线 $\gamma=\mathrm{j}\beta$，$\beta=2\pi/\lambda_p$。

由传输线理论　$U_1=U_2\cos(\beta l)+\mathrm{j}Z_0I_2\sin(\beta l)$

$$I_1=\frac{\mathrm{j}U_2}{Z_0}\sin(\beta l)+I_2\cos(\beta l)$$

令 $\beta l=\theta$，得

$$U_1=U_2\cos\theta+\mathrm{j}Z_0I_2\sin\theta$$

$$I_1=\frac{\mathrm{j}U_2}{Z_0}\sin\theta+I_2\cos\theta$$

$$\begin{pmatrix}U_1\\I_1\end{pmatrix}=\begin{pmatrix}\cos\theta & \mathrm{j}Z_0\sin\theta\\ \mathrm{j}\sin\theta/Z_0 & \cos\theta\end{pmatrix}\begin{pmatrix}U_2\\I_2\end{pmatrix}=\boldsymbol{A}\begin{pmatrix}U_2\\I_2\end{pmatrix}$$

$$\boldsymbol{A}=\begin{pmatrix}\cos\theta & \mathrm{j}Z_0\sin\theta\\ \mathrm{j}\sin\theta/Z_0 & \cos\theta\end{pmatrix}$$

利用式(3-19)，得

$$\overline{\boldsymbol{A}}=\begin{pmatrix}\cos\theta\sqrt{Z_0/Z_0} & \mathrm{j}Z_0\sin\theta/\sqrt{Z_0Z_0}\\ \mathrm{j}\sin\theta\sqrt{Z_0Z_0}/Z_0 & \cos\theta\sqrt{Z_0/Z_0}\end{pmatrix}=\begin{pmatrix}\cos\theta & \mathrm{j}\sin\theta\\ \mathrm{j}\sin\theta & \cos\theta\end{pmatrix}$$

例题 3-4　分别计算图 3-8 所示三种电路图的 $\boldsymbol{A}$ 矩阵及 $\overline{\boldsymbol{A}}$ 矩阵。

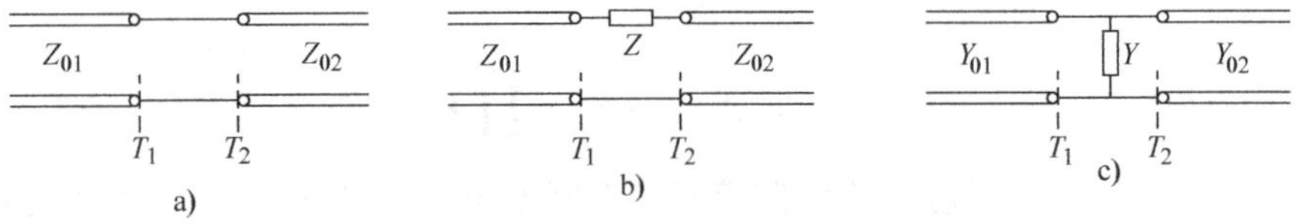

图 3-8　例题 3-4

解　(1) 当 $I_2=0$ 时，$U_1=U_2$，$I_1=I_2=0$

得　$A_{11}=\left.\frac{U_1}{U_2}\right|_{I_2=0}=1$　$A_{21}=\left.\frac{I_1}{U_2}\right|_{I_2=0}=0$

当 $U_2=0$ 时

$$I_2=I_1,\ U_1=U_2=0$$

得 $A_{22}=\left.\frac{I_1}{I_2}\right|_{U_2=0}=1$；$A_{12}=\left.\frac{U_1}{I_2}\right|_{U_2=0}=0$

所以有　$\boldsymbol{A}=\begin{pmatrix}1 & 0\\0 & 1\end{pmatrix}$

归一化

$$\overline{\boldsymbol{A}}=\begin{pmatrix}\sqrt{Z_{02}/Z_{01}} & 0\\ 0 & \sqrt{Z_{01}/Z_{02}}\end{pmatrix}=\begin{pmatrix}n & 0\\ 0 & \dfrac{1}{n}\end{pmatrix}$$

式中，n 称为变压比，$n=\sqrt{Z_{02}/Z_{01}}$。

归一化等效电路图如图3-9所示。

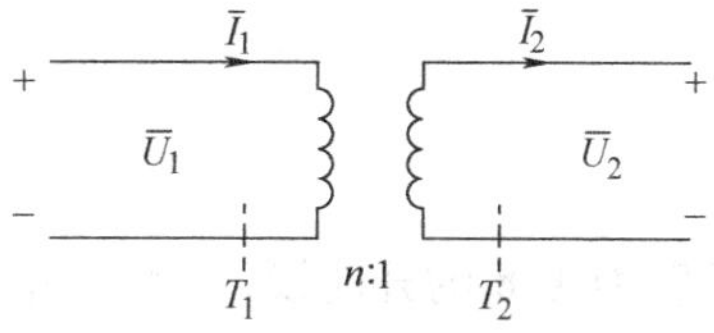

图3-9 归一化等效电路图

(2) 由图可知

$$U_1=A_{11}U_2+A_{12}I_2=U_2+ZI_2$$
$$I_1=I_2$$

比较可得 $A_{11}=A_{22}=1$，$A_{12}=Z$，$A_{21}=0$

得

$$\boldsymbol{A}=\begin{pmatrix}1 & Z\\ 0 & 1\end{pmatrix}$$

归一化

$$\overline{\boldsymbol{A}}=\begin{pmatrix}\sqrt{Z_{02}/Z_{01}} & Z/\sqrt{Z_{02}Z_{01}}\\ 0 & \sqrt{Z_{01}/Z_{02}}\end{pmatrix}$$

(3) $U_1=A_{11}U_2+A_{12}I_2=U_2$

$I_1=YU_2+I_2$

比较可得

$$A_{11}=A_{22}=1,\ A_{12}=0,\ A_{21}=Y$$

得

$$\boldsymbol{A}=\begin{pmatrix}1 & 0\\ Y & 1\end{pmatrix}$$

归一化

$$\overline{\boldsymbol{A}}=\begin{pmatrix}\sqrt{Y_{01}/Y_{02}} & 0\\ Y/\sqrt{Y_{01}Y_{02}} & \sqrt{Y_{02}/Y_{01}}\end{pmatrix}$$

例题3-5 求如图3-10所示的电路图中相对参考面 T_1 和 T_2 间总网络归一化 $\overline{\boldsymbol{A}}$ 矩阵。

解 将网络分成3个简单的网络，由两个导纳一段均匀传输线级联而成。直接用上面的结论，得

$$\overline{\boldsymbol{A}}=\overline{\boldsymbol{A}}_1\overline{\boldsymbol{A}}_2\overline{\boldsymbol{A}}_3=\begin{pmatrix}1 & 0\\ Y/Y_0 & 1\end{pmatrix}\begin{pmatrix}\cos\theta & \mathrm{j}\sin\theta\\ \mathrm{j}\sin\theta & \cos\theta\end{pmatrix}\begin{pmatrix}1 & 0\\ Y/Y_0 & 1\end{pmatrix}$$

$$=\begin{pmatrix}\cos\theta+\dfrac{\mathrm{j}Y\sin\theta}{Y_0} & \mathrm{j}\sin\theta\\ \dfrac{2Y\cos\theta}{Y_0}+\mathrm{j}\left(1+\dfrac{Y^2}{Y_0^2}\right)\sin\theta & \cos\theta+\dfrac{\mathrm{j}Y\sin\theta}{Y_0}\end{pmatrix}$$

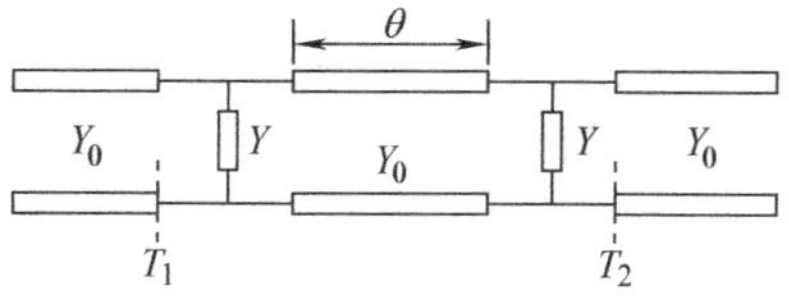

图3-10 级联电路

例题 3-6　如图 3-11 所示，终端负载与长线特性阻抗不匹配，通过距终端 $\lambda/8$ 处并接一段长度为 $\lambda/8$ 的开路线，与开路线相距 $\lambda/4$ 处串接一段长度为 $\lambda/8$ 的短路线，使长线始端归一化输入阻抗满足 $\overline{Z}_{in}=1$，求归一化的负载阻抗 $\overline{Z}_L$。

解　长度为 $\lambda/8$ 的短路线，其输入端的串联阻抗，$Z_L=0$，$l=\lambda/8$ 代入阻抗公式得

$$Z_{in}(l)=Z_0\frac{Z_L+jZ_0\tan\beta l}{Z_0+jZ_L\tan\beta l}=jZ_0$$

$$\overline{Z}_{in}(l)=j$$

长度为 $\lambda/8$ 的开路线，其输入的并联导纳，将 $Y_L=0$，$l=\lambda/8$，代入导纳公式

$$Y_{in}(l)=Y_0\frac{Y_L+jY_0\tan\beta l}{Y_0+jY_L\tan\beta l}=jY_0$$

则

$$\overline{Y}_{in}(l)=j$$

计算得阻抗和导纳值后，得出如图 3-12 所示的等效电路图，可以看出，该等效图由 4 个基本网络组成。

$$\overline{\boldsymbol{A}}=\overline{\boldsymbol{A}}_1\overline{\boldsymbol{A}}_2\overline{\boldsymbol{A}}_3\overline{\boldsymbol{A}}_4=\begin{pmatrix}1 & j\\ 0 & 1\end{pmatrix}\begin{pmatrix}0 & j\\ j & 0\end{pmatrix}\begin{pmatrix}1 & 0\\ j & 1\end{pmatrix}\frac{1}{\sqrt{2}}\begin{pmatrix}1 & j\\ j & 1\end{pmatrix}$$

$$=\frac{1}{\sqrt{2}}\begin{pmatrix}-3 & -j\\ j & -1\end{pmatrix}$$

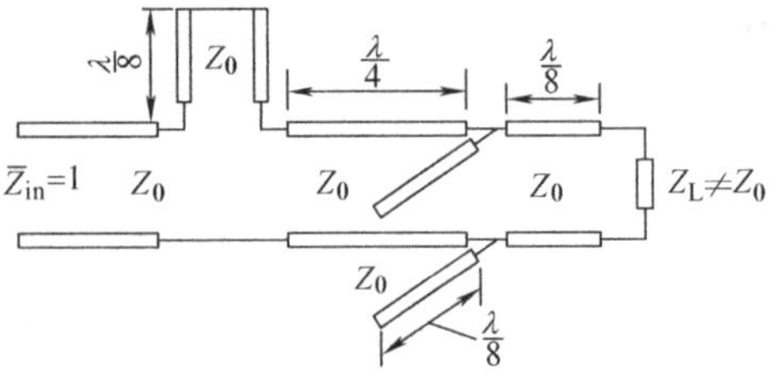

图 3-11　例题 3-6

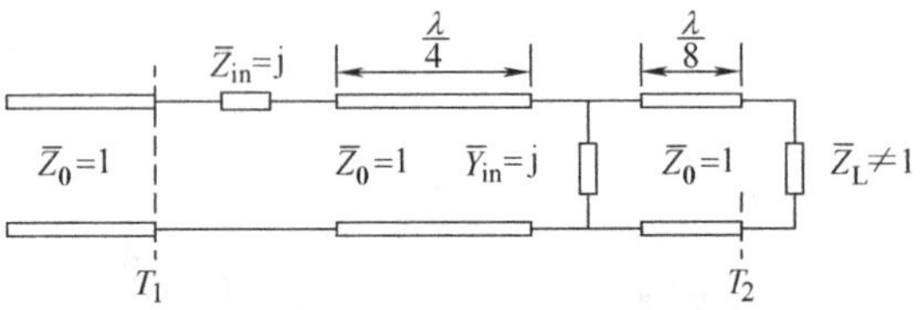

图 3-12　例题 3-6 等效图

利用条件

$$\overline{Z}_{in}=\frac{\overline{U}_1}{\overline{I}_1}=\frac{a_{11}\overline{Z}_L+a_{12}}{a_{21}\overline{Z}_L+a_{22}}=1$$

即

$$\frac{-3\overline{Z}_L-j}{j\overline{Z}_L-1}=1$$

得

$$\overline{Z}_L=0.2-j0.4$$

Z、Y、A 之间相互转换的公式见表 3-1，二端口网络基本单元电路的 A 参数见表 3-2。

表3-1 Z、Y、A之间相互转换的公式

网络参数	以 Y 参量表示	以 Z 参量表示	以 A 参量表示
$\begin{pmatrix} A_{11} & A_{12} \\ A_{21} & A_{22} \end{pmatrix}$	$-\begin{pmatrix} Y_{22}/Y_{21} & 1/Y_{21} \\ \lvert Y\rvert/Y_{21} & Y_{11}/Y_{21} \end{pmatrix}$	$\begin{pmatrix} Z_{11}/Z_{21} & \lvert Z\rvert/Z_{21} \\ 1/Z_{21} & Z_{22}/Z_{21} \end{pmatrix}$	$\begin{pmatrix} A_{11} & A_{12} \\ A_{21} & A_{22} \end{pmatrix}$
$\begin{pmatrix} Y_{11} & Y_{12} \\ Y_{21} & Y_{22} \end{pmatrix}$	$\begin{pmatrix} Y_{11} & Y_{12} \\ Y_{21} & Y_{22} \end{pmatrix}$	$\begin{pmatrix} Z_{22}/\lvert Z\rvert & -Z_{12}/\lvert Z\rvert \\ -Z_{21}/\lvert Z\rvert & Z_{11}/\lvert Z\rvert \end{pmatrix}$	$\begin{pmatrix} A_{22}/A_{12} & -\lvert A\rvert/A_{12} \\ -1/A_{21} & A_{11}/A_{12} \end{pmatrix}$
$\begin{pmatrix} Z_{11} & Z_{12} \\ Z_{21} & Z_{22} \end{pmatrix}$	$\begin{pmatrix} Y_{22}/\lvert Y\rvert & -Y_{12}/\lvert Y\rvert \\ -Y_{21}/\lvert Y\rvert & Y_{11}/\lvert Y\rvert \end{pmatrix}$	$\begin{pmatrix} Z_{11} & Z_{12} \\ Z_{21} & Z_{22} \end{pmatrix}$	$\begin{pmatrix} A_{11}/A_{21} & \lvert A\rvert/A_{21} \\ 1/A_{21} & A_{22}/A_{21} \end{pmatrix}$

注：| * |均表示其矩阵所对应的行列式的值。

表3-2 二端口网络基本单元电路的 A 参数

等效电路	A 矩阵	$\overline{A}$ 矩阵
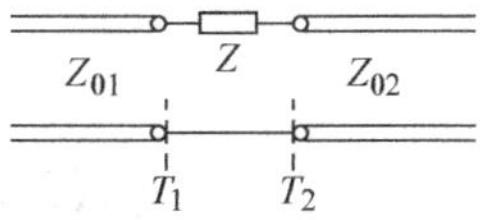	$\begin{pmatrix} 1 & Z \\ 0 & 1 \end{pmatrix}$	$\begin{pmatrix} \sqrt{Z_{02}/Z_{01}} & Z/\sqrt{Z_{02}Z_{01}} \\ 0 & \sqrt{Z_{01}/Z_{02}} \end{pmatrix}$
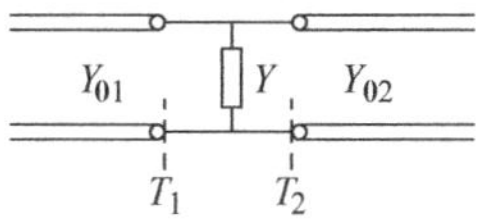	$\begin{pmatrix} 1 & 0 \\ Y & 1 \end{pmatrix}$	$\begin{pmatrix} \sqrt{Y_{01}/Y_{02}} & 0 \\ Y/\sqrt{Y_{01}Y_{02}} & \sqrt{Y_{02}/Y_{01}} \end{pmatrix}$
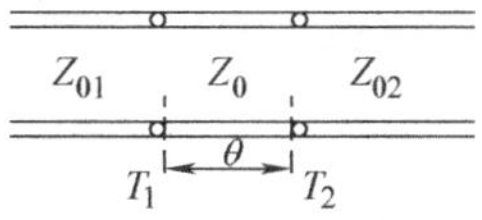	$\begin{pmatrix} \cos\theta & jZ_0\sin\theta \\ j\sin\theta/Z_0 & \cos\theta \end{pmatrix}$	$\begin{pmatrix} \sqrt{Z_{02}/Z_{01}}\cos\theta & jZ_0\sin\theta/\sqrt{Z_{01}Z_{02}} \\ j\sqrt{Z_{01}Z_{02}}\sin\theta/Z_0 & \sqrt{Z_{01}/Z_{02}}\cos\theta \end{pmatrix}$
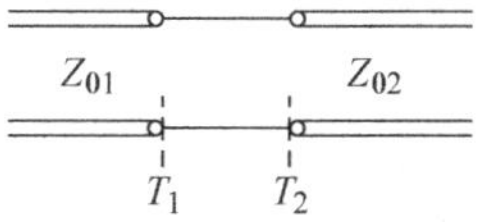	$\begin{pmatrix} 1 & 0 \\ 0 & 1 \end{pmatrix}$	$\begin{pmatrix} \sqrt{Z_{02}/Z_{01}} & 0 \\ 0 & \sqrt{Z_{01}/Z_{02}} \end{pmatrix}$
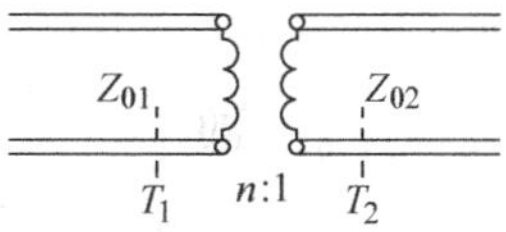	$\begin{pmatrix} n & 0 \\ 0 & \frac{1}{n} \end{pmatrix}$	$\begin{pmatrix} n\sqrt{Z_{02}/Z_{01}} & 0 \\ 0 & \frac{1}{n}\sqrt{Z_{01}/Z_{02}} \end{pmatrix}$

3.4 散射矩阵与传输矩阵

前面描述的阻抗、导纳及转移网络矩阵都是建立在电压和电流概念基础上的，而电压和电流在微波频率下已无明确的物理意义。三种网络参数的测量都要求端口开路或短路，这在微波频率下也是难以实现的。为了研究微波系统特性，更需要一种在微波波段能够直接测量确定的网络参数，在微波段反射系数及功率都是可测量的，因此从归一化的入射波和反射波出发，定义一种新的网络矩阵，称为散射矩阵。另外，传输矩阵也是建立在入射波、反射波的关系基础上的网络参数矩阵。为了解散射矩阵和传输矩阵，首先从分析二端口网络开始。

3.4.1 二端口网络的散射矩阵

如图3-13所示的二端口网络中，二端口网络参考面 T_1 和 T_2 面上的归一化入射波电压 a 和归一化反射波 b，相对某一参考面，进入网络的方向为入射波方向，离开网络的方向为反射波，端口1归一化入射波和归一化反射波的关系为

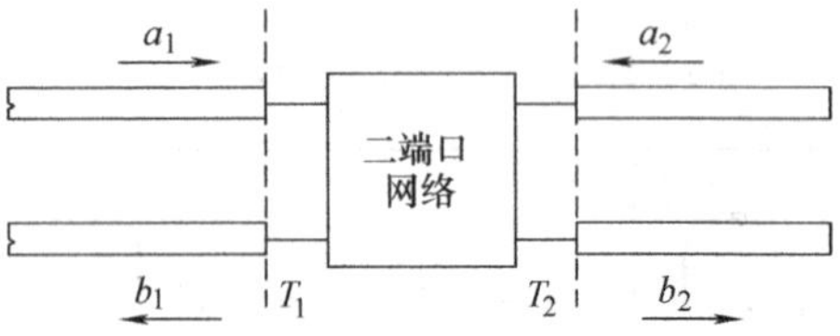

图3-13 二端口网络的入射波与反射波

$$\overline{U}_1=\frac{U_1}{\sqrt{Z_{01}}}=a_1+b_1$$

$$\overline{I}_1=I_1\sqrt{Z_{01}}=a_1-b_1$$

整理得

$$\begin{cases}a_1=\dfrac{1}{2}(\overline{U}_1+\overline{I}_1)\\[2ex] b_1=\dfrac{1}{2}(\overline{U}_1-\overline{I}_1)\end{cases}\tag{3-22a}$$

同理得

$$\begin{cases}a_2=\dfrac{1}{2}(\overline{U}_2+\overline{I}_2)\\[2ex] b_2=\dfrac{1}{2}(\overline{U}_2-\overline{I}_2)\end{cases}\tag{3-22b}$$

重新组合两式并用矩阵表示

$$\boldsymbol{b}=\begin{pmatrix}b_1\\b_2\end{pmatrix}=\frac{1}{2}\begin{pmatrix}\overline{U}_1-\overline{I}_1\\\overline{U}_2-\overline{I}_2\end{pmatrix}$$

$$\boldsymbol{a}=\begin{pmatrix}a_1\\a_2\end{pmatrix}=\frac{1}{2}\begin{pmatrix}\overline{U}_1+\overline{I}_1\\\overline{U}_2+\overline{I}_2\end{pmatrix}$$

若 $\overline{U}_i(i=1,2)$ 与 $\overline{I}_i(i=1,2)$ 之间是线性关系，则 $\boldsymbol{b}$ 与 $\boldsymbol{a}$ 之间也存在线性关系，即

$$\begin{pmatrix}b_1\\b_2\end{pmatrix}=\begin{pmatrix}S_{11}&S_{12}\\S_{21}&S_{22}\end{pmatrix}\begin{pmatrix}a_1\\a_2\end{pmatrix}\tag{3-23}$$

简写为

$$\boldsymbol{b}=\boldsymbol{S}\boldsymbol{a}$$

式中，$\boldsymbol{S}$ 称为散射矩阵。

将式(3-23)展开

$$b_1=S_{11}a_1+S_{12}a_2\tag{3-24a}$$
$$b_2=S_{21}a_1+S_{22}a_2\tag{3-24b}$$

故有

$S_{11}=\left.\frac{b_1}{a_1}\right|_{a_2=0}$ 表示端口 2 匹配时，端口 1 的反射系数；

$S_{22}=\left.\frac{b_2}{a_2}\right|_{a_1=0}$ 表示端口 1 匹配时，端口 2 的反射系数；

$S_{12}=\left.\frac{b_1}{a_2}\right|_{a_1=0}$ 表示端口 1 匹配时，由端口 2 至端口 1 的电压传输系数；

$S_{21}=\left.\frac{b_2}{a_1}\right|_{a_2=0}$ 表示端口 2 匹配时，由端口 1 至端口 2 的电压传输系数。

互易网络：$S_{12}=S_{21}$

对称网络：$S_{11}=S_{22}$，$S_{12}=S_{21}$

无耗网络：$\boldsymbol{S}^{+}\boldsymbol{S}=\boldsymbol{I}$

其中，$\boldsymbol{S}^{+}$ 是 $\boldsymbol{S}$ 的转置共轭矩阵，$\boldsymbol{I}$ 为单位矩阵。

常用两个特性参数

回波损耗（The return Loss） $\mathrm{RL}=20\lg\left|\frac{a_1}{b_1}\right|=20\lg\left|\frac{1}{S_{11}}\right|$， （单位 dB）

衰减或插入损耗（The attenuation or insertion Loss）

$$\mathrm{IL}=20\lg\left|\frac{a_1}{b_2}\right|=20\lg\left|\frac{1}{S_{21}}\right|,\quad（单位 dB）$$

3.4.2 二端口网络的传输矩阵

当用 a_1、b_1 作为输入量，a_2、b_2 作为输出量时，其线性方程组如下：

$$\begin{cases}a_1=T_{11}b_2+T_{12}a_2\\ b_1=T_{21}b_2+T_{22}a_2\end{cases}\tag{3-25}$$

矩阵形式为

$$\begin{pmatrix}a_1\\ b_1\end{pmatrix}=\begin{pmatrix}T_{11} & T_{12}\\ T_{21} & T_{22}\end{pmatrix}\begin{pmatrix}b_2\\ a_2\end{pmatrix}=\boldsymbol{T}\begin{pmatrix}b_2\\ a_2\end{pmatrix}\tag{3-26}$$

式中，$\boldsymbol{T}$ 为传输矩阵，$\boldsymbol{T}=\begin{pmatrix}T_{11} & T_{12}\\ T_{21} & T_{22}\end{pmatrix}$。

根据 $\boldsymbol{T}$ 矩阵的定义及如图 3-14 所示的二端口网络排列顺序可得

$$\begin{pmatrix}a_1\\ b_1\end{pmatrix}=\begin{pmatrix}T_{11} & T_{12}\\ T_{21} & T_{22}\end{pmatrix}\begin{pmatrix}b_2\\ a_2\end{pmatrix}=\boldsymbol{T}_1\begin{pmatrix}b_2\\ a_2\end{pmatrix}=\boldsymbol{T}_1\boldsymbol{T}_2\begin{pmatrix}b_3\\ a_3\end{pmatrix}=\boldsymbol{T}_1\boldsymbol{T}_2\cdots\boldsymbol{T}_n\begin{pmatrix}b_{n+1}\\ a_{n+1}\end{pmatrix}=\boldsymbol{T}\begin{pmatrix}b_{n+1}\\ a_{n+1}\end{pmatrix}$$

式中

$$\boldsymbol{T}=\boldsymbol{T}_1\boldsymbol{T}_2\cdots\boldsymbol{T}_n=\prod_{i=1}^{n}\boldsymbol{T}_i\tag{3-27}$$

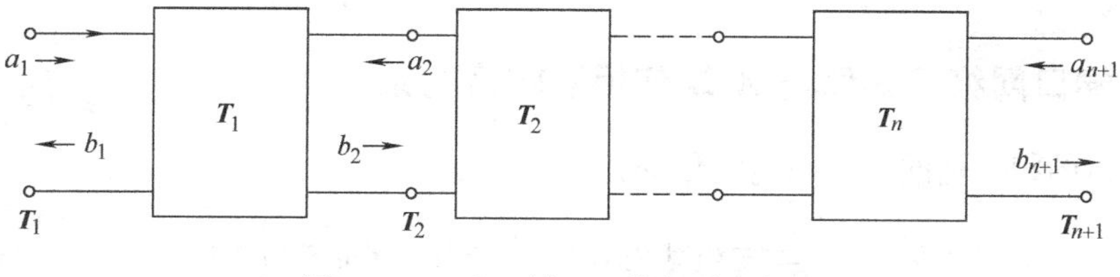

图 3-14 n 个二端口网络级联示意图

可见，当网络级联时，总的 $\boldsymbol{T}$ 矩阵等于各个网络 $\boldsymbol{T}$ 矩阵的乘积，且顺序与网络的排列顺序一致。

3.4.3 二端口网络 S 矩阵与 T 矩阵相互转换关系

由二端口网络 $\boldsymbol{S}$ 矩阵的定义可知

$$b_1 = S_{11}a_1 + S_{12}a_2$$
$$b_2 = S_{21}a_1 + S_{22}a_2$$

再按 $\boldsymbol{T}$ 参数的定义，可得

$$T_{11} = \frac{a_1}{b_2}\bigg|_{a_2=0} = \frac{1}{S_{21}} \tag{3-28a}$$

$$T_{22} = \frac{b_1}{a_2}\bigg|_{b_2=0} = S_{12} - \frac{S_{11}S_{22}}{S_{21}} \tag{3-28b}$$

$$T_{12} = \frac{a_1}{a_2}\bigg|_{b_2=0} = -\frac{S_{22}}{S_{21}} \tag{3-28c}$$

$$T_{21} = \frac{b_1}{b_2}\bigg|_{a_2=0} = \frac{S_{11}}{S_{21}} \tag{3-28d}$$

以 $\boldsymbol{S}$ 矩阵中的参数表示的 $\boldsymbol{T}$ 矩阵

$$\boldsymbol{T} = \begin{pmatrix} \dfrac{1}{S_{21}} & -\dfrac{S_{22}}{S_{21}} \\ \dfrac{S_{11}}{S_{21}} & S_{12} - \dfrac{S_{11}S_{22}}{S_{21}} \end{pmatrix} \tag{3-29}$$

由式(3-28)可得

$$S_{11} = \frac{T_{21}}{T_{11}} \tag{3-30a}$$

$$S_{22} = -\frac{T_{12}}{T_{11}} \tag{3-30b}$$

$$S_{12} = T_{22} - \frac{T_{12}T_{21}}{T_{11}} \tag{3-30c}$$

$$S_{21} = \frac{1}{T_{11}} \tag{3-30d}$$

以 $\boldsymbol{T}$ 矩阵中的参数表示的 $\boldsymbol{S}$ 矩阵

$$\boldsymbol{S} = \begin{pmatrix} S_{11} & S_{12} \\ S_{21} & S_{22} \end{pmatrix} = \begin{pmatrix} \dfrac{T_{21}}{T_{11}} & T_{22} - \dfrac{T_{12}T_{21}}{T_{11}} \\ \dfrac{1}{T_{11}} & -\dfrac{T_{12}}{T_{11}} \end{pmatrix} \tag{3-31}$$

3.4.4 二端口网络 S 矩阵与 $\bar{A}$ 矩阵相互转换关系

两个端口的归一化的电压与电流分别为

$$\bar{U}_1 = \frac{U_1}{\sqrt{Z_{01}}} = a_1 + b_1, \qquad \bar{I}_1 = I_1\sqrt{Z_{01}} = a_1 - b_1$$

$$\bar{U}_2=\frac{U_2}{\sqrt{Z_{02}}}=a_2+b_2,\qquad \bar{I}_2=I_1\sqrt{Z_{02}}=b_2-a_2$$

利用式(3-18b)得

$$\begin{cases}\bar{U}_1=a_{11}\bar{U}_2+a_{12}\bar{I}_2\\ \bar{I}_1=a_{21}\bar{U}_2+a_{22}\bar{I}_2\end{cases}\tag{3-32}$$

将归一化的电压与电流分别代入

$$\begin{cases}a_1+b_1=a_{11}(a_2+b_2)+a_{12}(b_2-a_2)\\ a_1-b_1=a_{21}(a_2+b_2)+a_{22}(b_2-a_2)\end{cases}\tag{3-33a}$$

整理得

$$\begin{pmatrix}1 & a_{12}-a_{11}\\ -1 & a_{22}-a_{21}\end{pmatrix}\begin{pmatrix}b_1\\ b_2\end{pmatrix}=\begin{pmatrix}-1 & a_{11}-a_{12}\\ -1 & a_{21}-a_{22}\end{pmatrix}\begin{pmatrix}a_1\\ a_2\end{pmatrix}$$

$$\begin{pmatrix}b_1\\ b_2\end{pmatrix}=\begin{pmatrix}1 & a_{12}-a_{11}\\ -1 & a_{22}-a_{21}\end{pmatrix}^{-1}\begin{pmatrix}-1 & a_{11}-a_{12}\\ -1 & a_{21}-a_{22}\end{pmatrix}\begin{pmatrix}a_1\\ a_2\end{pmatrix}\tag{3-33b}$$

对比式(3-23)则有

$$\boldsymbol{S}=\begin{pmatrix}1 & a_{12}-a_{11}\\ -1 & a_{22}-a_{21}\end{pmatrix}^{-1}\begin{pmatrix}-1 & a_{11}-a_{12}\\ -1 & a_{21}-a_{22}\end{pmatrix}$$

得出

$$\boldsymbol{S}=\frac{1}{a_{11}+a_{12}+a_{21}+a_{22}}\begin{pmatrix}a_{11}+a_{12}-a_{21}-a_{22} & 2|\bar{\boldsymbol{A}}|\\ 2 & -a_{11}+a_{12}-a_{21}+a_{22}\end{pmatrix}\tag{3-34}$$

类似的方法可得

$$\bar{\boldsymbol{A}}=\begin{pmatrix}\dfrac{(1+S_{11})(1-S_{22})+S_{12}S_{21}}{2S_{21}} & \dfrac{(1+S_{11})(1+S_{22})-S_{12}S_{21}}{2S_{21}}\\ \dfrac{(1-S_{11})(1-S_{22})-S_{12}S_{21}}{2S_{21}} & \dfrac{(1-S_{11})(1+S_{22})+S_{12}S_{21}}{2S_{21}}\end{pmatrix}\tag{3-35}$$

式中，S_{21}表示正向电压传输系数。

在实际的微波电路中不可能为零，所以$\bar{\boldsymbol{A}}$矩阵总是确定的。

在处理二端口网络时，一般先求出总的网络$\boldsymbol{A}$矩阵或$\boldsymbol{T}$矩阵，再根据它们与$\boldsymbol{S}$矩阵的关系，求得网络的总$\boldsymbol{S}$参数，避开了直接求$\boldsymbol{S}$矩阵。

3.4.5　S参数的测量

$\boldsymbol{S}$参数可以用实验方法直接测得，对于二端口互易网络，由于$S_{12}=S_{21}$，所以，只可测三个参量即可获得$\boldsymbol{S}$矩阵，假设被测网络接入如图3-15所示的系统，Z_g、Z_0、Z_L分别为电源阻抗、特性阻抗及终端负载阻抗，设终端反射系数为Γ_L，且

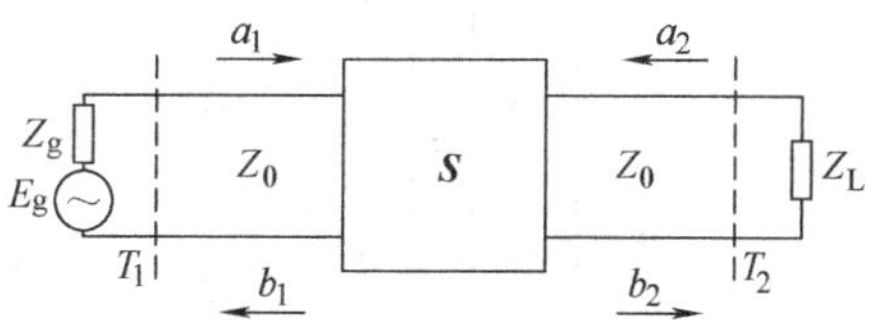

图3-15　S参数的测量

$$\Gamma_L=\frac{a_2}{b_2}$$

将上式代入式（3-24）得

$$b_1 = S_{11}a_1 + S_{12}\Gamma_L b_2$$
$$b_2 = S_{21}a_1 + S_{22}\Gamma_L b_2$$

输入端参考面 T_1 处的反射系数

$$\Gamma_{in} = \frac{b_1}{a_1} = S_{11} + \frac{S_{12}^2\Gamma_L}{1 - S_{22}\Gamma_L} \tag{3-36}$$

在 T_2 参考面上选 3 种特定负载情况：匹配、短路及开路，测得对应参考面 T_1 的反射系数分别为 Γ_{1m}、Γ_{1s}和 Γ_{1o}。

$$\Gamma_{1m} = S_{11} \qquad （匹配\ Z_L = Z_0,\ \Gamma_L = 0）$$
$$\Gamma_{1s} = S_{11} - \frac{S_{12}^2}{1 + S_{22}} \qquad （短路\ Z_L = 0,\ \Gamma_L = -1）$$
$$\Gamma_{1o} = S_{11} + \frac{S_{12}^2}{1 - S_{22}} \qquad （开路\ Z_L = \infty,\ \Gamma_L = 1）$$

其解为

$$\begin{cases} S_{11} = \Gamma_{1m} \\ S_{22} = \dfrac{2\Gamma_{1m} - \Gamma_{1s} - \Gamma_{1o}}{\Gamma_{1s} - \Gamma_{1o}} \\ S_{12}^2 = \dfrac{2(\Gamma_{1m} - \Gamma_{1s})(\Gamma_{1m} - \Gamma_{1o})}{\Gamma_{1s} - \Gamma_{1o}} \end{cases} \tag{3-37}$$

对于微波系统，在 T_2 参考面开路负载很难实现，也可以在参考面 T_1 上接匹配负载时，测出 T_2 参考面出的反射系数 Γ_{2m}，由于 $\Gamma_{2m} = S_{22}$，再利用式(3-36)得

$$S_{11} = \Gamma_{1m}$$
$$S_{22} = \Gamma_{2m}$$
$$S_{12}^2 = (\Gamma_{1m} - \Gamma_{1s})(1 + \Gamma_{2m})$$

3.5　多端口网络的散射矩阵

前面介绍了二端口网络几种参数矩阵，很容易推广到多端口网络，本节从 **S** 参数出发，分析多端口网络。如图 3-16 所示的多端口网络，各端口的归一化入射波电压和反射波电压分别为 a_i 和 $b_i(i = 1, 2, \cdots, n)$则有

$$\begin{pmatrix} b_1 \\ b_2 \\ \vdots \\ b_n \end{pmatrix} = \begin{pmatrix} S_{11} & S_{12} & \cdots & S_{1n} \\ S_{21} & S_{22} & \cdots & S_{2n} \\ \vdots & \vdots & & \vdots \\ S_{n1} & S_{n2} & \cdots & S_{nn} \end{pmatrix} \begin{pmatrix} a_1 \\ a_2 \\ \vdots \\ a_n \end{pmatrix} \tag{3-38a}$$

简写为

$$\boldsymbol{b} = \boldsymbol{S}\boldsymbol{a} \tag{3-38b}$$

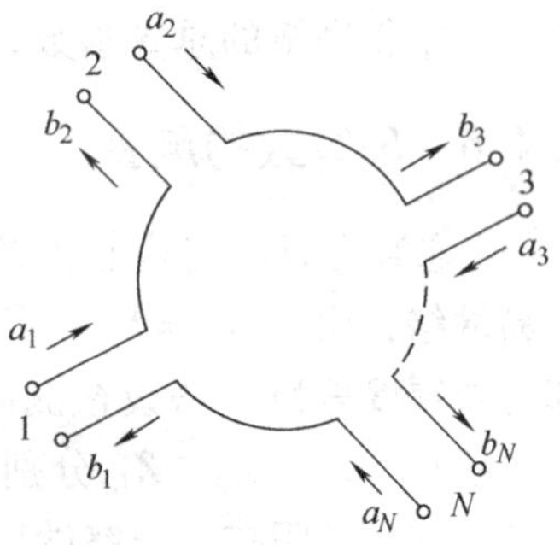

图 3-16　多端口网络

$$S_{ii}=\frac{b_i}{a_i}\Big|_{a_1=a_2=,\cdots,=a_{i-1}=a_{i+1}=,\cdots,=a_n=0}$$

$$S_{ij}=\frac{b_i}{a_j}\Big|_{a_1=a_2=,\cdots,=a_{j-1}=a_{j+1}=,\cdots,=a_n=0}\qquad(i\neq j)$$

S_{ii}表示除 i 口接微波信号源以外，其余各端口均接匹配负载的条件下，第 i 口的电压反射系数；S_{ij}表示除 j 口接微波信号源以外，其余各端口均接匹配负载的条件下，第 j 口对第 i 口的电压传输系数。

显然，阻抗矩阵和导纳矩阵均可推广的 n 端口网络中，根据式(3-12)归一化阻抗的定义，在 n 端口网络中可表示为

$$\begin{pmatrix}\overline{U}_1\\\overline{U}_2\\\vdots\\\overline{U}_n\end{pmatrix}=\begin{pmatrix}\overline{Z}_{11}&\overline{Z}_{12}&\cdots&\overline{Z}_{1n}\\\overline{Z}_{21}&\overline{Z}_{22}&\cdots&\overline{Z}_{2n}\\\vdots&\vdots&&\vdots\\\overline{Z}_{n1}&\overline{Z}_{n2}&\cdots&\overline{Z}_{nn}\end{pmatrix}\begin{pmatrix}\overline{I}_1\\\overline{I}_2\\\vdots\\\overline{I}_n\end{pmatrix}\tag{3-39a}$$

简写为
$$\overline{\boldsymbol{U}}=\overline{\boldsymbol{Z}\boldsymbol{I}}\tag{3-39b}$$

同样式(3-15)归一化导纳矩阵定义，在 n 端口网络中可表示为

$$\begin{pmatrix}\overline{I}_1\\\overline{I}_2\\\vdots\\\overline{I}_n\end{pmatrix}=\begin{pmatrix}\overline{Y}_{11}&\overline{Y}_{12}&\cdots&\overline{Y}_{1n}\\\overline{Y}_{21}&\overline{Y}_{22}&\cdots&\overline{Y}_{2n}\\\vdots&\vdots&&\vdots\\\overline{Y}_{n1}&\overline{Y}_{n2}&\cdots&\overline{Y}_{nn}\end{pmatrix}\begin{pmatrix}\overline{U}_1\\\overline{U}_2\\\vdots\\\overline{U}_n\end{pmatrix}\tag{3-40a}$$

简写为

$$\overline{\boldsymbol{I}}=\overline{\boldsymbol{Y}\boldsymbol{U}}\tag{3-40b}$$

3.5.1 *S* 矩阵与$\overline{Z}$、$\overline{Y}$矩阵的相互转换

多端口网络各参考面的归一化电压和归一化电流与输入输出波的关系，由二端口网络的关系式(3-22a)推广得

$$a_i=\frac{1}{2}(\overline{U}_i+\overline{I}_i)\quad(i=1,2,\cdots,n)\tag{3-41a}$$

$$b_i=\frac{1}{2}(\overline{U}_i-\overline{I}_i)\quad(i=1,2,\cdots,n)\tag{3-41b}$$

其矩阵表示
$$\boldsymbol{a}=\frac{1}{2}(\overline{\boldsymbol{U}}+\overline{\boldsymbol{I}})$$

$$\boldsymbol{b}=\frac{1}{2}(\overline{\boldsymbol{U}}-\overline{\boldsymbol{I}})$$

利用式(3-39b)得

$$\boldsymbol{b}=(\overline{\boldsymbol{Z}}-\boldsymbol{I})(\overline{\boldsymbol{Z}}+\boldsymbol{I})^{-1}\boldsymbol{a}\tag{3-42}$$

式中，$\boldsymbol{I}$ 是单位矩阵。

所以

$$\boldsymbol{S}=(\overline{\boldsymbol{Z}}-\boldsymbol{I})(\overline{\boldsymbol{Z}}+\boldsymbol{I})^{-1}\tag{3-43}$$

根据式(3-41)得

$$\overline{U}_i = a_i + b_i$$
$$\overline{I}_i = a_i - b_i$$

矩阵表示

$$\overline{\boldsymbol{U}} = \boldsymbol{a} + \boldsymbol{b}$$
$$\overline{\boldsymbol{I}} = \boldsymbol{a} - \boldsymbol{b}$$

将上式代入式(3-39b)，并利用式(3-38b)得

$$\overline{\boldsymbol{Z}} = (\boldsymbol{I} + \boldsymbol{S})(\boldsymbol{I} - \boldsymbol{S})^{-1} \tag{3-44}$$

式(3-43)和式(3-44)是 $\boldsymbol{S}$ 矩阵与 $\overline{\boldsymbol{Z}}$ 矩阵之间的相互转换关系。

同理，可以导出 $\boldsymbol{S}$ 矩阵与 $\overline{\boldsymbol{Y}}$ 矩阵的相互转换关系

$$\boldsymbol{S} = (\boldsymbol{I} - \overline{\boldsymbol{Y}})(\boldsymbol{I} + \overline{\boldsymbol{Y}})^{-1} \tag{3-45}$$

$$\overline{\boldsymbol{Y}} = (\boldsymbol{I} - \overline{\boldsymbol{S}})(\boldsymbol{I} + \overline{\boldsymbol{S}})^{-1} \tag{3-46}$$

1. $\boldsymbol{S}$ 矩阵的性质

(1) 互易性与对称性

若网络互易，则 $S_{ij} = S_{ji} \quad (i,j = 1,2,\cdots,n, i \neq j)$

或写作 $\boldsymbol{S}^{\mathrm{T}} = \boldsymbol{S}$，即 $\boldsymbol{S}$ 的转置矩阵等于 $\boldsymbol{S}$ 矩阵。

证明：由式(3-43)得 $\boldsymbol{S}^{\mathrm{T}} = (\overline{\boldsymbol{Z}} + \boldsymbol{I})^{-1}(\overline{\boldsymbol{Z}} - \boldsymbol{I})$

利用恒等式

$$\overline{\boldsymbol{Z}}^2 + \boldsymbol{I}^2 = (\overline{\boldsymbol{Z}} + \boldsymbol{I})(\overline{\boldsymbol{Z}} - \boldsymbol{I}) = (\overline{\boldsymbol{Z}} - \boldsymbol{I})(\overline{\boldsymbol{Z}} + \boldsymbol{I})$$

对上式两边同时左乘、右乘 $(\overline{\boldsymbol{Z}} + \boldsymbol{I})^{-1}$，可得

$$(\overline{\boldsymbol{Z}} - \boldsymbol{I})(\overline{\boldsymbol{Z}} + \boldsymbol{I})^{-1} = (\overline{\boldsymbol{Z}} + \boldsymbol{I})^{-1}(\overline{\boldsymbol{Z}} - \boldsymbol{I})$$

即

$$\boldsymbol{S}^{\mathrm{T}} = \boldsymbol{S}$$

若网络的 i 端口关于 j 端口对称，则有

$$S_{ii} = S_{jj}, S_{ij} = S_{ji}$$

(2) 无耗网络

若网络无耗，则有 $\boldsymbol{S}^{+}\boldsymbol{S} = \boldsymbol{I}$

式中，$\boldsymbol{S}^{+}$ 是 $\boldsymbol{S}$ 的共轭转置矩阵，又称为厄米共轭矩阵；$\boldsymbol{I}$ 是单位矩阵。

证明：n 端口网络的输入波和输出波分别表示为

$$\boldsymbol{a} = \begin{pmatrix} a_1 \\ a_2 \\ \vdots \\ a_n \end{pmatrix}, \qquad \boldsymbol{b} = \begin{pmatrix} b_1 \\ b_2 \\ \vdots \\ b_n \end{pmatrix}$$

则对应的厄米共轭矩阵

$$\boldsymbol{a}^{+} = (\boldsymbol{a}^{*})^{\mathrm{T}} = [\boldsymbol{a}_1^{*} \quad \boldsymbol{a}_2^{*} \quad \cdots \quad \boldsymbol{a}_n^{*}]$$
$$\boldsymbol{b}^{+} = (\boldsymbol{b}^{*})^{\mathrm{T}} = [\boldsymbol{b}_1^{*} \quad \boldsymbol{b}_2^{*} \quad \cdots \quad \boldsymbol{b}_n^{*}]$$

输入网络的总功率

$$P_{\mathrm{in}} = \frac{1}{2}\sum_{i=1}^{n} |a_i|^2 = \frac{1}{2}\sum_{i=1}^{n} a_i^{*} a_i = \frac{1}{2}\boldsymbol{a}^{+}\boldsymbol{a}$$

从网络输出的总功率

$$P_{out}=\frac{1}{2}\sum_{i=1}^{n}|b_i|^2=\frac{1}{2}\sum_{i=1}^{n}b_i^*b_i=\frac{1}{2}\boldsymbol{b}^+\boldsymbol{b}$$

对于无耗网络，须满足 $P_{in}=P_{out}$，即

$$\boldsymbol{a}^+\boldsymbol{a}=\boldsymbol{b}^+\boldsymbol{b}$$

由式(3-38b)得 $\boldsymbol{b}^+=\boldsymbol{a}^+\boldsymbol{S}^+$，并代入上式

$$\boldsymbol{a}^+\boldsymbol{a}=\boldsymbol{a}^+\boldsymbol{S}^+\boldsymbol{S}\boldsymbol{a}$$

整理

$$\boldsymbol{a}^+(\boldsymbol{I}-\boldsymbol{S}^+\boldsymbol{S})\boldsymbol{a}=0$$

由于 $\boldsymbol{a}$ 不恒为零，得

$$\boldsymbol{S}^+\boldsymbol{S}=\boldsymbol{I}$$

因此，网络无耗条件得证。

2. 多端口网络的参考面移动的 S 参数

在多端口网络中，由于 $\boldsymbol{S}$ 参数是描述各端口面上的归一化入射波与归一反射波的关系，因此，参考面改变，$\boldsymbol{S}$ 参数也随之改变。但对于无耗多端口网络，参考面的移动，只改变 $\boldsymbol{S}$ 参数的幅角，不改变参数的幅值，如图 3-17 所示，n 端口网络的参考面移动情况。

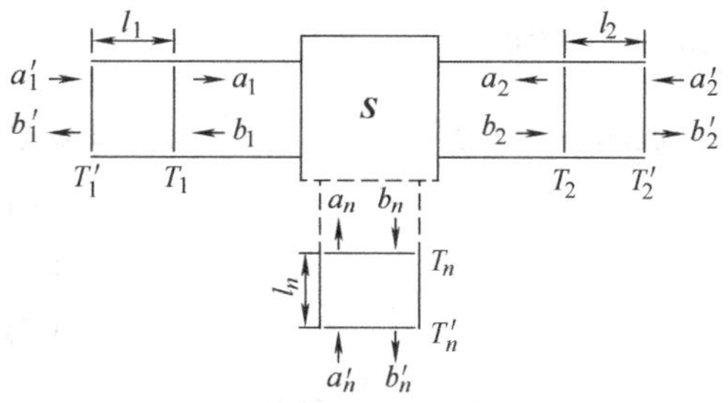

图 3-17 多端口网络参考面的移动

设以 T_1，T_2，…，T_n 为参考面的 n 端口网络得到的散射矩阵为 $\boldsymbol{S}$，若各参数向离开网络的方向移动，移动的距离分别为 l_1，l_2，…，l_n，新的参考面 T_1'，T_2'，…，T_n'所确定的散射矩阵用 $\boldsymbol{S}'$表示，得

$$\begin{gathered}b_1'=b_1\mathrm{e}^{-\mathrm{j}\beta l_1},\ a_1'=a_1\mathrm{e}^{\mathrm{j}\beta l_1}\\ b_2'=b_2\mathrm{e}^{-\mathrm{j}\beta l_2},\ a_2'=a_2\mathrm{e}^{\mathrm{j}\beta l_2}\\ \vdots\\ b_n'=b_n\mathrm{e}^{-\mathrm{j}\beta l_n},\ a_n'=a_n\mathrm{e}^{\mathrm{j}\beta l_n}\end{gathered}$$

令 $\beta l_i=\theta_i(i=1,2,\cdots,n)$，且用矩阵表示

$$\begin{pmatrix}b_1'\\b_2'\\\vdots\\b_n'\end{pmatrix}=\boldsymbol{b}'=\begin{pmatrix}\mathrm{e}^{-\mathrm{j}\theta_1}&0&\cdots&0\\0&\mathrm{e}^{-\mathrm{j}\theta_2}&\cdots&0\\\vdots&\vdots&&\vdots\\0&0&\cdots&\mathrm{e}^{-\mathrm{j}\theta_n}\end{pmatrix}\begin{pmatrix}b_1\\b_2\\\vdots\\b_n\end{pmatrix}=\boldsymbol{P}\boldsymbol{b} \tag{3-47a}$$

$$\begin{pmatrix}a_1\\a_2\\\vdots\\a_n\end{pmatrix}=\boldsymbol{a}=\begin{pmatrix}\mathrm{e}^{-\mathrm{j}\theta_1}&0&\cdots&0\\0&\mathrm{e}^{-\mathrm{j}\theta_2}&\cdots&0\\\vdots&\vdots&&\vdots\\0&0&\cdots&\mathrm{e}^{-\mathrm{j}\theta_n}\end{pmatrix}\begin{pmatrix}a_1'\\a_2'\\\vdots\\a_n'\end{pmatrix}=\boldsymbol{P}\boldsymbol{a}' \tag{3-47b}$$

式中，$\boldsymbol{P}=\begin{pmatrix} e^{-j\theta_1} & 0 & \cdots & 0 \\ 0 & e^{-j\theta_2} & \cdots & 0 \\ \vdots & \vdots & & \vdots \\ 0 & 0 & \cdots & e^{-j\theta_n} \end{pmatrix}$

将 $\boldsymbol{b}=\boldsymbol{Sa}$ 代入上式

$$\boldsymbol{b}'=\boldsymbol{PSPa}' \tag{3-48a}$$

则

$$\boldsymbol{S}'=\boldsymbol{PSP} \tag{3-48b}$$

或 $S'_{ik}=S_{ik}e^{-j(\theta_i+\theta_k)}\ (i,k=1,2,\cdots)$

注意以下几点：

1）参考面向离开网络方向移动时，$\boldsymbol{P}$ 矩阵中对应端口的元素为 $e^{-j\theta_i}$，向进入网络的方向移动时，$\boldsymbol{P}$ 矩阵中对应端口的元素为 $e^{j\theta_i}$。

2）若仅移动某些参考面，则只改变与此参考面有关的 S 参数的幅角。

3）无耗网络中的参考面移动时，只改变 S 参数的幅角，不改变幅值。

3.5.2 举例

例题 3-7 已知三端口网络在已知参考面 T_1、T_2、T_3 所确定的散射矩阵 $\boldsymbol{S}$ 为

$$\boldsymbol{S}=\begin{pmatrix} S_{11} & S_{12} & S_{13} \\ S_{21} & S_{22} & S_{23} \\ S_{31} & S_{32} & S_{33} \end{pmatrix}$$

现将参考面 T_1 向外移$\dfrac{\lambda_g}{2}$至 T_1'，参考面 T_2 向内移$\dfrac{\lambda_g}{2}$至 T_2'，参考面不变，如图 3-18 所示，求参考面 T_1'、T_2'、T_3 所确定的散射矩阵。

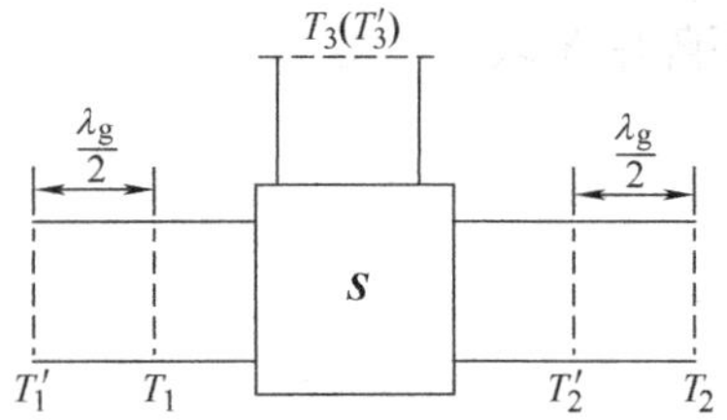

图 3-18 例题 3-7 图

解 对于端口 1：$e^{-j\theta_1}=e^{-j\pi}$；

端口 2：$e^{j\theta_2}=e^{j\pi}$；端口 3：$e^{j\theta_3}=e^{j0}$

利用公式 $S'_{ik}=S_{ik}e^{-j(\theta_i+\theta_k)}$ 得

$S'_{11}=S_{11}e^{-j(\theta_1+\theta_1)}=S_{11}e^{-j2\pi}=S_{11}$；$S'_{12}=S_{12}e^{-j\pi+j\pi}=S_{12}$

$S'_{13}=S_{13}e^{-j\pi+0}=-S_{13}$；$S'_{21}=S_{21}e^{j\pi-j\pi}=S_{21}$

同理 $S'_{22}=S_{22}$；$S'_{23}=-S_{23}$；$S'_{31}=-S_{31}$；$S'_{32}=-S_{32}$；$S'_{33}=S_{33}$

所以，新的散射矩阵为

$$\boldsymbol{S}'=\begin{pmatrix} S_{11} & S_{12} & -S_{13} \\ S_{21} & S_{22} & -S_{23} \\ -S_{31} & -S_{32} & S_{33} \end{pmatrix}$$

例题 3-8 求如图 3-19 所示的二端口网络的归一化转移矩阵及散射矩阵。

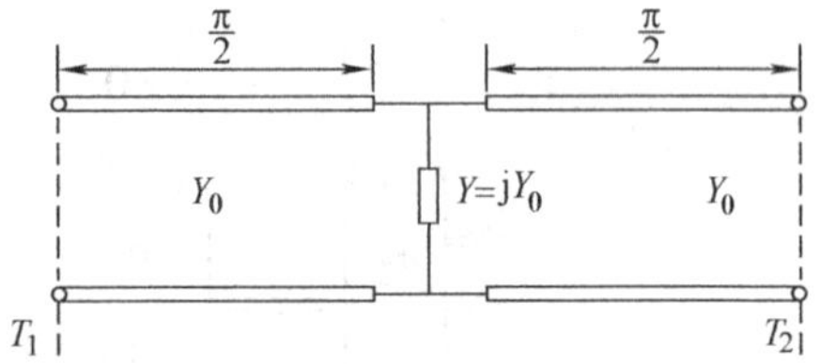

图 3-19 例题 3-8 图

解 归一化转移矩阵为

$$\bar{A} = \begin{pmatrix} \cos\frac{\pi}{2} & \mathrm{j}\sin\frac{\pi}{2} \\ \mathrm{j}\sin\frac{\pi}{2} & \cos\frac{\pi}{2} \end{pmatrix}\begin{pmatrix} 1 & 0 \\ Y/Y_0 & 1 \end{pmatrix}\begin{pmatrix} \cos\frac{\pi}{2} & \mathrm{j}\sin\frac{\pi}{2} \\ \mathrm{j}\sin\frac{\pi}{2} & \cos\frac{\pi}{2} \end{pmatrix}$$

$$= \begin{pmatrix} 0 & \mathrm{j} \\ \mathrm{j} & 0 \end{pmatrix}\begin{pmatrix} 1 & 0 \\ \mathrm{j} & 1 \end{pmatrix}\begin{pmatrix} 0 & \mathrm{j} \\ \mathrm{j} & 0 \end{pmatrix} = \begin{pmatrix} -1 & -\mathrm{j} \\ 0 & -1 \end{pmatrix}$$

利用式(3-34)得

$$\boldsymbol{S} = \begin{pmatrix} \frac{\mathrm{j}}{2+\mathrm{j}} & \frac{-2}{2+\mathrm{j}} \\ \frac{-2}{2+\mathrm{j}} & \frac{\mathrm{j}}{2+\mathrm{j}} \end{pmatrix}$$

例题 3-9　对例题 3-8 用参考面移动法，计算散射矩阵。

解　处理方法：将网络看作由参考面 T_1 和 T_2 向外移至参考面 T_1'和 T_2'形成的。

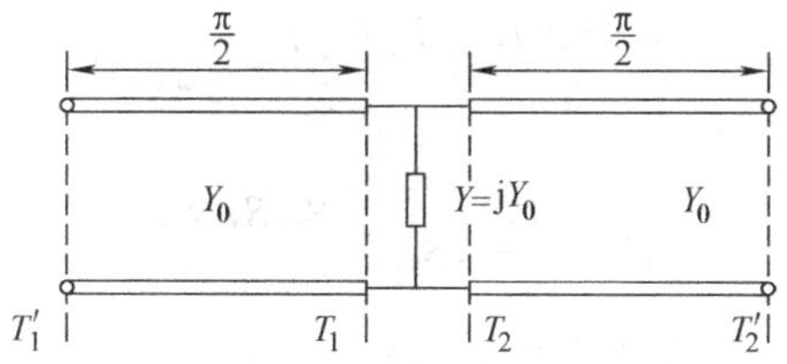

图 3-20　例题 3-9 图

以 T_1 和 T_2 参考面的转移矩阵和散射矩阵

$$\bar{A} = \begin{pmatrix} 1 & 0 \\ Y/Y_0 & 1 \end{pmatrix} = \begin{pmatrix} 1 & 0 \\ \mathrm{j} & 1 \end{pmatrix}$$

$$\boldsymbol{S} = \begin{pmatrix} \frac{-\mathrm{j}}{2+\mathrm{j}} & \frac{2}{2+\mathrm{j}} \\ \frac{2}{2+\mathrm{j}} & \frac{-\mathrm{j}}{2+\mathrm{j}} \end{pmatrix}$$

利用公式 $S_{ik}' = S_{ik}\mathrm{e}^{-\mathrm{j}(\theta_i+\theta_k)}$得

对于端口 1：$\mathrm{e}^{-\mathrm{j}\theta_1} = \mathrm{e}^{-\mathrm{j}\frac{\pi}{2}}$；端口 2：$\mathrm{e}^{\mathrm{j}\theta_2} = \mathrm{e}^{-\mathrm{j}\frac{\pi}{2}}$；

$S_{11}' = S_{11}\mathrm{e}^{-\mathrm{j}(\theta_1+\theta_2)} = S_{11}\mathrm{e}^{-\mathrm{j}\pi} = -S_{11}$；$S_{12}' = S_{12}\mathrm{e}^{-\mathrm{j}\pi} = -S_{12}$；

$S_{21}' = S_{21}\mathrm{e}^{-\mathrm{j}(\theta_1+\theta_2)} = S_{21}\mathrm{e}^{-\mathrm{j}\pi} = -S_{21}$；$S_{22}' = S_{22}\mathrm{e}^{-\mathrm{j}(\theta_2+\theta_2)} = S_{22}\mathrm{e}^{-\mathrm{j}\pi} = -S_{22}$；

所以以 T_1'和 T_2'为参考面的散射矩阵

$$\boldsymbol{S}' = \begin{pmatrix} \frac{\mathrm{j}}{2+\mathrm{j}} & \frac{-2}{2+\mathrm{j}} \\ \frac{-2}{2+\mathrm{j}} & \frac{\mathrm{j}}{2+\mathrm{j}} \end{pmatrix}$$

例题 3-10　如图 3-21 所示，二端口网络散射矩阵 $\boldsymbol{S}$ 已知，求输入端反射系数。

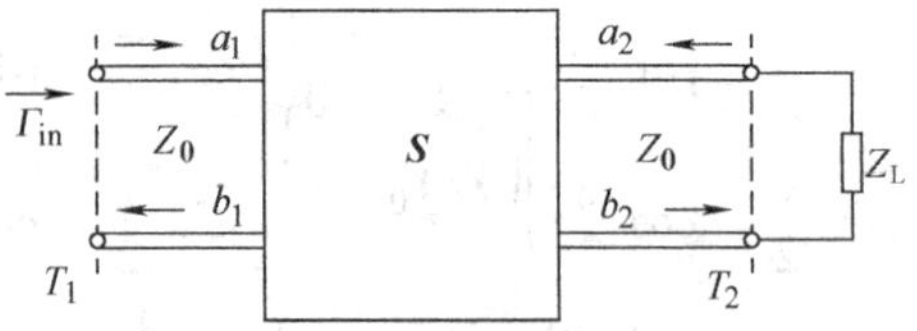

图 3-21 例题 3-10 图

解 已知 $\boldsymbol{S}=\begin{pmatrix} S_{11} & S_{12} \\ S_{21} & S_{22} \end{pmatrix}$

得

$$b_1 = S_{11}a_1 + S_{12}a_2$$
$$b_2 = S_{21}a_1 + S_{22}a_2$$

将终端反射系数 $\Gamma_L = \frac{a_2}{b_2} = \frac{Z_L - Z_0}{Z_L + Z_0}$；$a_2 = b_2\Gamma_L$ 代入上式

$$b_1 = S_{11}a_1 + S_{12}\Gamma_L \frac{S_{21}a_1}{1 - S_{22}\Gamma_L}$$

输入端反射系数

$$\Gamma_{in} = \frac{b_1}{a_1} = S_{11} + \frac{S_{12}S_{21}\Gamma_L}{1 - S_{22}\Gamma_L}$$

例题 3-11 如图 3-22 所示的等效电路，求

（1）以 T_1 和 T_2 为参考面的总网络归一化的 $\overline{\boldsymbol{A}}$ 矩阵；

（2）在什么条件下插入此二端口网络不产生附加的反射？

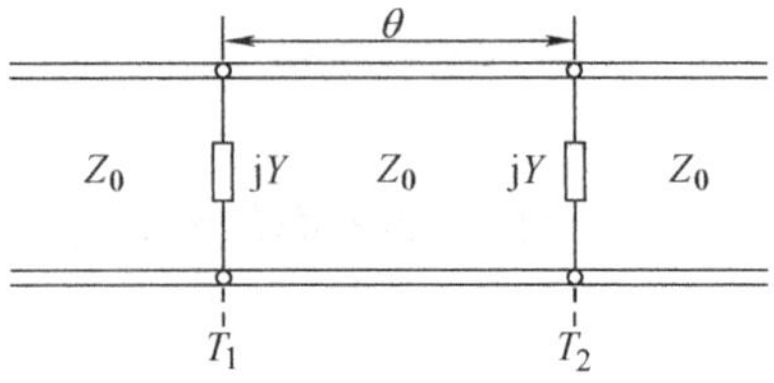

图 3-22 例题 3-11 图

解 （1）总 $\overline{\boldsymbol{A}}$ 矩阵等于 3 个简单网络的 $\overline{\boldsymbol{A}}$ 矩阵相乘，即

$$\overline{\boldsymbol{A}} = \begin{pmatrix} 1 & 0 \\ \mathrm{j}\overline{Y} & 1 \end{pmatrix}\begin{pmatrix} \cos\theta & \mathrm{j}\sin\theta \\ \mathrm{j}\sin\theta & \cos\theta \end{pmatrix}\begin{pmatrix} 1 & 0 \\ \mathrm{j}\overline{Y} & 1 \end{pmatrix}$$
$$= \begin{pmatrix} \cos\theta - \overline{Y}\sin\theta & \mathrm{j}\sin\theta \\ \mathrm{j}[(1-\overline{Y}^2)\sin\theta + 2\overline{Y}\cos\theta] & \cos\theta - \overline{Y}\sin\theta \end{pmatrix}$$

式中，$\overline{Y} = Y/Y_0 = YZ_0$

（2）根据题意得，二端口网络不产生附加的反射，须满足 $S_{11} = S_{22} = 0$

利用式(3-34)得

$$S_{11} = \frac{a_{11} + a_{12} - a_{21} - a_{22}}{a_{11} + a_{12} + a_{21} + a_{22}} = 0$$

$$S_{22} = \frac{-a_{11} + a_{12} - a_{21} + a_{22}}{a_{11} + a_{12} + a_{21} + a_{22}} = 0$$

得 $\overline{Y}^2\sin\theta - 2\overline{Y}\cos\theta = 0$

因此，获得两个解，一个解为：$\overline{Y} = 0$；另一个解为：$\overline{Y} = 2\cot\theta$。

也就是说，当 $\overline{Y}=0$ 时，两个并联导纳均不存在，变成了均匀传输线，故无反射。当 $\overline{Y}=2\cot\theta$ 时，要求适当选择电长度，同样也不引起附加反射。

例题 3-12 测得某微波二端口网络的 $\boldsymbol{S}$ 矩阵为

$$\boldsymbol{S}=\begin{pmatrix}0.2 & \mathrm{j}0.7\\ \mathrm{j}0.7 & 0.3\end{pmatrix}$$

问：(1) 此网络性质；(2) 若端口 2 短路，求端口 1 的反射系数。

解 (1) $S_{12}=S_{21}=\mathrm{j}0.7$ 互易

$$\boldsymbol{S}^{+}\boldsymbol{S}\neq\boldsymbol{I}\quad \text{有耗}$$

因此，该网络是有耗互易网络。

(2) 根据定义 $b_1=S_{11}a_1+S_{12}a_2$

$b_2=S_{21}a_1+S_{22}a_2$

端口 2 短路 $\Gamma_{\mathrm{L}}=-1$，代入上式得

$$\Gamma_{\mathrm{in}}=\frac{b_1}{a_1}=S_{11}-\frac{S_{12}S_{21}}{1+S_{22}}=0.2-\frac{-0.49}{1+0.3}\approx0.577$$

3.6 二端口网络的功率增益

如图 3-23 所示是信号源、二端口网络与负载构成的微波电路，网络的某些工作特性也与功率增益有关。下面用 $\boldsymbol{S}$ 参数导出常用的 3 种类型的功率增益。

功率增益：负载吸收的功率 P_{L} 与输入到二端口网络的功率 P_{in} 的比值，即

$$G=\frac{P_{\mathrm{L}}}{P_{\mathrm{in}}}\tag{3-49}$$

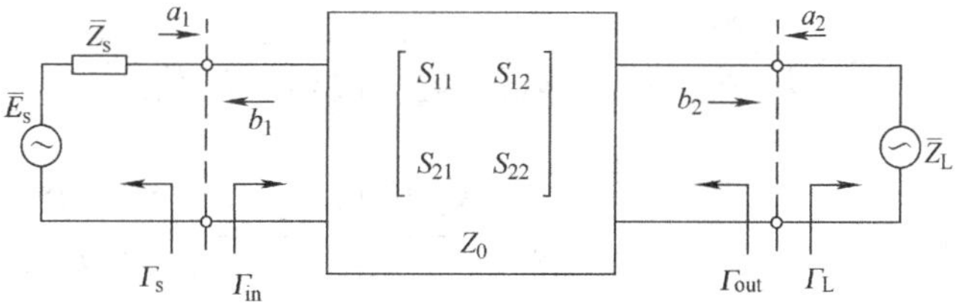

图 3-23 具有信号源与负载的二端口网络

资用功率增益：二端口网络输出功率 P_{out} 与信号源输出的可用功率 P_{a} 之比，即

$$G_{\mathrm{a}}=\frac{P_{\mathrm{out}}}{P_{\mathrm{a}}}\tag{3-50}$$

转移功率增益：负载吸收的功率 P_{L} 与信号源输出的可用功率 P_{a} 之比，即

$$G_{\mathrm{T}}=\frac{P_{\mathrm{L}}}{P_{\mathrm{a}}}\tag{3-51}$$

图 3-23 中，从网络看向负载的反射系数为

$$\Gamma_{\mathrm{L}}=\frac{\overline{Z}_{\mathrm{L}}-1}{\overline{Z}_{\mathrm{L}}+1}\tag{3-52}$$

从网络看向信号源的反射系数为

$$\Gamma_s=\frac{\overline{Z}_s-1}{\overline{Z}_s+1} \tag{3-53}$$

由 **S** 参量的定义和 $a_2=\Gamma_L b_2$，有

$$b_1=S_{11}a_1+S_{12}a_2=S_{11}a_1+S_{12}\Gamma_L b_2 \tag{3-54a}$$

$$b_2=S_{21}a_1+S_{22}a_2=S_{21}a_1+S_{22}\Gamma_L b_2 \tag{3-54b}$$

式(3-54)消去 b_2，求解 b_1/a_1 得

$$\Gamma_{in}=\frac{b_1}{a_1}=S_{11}+\frac{S_{12}S_{21}\Gamma_L}{1-S_{11}\Gamma_L}=\frac{\overline{Z}_{in}-1}{\overline{Z}_{in}+1} \tag{3-55}$$

$\overline{Z}_{in}$是看向网络端口1的归一化阻抗。同样地，当端口1用 $\overline{Z}_s$ 端接时，看向端口2的反射系数为

$$\Gamma_{out}=\frac{b_2}{a_2}=S_{22}+\frac{S_{12}S_{21}\Gamma_s}{1-S_{11}\Gamma_s} \tag{3-56}$$

由于 $\overline{U}_1=\overline{E}_s\dfrac{\overline{Z}_{in}}{\overline{Z}_s+\overline{Z}_{in}}=a_1+b_1=a_1(1+\Gamma_{in})$，由式(3-53)和 $\overline{Z}_{in}=\dfrac{1+\Gamma_{in}}{1-\Gamma_{in}}$得

$$a_1=\frac{\overline{E}_s}{2}\frac{(1-\Gamma_s)}{(1-\Gamma_s\Gamma_{in})} \tag{3-57}$$

则输入到二端口网络的功率

$$P_{in}=\frac{1}{2}|a_1|^2(1-|\Gamma_{in}|^2)=\frac{1}{8}\frac{|\overline{E}_s|^2\ |1-\Gamma_s|^2}{|1-\Gamma_s\Gamma_{in}|^2}(1-|\Gamma_{in}|^2) \tag{3-58}$$

由式(3-54b)可得

$$b_2=\frac{S_{21}}{1-S_{22}\Gamma_L}a_1=\frac{S_{21}(1-\Gamma_s)}{2(1-S_{22}\Gamma_L)(1-\Gamma_s\Gamma_{in})}\overline{E}_s \tag{3-59}$$

负载吸收的功率

$$P_L=\frac{1}{2}|b_2|^2\ (1-|\Gamma_L|^2)\ =\frac{1}{8}\ \frac{|S_{21}|^2\ |1-\Gamma_s|^2\ (1-|\Gamma_L|^2)}{|1-S_{22}\Gamma_L|^2\ |1-\Gamma_s\Gamma_{in}|^2}|\overline{E}_s|^2 \tag{3-60}$$

功率增益为

$$G=\frac{P_L}{P_{in}}=\frac{|S_{21}|^2(1-|\Gamma_L|^2)}{|1-S_{22}\Gamma_L|^2(1-|\Gamma_{in}|^2)} \tag{3-61}$$

信号源输出的可用功率 P_a 为可以送到网络去的最大功率，此时网络的输入阻抗 $\overline{Z}_{in}$与信源内阻 $\overline{Z}_s$ 必须共轭匹配才能实现，有 $\Gamma_s=\Gamma_{in}^*$，代入式(3-58)得

$$P_a=\frac{|\overline{E}_s|^2}{8}\frac{|1-\Gamma_s|^2}{(1-|\Gamma_s|^2)} \tag{3-62}$$

类似地，二端口网络输出功率 P_{out}为可以送到负载的最大功率，此时网络的输出阻抗必须与负载阻抗共轭匹配，有 $\Gamma_L=\Gamma_{out}^*$，代入式(3-60)得

$$P_{out}=\frac{1}{8}\ \frac{|S_{21}|^2\ |1-\Gamma_s|^2(1-|\Gamma_{out}|^2)}{|1-S_{22}\Gamma_{out}^*|^2\ |1-\Gamma_s\Gamma_{in}|^2}\ |\overline{E}_s|^2 \tag{3-63}$$

必须在 $\Gamma_L = \Gamma_{out}^*$时计算 Γ_{in}，由式(3-55)和式(3-56)有

$$\Gamma_{in} = S_{11} + \frac{S_{12}S_{21}\Gamma_{out}^*}{1 - S_{11}\Gamma_{out}^*} \qquad \Gamma_{out} = S_{22} + \frac{S_{12}S_{21}\Gamma_s}{1 - S_{11}\Gamma_s}$$

推导整理得

$$|1 - \Gamma_s\Gamma_{in}|^2 = \frac{|1 - \Gamma_s S_{11}|^2(1 - |\Gamma_{out}|^2)}{|1 - S_{22}\Gamma_{out}^*|^2}$$

代入式(3-63)得

$$P_{out} = \frac{1}{8}\frac{|S_{21}|^2\ |1 - \Gamma_s|^2}{|1 - S_{11}\Gamma_s|^2(1 - |\Gamma_{out}|^2)}\ |\overline{E}_s|^2 \tag{3-64}$$

资用功率增益为

$$G_a = \frac{P_{out}}{P_a} = \frac{|S_{21}|^2(1 - |\Gamma_s|^2)}{|1 - S_{11}\Gamma_s|^2(1 - |\Gamma_{out}|^2)} \tag{3-65}$$

由 P_L 和 P_a 可得转移功率增益

$$G_T = \frac{P_L}{P_a} = \frac{|S_{21}|^2(1 - |\Gamma_s|^2)(1 - |\Gamma_L|^2)}{|1 - S_{22}\Gamma_L|^2\ |1 - \Gamma_s\Gamma_{in}|^2} \tag{3-66}$$

转移功率增益的一种特殊情况为匹配转移功率增益 G_{Tm}，是在输入输出端都匹配的情况下出现的，即 $\Gamma_L = \Gamma_s = 0$，由式(3-66)归结为

$$G_{Tm} = |S_{21}|^2 \tag{3-67}$$

对于 $S_{12} = 0$ 的单向非互易网络，此情况的转移功率增益称为单向功率增益 G_{Tu}，由式(3-55)，当 $S_{12} = 0$ 时，$\Gamma_{in} = S_{11}$可得

$$G_{Tu} = \frac{|S_{21}|^2(1 - |\Gamma_s|^2)(1 - |\Gamma_L|^2)}{|1 - S_{22}\Gamma_L|^2\ |1 - \Gamma_s S_{11}|^2} \tag{3-68}$$

3.7 二端口网络的工作参量

微波器件的性能指标常用工作特性参量来描述，而工作特性参量又与网络参量有关，对于二端口网络来说，遇到最多的器件有衰减器、移相器、匹配器、滤波器等。常用的工作特性参量有电压传输系数 T、插入衰减 A、插入相移 θ 以及输入驻波比 ρ。

3.7.1 电压传输系数

电压传输系数定义为网络输出端接匹配负载时，输出端参考面的反射波电压与输入端参考面上的入射波电压之比。

$$T = \frac{U_{r2}}{U_{i1}} \tag{3-69}$$

根据 $\boldsymbol{S}$ 矩阵的定义，上述的定义即为参量 S_{21}，即

$$T = \left.\frac{b_2}{a_1}\right|_{a_2=0} = S_{21} \tag{3-70}$$

对于互易二端口网络

$$T = S_{21} = S_{12} \tag{3-71}$$

根据二端口网络 S 与$\overline{\boldsymbol{A}}$的关系

$$T = S_{21} = \frac{2}{a_{11} + a_{12} + a_{21} + a_{22}} \tag{3-72}$$

电压传输系数可用来分析衰减器、相移器及隔离器等微波元件的性能。

3.7.2　插入相移

插入相移是指电压传输系数 T 的相位角，由于 $T = |T|e^{j\theta_{21}} = |S_{21}|e^{j\theta_{21}}$，插入相移为

$$\theta_{21} = \arg S_{21} \tag{3-73}$$

3.7.3　插入驻波比

当网络输出端接匹配负载时，从网络输入端测得的驻波比称为插入驻波比。此时由于 $\Gamma_L = 0$，可得 $\Gamma_{in} = S_{11}$，因此，插入驻波比为

$$\rho = \frac{1 + |S_{11}|}{1 - |S_{11}|} \tag{3-74}$$

3.7.4　衰减

1. 插入衰减

插入衰减的定义为网络未插入前负载吸收的功率 P_{L0} 与网络插入后负载吸收的功率 P_L 之比的分贝数。

$$L_i = 10\lg \frac{P_{L0}}{P_L} \tag{3-75}$$

参考图 3-23 所示的电路图，并利用 $\overline{Z}_L = \frac{1 + \Gamma_L}{1 - \Gamma_L}$，$\overline{Z}_s = \frac{1 + \Gamma_s}{1 - \Gamma_s}$，网络未插入前负载吸收的功率为

$$P_{L0} = \frac{1}{2}\left|\frac{\overline{E}_s}{\overline{Z}_L + \overline{Z}_s}\right|^2 \frac{\overline{Z}_L + \overline{Z}_L^*}{2} = \frac{|\overline{E}_s|^2}{8} \frac{|1 - \Gamma_s|^2(1 - |\Gamma_L|^2)}{|1 - \Gamma_s\Gamma_L|^2} \tag{3-76}$$

将上式及式(3-60)代入式(3-75)得

$$L_i = 10\lg \frac{|1 - S_{22}\Gamma_L|^2 \, |1 - \Gamma_s\Gamma_{in}|^2}{|1 - \Gamma_s\Gamma_L|^2 \, |S_{21}|^2} \tag{3-77}$$

插入衰减 $L_i > 0$ 时，表明网络插入后负载吸收的功率小于插入前负载吸收的功率，即网络插入后，匹配情况变坏；$L_i = 0$，表明前后两个功率相等，匹配状况没有改善；同样，插入衰减 $L_i < 0$ 时，网络插入后负载吸收的功率较大，表明匹配状况得到了改善。但插入衰减 L_i 为多大值时才能达到最佳匹配，从 L_i 的定义上不能给出答案，也就是说，插入衰减 L_i 是衡量网络插入前后源与负载间匹配状况的改善程度的物理量。为此，定义了工作衰减。

2. 工作衰减

工作衰减的定义为信号源输出的可用功率 P_a 与网络输出端负载吸收的功率 P_L 之比的分贝数。即

$$L_A = 10\lg \frac{P_a}{P_L} = 10\lg \frac{1}{G_T} = 10\lg \frac{|1 - S_{22}\Gamma_L|^2 \, |1 - \Gamma_s\Gamma_{in}|^2}{|S_{21}|^2(1 - |\Gamma_s|^2)(1 - |\Gamma_L|^2)} \tag{3-78}$$

当无源网络插入后，负载吸收的功率仍然等于信号源输出的可用功率，则 $L_A=0$，表明网络使负载和源之间达到了最佳匹配。当 $L_A>0$ 时，$P_L<P_a$，表明网络使信号源与负载失配，L_A 越大，失配越严重。对于无源网络，负载吸收的功率总是小于或等于信号源输出的可用功率，因此工作衰减 L_A 总是非负数。

由式(3-77)和式(3-78)可知，工作衰减和插入衰减的关系

$$L_A = L_i + 10\lg\frac{|1-\Gamma_s\Gamma_L|^2}{(1-|\Gamma_s|^2)(1-|\Gamma_L|^2)} \tag{3-79}$$

由上式可以看出，工作衰减和插入衰减之间只相差一个常数。如果二端口网络的信号源和负载都匹配的系统，即 $\overline{Z}_L=1$，$\overline{Z}_s=1$，此时反射系数满足 $\Gamma_L=\Gamma_s=0$，可得

$$L_A = L_i = 10\lg\frac{1}{|S_{21}|^2} \tag{3-80}$$

即工作衰减等于插入衰减，对上式变换有

$$L_A = L_i = 10\lg\frac{1}{1-|S_{11}|^2} + 10\lg\frac{1-|S_{11}|^2}{|S_{21}|^2} \tag{3-81}$$

式(3-81)右边第一项，表示由网络输入端的反射引起的衰减；第二项表示实际进入网络的功率与负载吸收功率之比的分贝数，而负载少吸收的那部分功率，一定为网络内部的损耗元件所吸收，所以这项称为吸收衰减，而第一项称为反射衰减。

习 题 3

3.1 将微波元件等效为微波网络进行分析有什么好处？

3.2 求如图 3-24 所示参考面 T_1、T_2 所确定的转移矩阵。

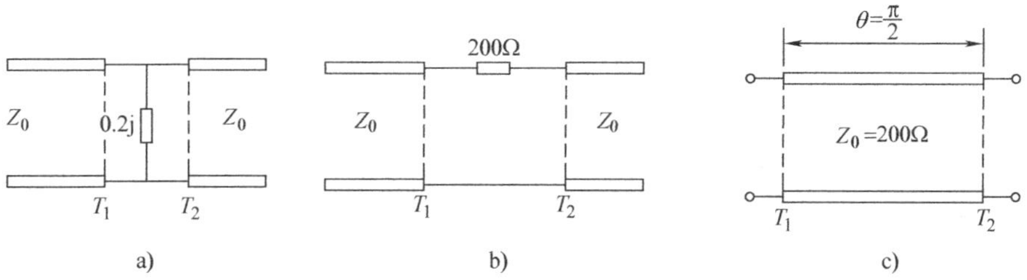

图 3-24 习题 3.2 图

3.3 如图 3-25 所示的二端口无耗对称网络，在终端 T_2 参考面处接匹配负载，测得距参考面 T_1 的距离 $l_1=0.125\lambda_g$ 处为电压波节点，驻波系数为 1.5，试求该网络的散射矩阵。

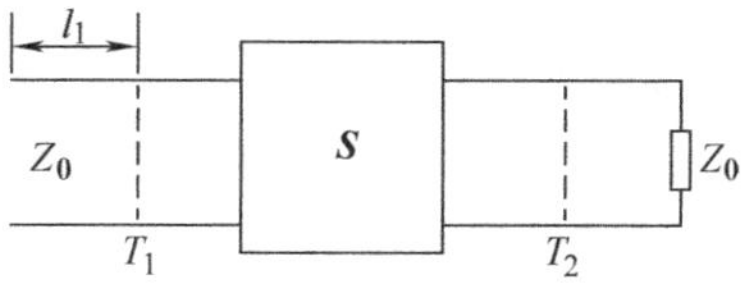

图 3-25 习题 3.3 图

3.4 试导出二端口网络的 **S** 矩阵与 **T** 矩阵的变换关系。

3.5 已知互易无耗二端口网络的转移矩阵参量 $A_{11}=A_{22}=1+XB$，$A_{21}=2B+XB^2$（式中，X 为电抗，B 为电纳），试证明转移参量 $A_{12}=X$。

3.6 测得某微波二端口网络的 **S** 矩阵为

$$\boldsymbol{S}=\begin{pmatrix}0.3 & \mathrm{j}0.8\\ \mathrm{j}0.8 & 0.3\end{pmatrix}$$

问：(1) 网络性质；(2) 若端口2开路，求端口1的反射系数。

3.7 如图3-26所示的微波等效电路图中，当终端接匹配负载时，要求输入端匹配，求电阻 R_1 和 R_2 所满足的关系。

3.8 用阻抗法测得二端口网络的三个反射系数为 $\Gamma_{1m}=9/10$，$\Gamma_{1s}=4/5$，$\Gamma_{1o}=1$。求网络的散射矩阵 $\boldsymbol{S}$。

3.9 设单级对称二端口网络的归一化转移矩阵为

$$\overline{\boldsymbol{A}}_i=\begin{pmatrix}\cos\theta & j\sin\theta \\ j\sin\theta & \cos\theta\end{pmatrix}$$

证明：n 级相同的这种网络级联时，总网络的转移矩阵为

$$\overline{\boldsymbol{A}}=\begin{pmatrix}\cos(n\theta) & j\sin(n\theta) \\ j\sin(n\theta) & \cos(n\theta)\end{pmatrix}$$

3.10 求图3-27所示二端口网络的 $\overline{\boldsymbol{A}}$ 矩阵和 $\boldsymbol{S}$ 矩阵。

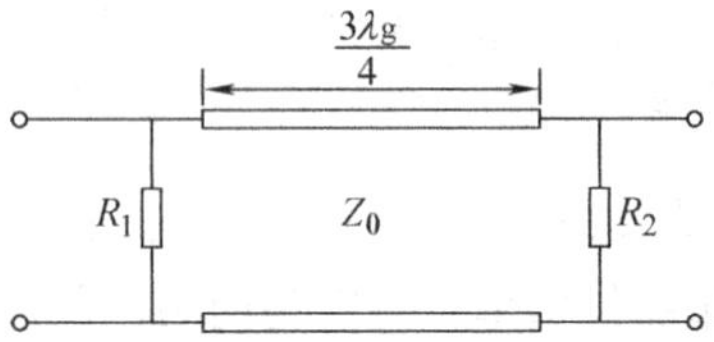

图3-26 习题3.7图

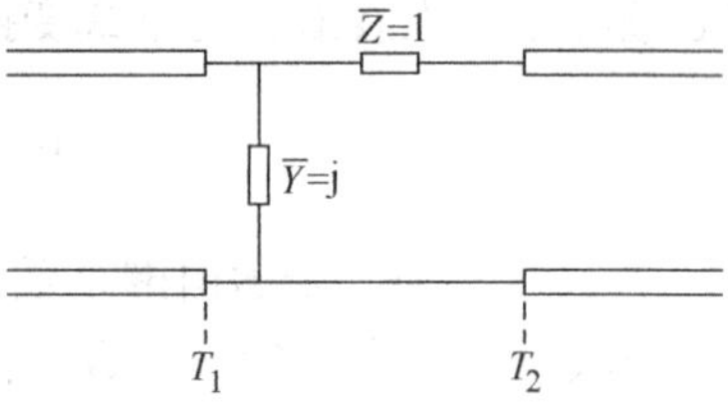

图3-27 习题3.10图

第4章 微波元件

前几章讲述了传输线理论、波导、微波网络的基础知识和分析方法，为本章的微波元件和微波电路的分析提供了必要的基础。

微波元件是微波系统的一个重要组成部分，其功能是对微波信号进行各种变换，在系统中起到对微波能量的传输、分配、衰减、储存、隔离、滤波、相位控制和阻抗匹配等作用。微波元件的种类繁多，按传输线形式划分，可分为波导型、同轴型、微带型；按功能划分，可分为连接元件、终端元件、匹配元件、衰减元件、相移元件、分配元件、滤波元件、波型变换元件和谐振器等；从互易角度上划分，可分为互易元件和非互易元件；按与低频对应角度划分，可分为电抗元件、电阻元件、连接元件、分支元件和铁氧体元件；按端口数划分，可分为单端口元件、二端口元件、三端口元件和四端口元件。本章主要讨论最基本最常用的微波元件的工作原理和基本特性。

4.1 微波连接元件与终接元件

4.1.1 连接元件

微波连接元件是二端口互易元件，其作用是将不同功能的微波元件按一定要求连接起来。其主要指标要求：接触损耗小，驻波系数小，功率容量大，频带宽。常用的连接元件主要有接头和转换元件两类。

1. 接头

(1) 波导接头

常用波导接头有两种：一种为平接头（或平法兰接头），如图4-1a所示，两个平接头直接紧密接触，其特点是体积小，加工方便，频带宽，但要求接触面光洁度高；另一种是扼流接头（或扼流法兰接头），如图4-1b所示，它由刻有槽深为$\lambda/4$末端短路的扼流槽构成，槽底构成一短路面，其阻抗为零，槽与波导宽壁之间的间距也是$\lambda/4$。由终端短路的$\lambda/2$传输线性质可知，即使两接口之间的机械接触不良，它们之间仍具有十分良好的电接触。其特点是功率容量大，接触面光洁度要求相对不高，但工作频带较窄。因此平接头通常用于低功率、宽频带场合，而扼流接头一般用于高功率、窄频带场合。

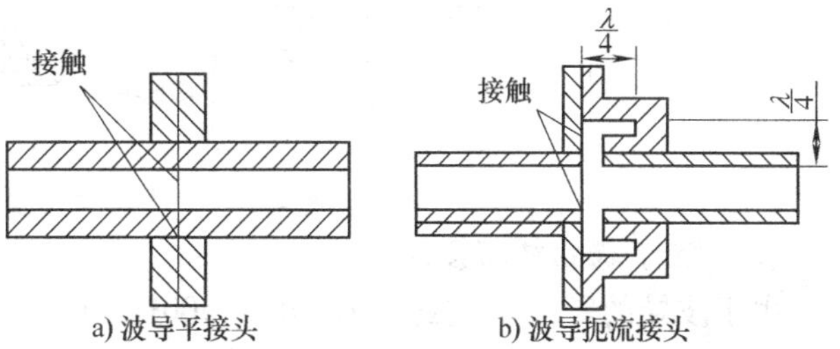

图4-1 波导接头

(2) 同轴接头

同轴接头用于同轴线之间的连接，如图4-2所示的同轴接头为N形接头，是一种阴阳接头，一般接头的特性阻抗为50Ω，与特性阻抗为50Ω的同轴线相匹配，但这种接头易磨损，频带不够宽。近年来，在微波元件中，常采用一种平触式的精密同轴接头，无阴阳之分，且内外导体接触面为一平面，克服了N形接头的不足。

2. 转接元件

在微波工程中，需要将不同类型的传输线连接在一起，这种连接装置称为转接元件，又称为转接器或模式转换器。转接元件也很多，常用的转接器有同轴线-波导转接器、同轴线-微带线转接器、波导-微带线转接器和矩形波导-圆波导模式转接器等。

（1）同轴线-波导转接器

同轴线和波导连接的元件称为同轴线-波导转接器，如图4-3所示，在同轴线的一端加入信号，另一端的内导体伸入矩形波导内。通过调整深度 h 和短路端与内导体间的距离 d，可以实现同轴线与波导间的阻抗匹配。

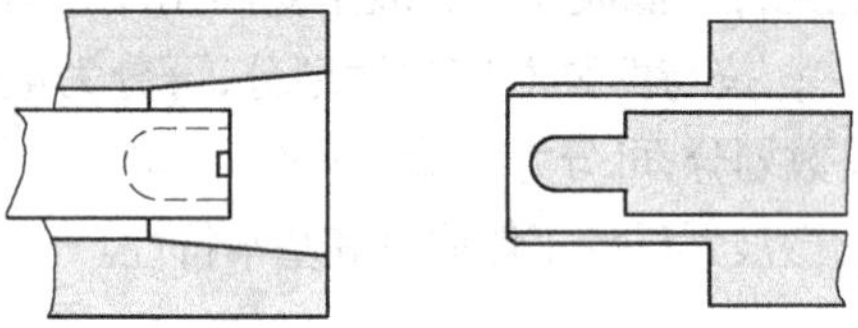

图4-2　N形同轴接头

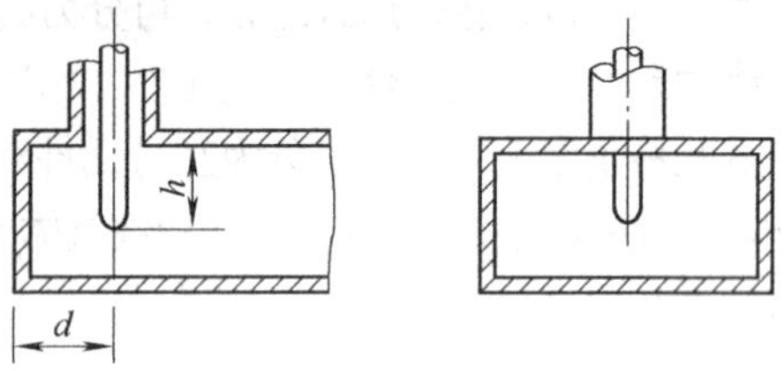

图4-3　同轴线-波导转接器

（2）同轴线-微带线转接器

如图4-4所示是同轴线-微带线转接器的结构，同轴线内导体与微带线相连部分，通过其内导体延伸一小段（1.5～2mm），切成平面后与微带线导带搭接而成。同轴线的外导体与微带接地板相连，用螺钉加以固定。与微带线连接处的同轴线内导线直径的大小与微带线的特性阻抗有关，通常选取内导体直径等于微带线导带的宽度。

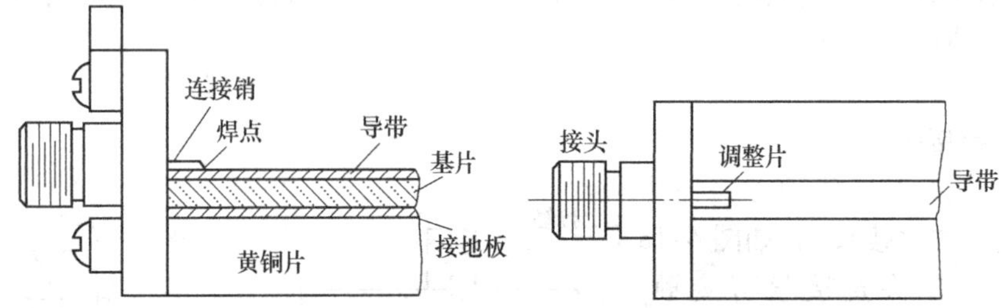

图4-4　同轴线-微带线转接器

（3）波导-微带线转接器

由于波导的等效阻抗通常在100～500Ω，而微带线的特性阻抗一般为50Ω，矩形波导的高度要比微带线介质基片的厚度大得多，若二者直接相连，不仅结构上不易实现。更不利的是将会产生反射，造成很大的能量损失。通常做法是在波导与微带线之间加一段脊波导过渡段来实现阻抗匹配，其结构如图4-5所示，由于脊波导高度最高时的等效阻抗为80～90Ω，再考虑到微带线特性阻抗为50Ω，为了实现阻抗匹配，在脊波导与微带线连接处再加一段空气微带线作为过渡，以实现阻抗匹配。

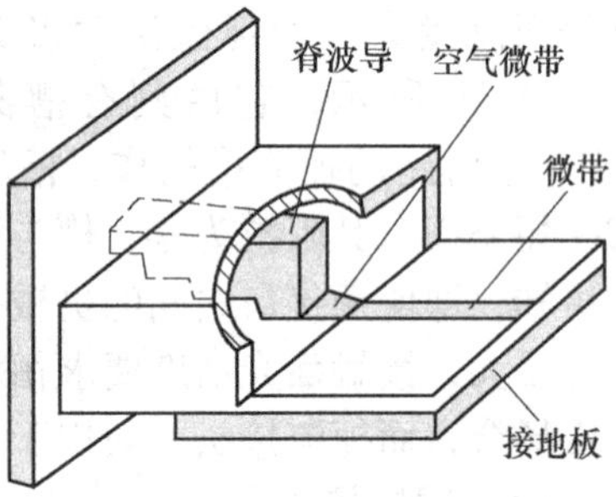

图4-5　波导-微带线转接器

（4）矩形波导-圆波导模式转接器

矩形波导-圆波导模式转接器，其结构如图4-6所示，是采用波导横截面逐渐变化来实现模式变换的。这种转换器通常用于微波铁氧体器件、可变衰减器和可变相移器中。

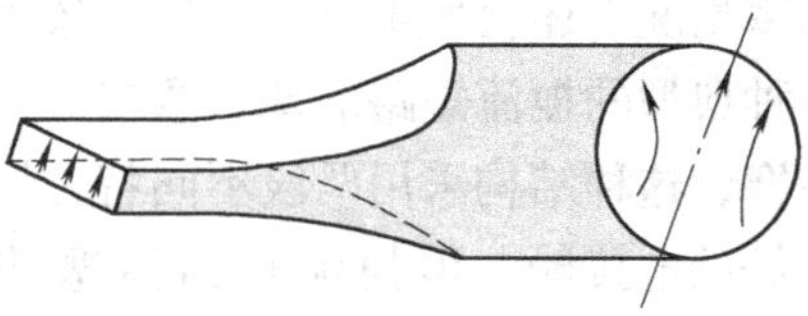

图4-6 矩形波导-圆波导模式转接器

4.1.2 终接元件

传输系统终端所接的元件称为终接元件。常用的终接元件有匹配负载和短路负载两种，以下分别介绍。

1. 匹配负载

匹配负载是一种几乎能全部吸收输入功率的单端口元件，它能吸收全部的能量而不产生辐射波，如图4-7a所示的是矩形波导匹配负载，它是在一段终端短路的波导内放置一块或几块劈形吸收片，劈形的作用是确保频带内有较好的匹配性能，吸收片通常由介质涂以金属膜制成。当吸收片平行置于波导中电场最强处，吸收片吸收微波能量最强烈，使其辐射变得很小。劈尖的长度越长吸收效果越好，匹配性能越好，劈尖长度一般取波长的整数倍。对于同轴线匹配负载，它是由在同轴线内外导体间放置的圆锥形或阶梯形吸收体而构成的，如图4-7b所示。

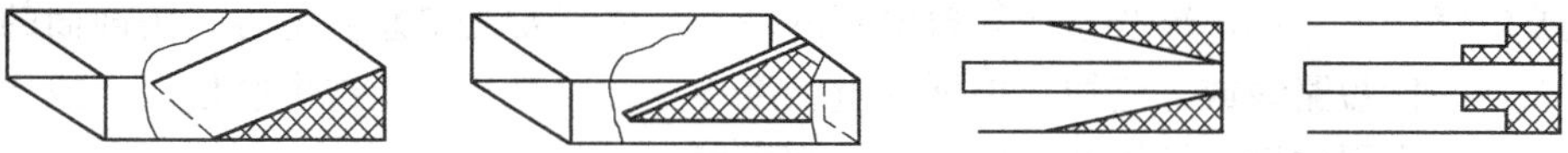

a) 矩形波导匹配负载 b) 同轴线匹配负载

图4-7 匹配负载

当功率较大时，可以在短路波导内放置楔形吸收体，或在波导外侧加装散热片；当功率更大时，还可以采用水负载，由流动的水将热量带走，如图4-8所示。

图4-9是微带型宽带匹配负载的结构示意图，它是用半圆形的电阻作为吸收体，半圆形电阻的一个极与中心导带相连，另一个极接地。这种负载不仅频带宽，而且功率容量大。实测表明，该宽带匹配负载在1~9GHz频带内驻波比$\rho<2$，频带宽度达到几个倍频程。

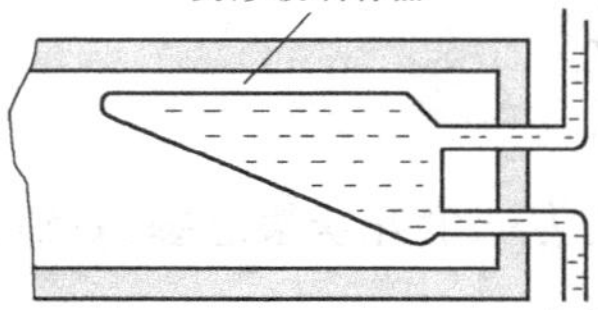

图4-8 水负载

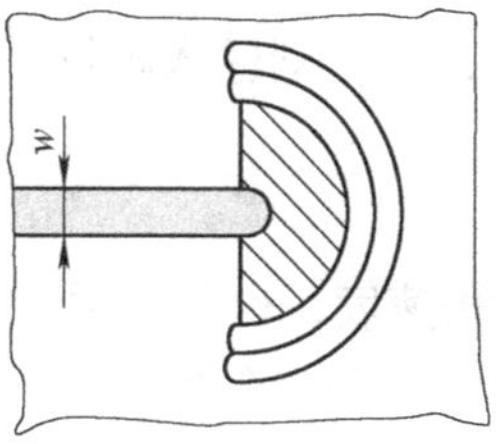

图4-9 微带型宽带匹配负载的结构示意图

2. 短路负载

短路负载又称为短路器，它是实现微波系统短路元件。在微波系统和微波测量仪器中，通常采用短路面可移动的短路负载。这种短路负载称为可调短路活塞。短路活塞可分为接触式短路活塞和扼流式短路活塞两种，前者在活塞移动时，接触不稳定或将会逐渐磨损，在大功率情况下还会发生打火现象，故不太常用。通常用的是扼流式短路活塞，图4-10给出了两种典型的扼流短路活塞示意图，其中图4-10a为同轴型短路活塞，图4-10b为波导型短路活塞，这种结构采用两段不同特性阻抗的 $\lambda/4$ 变换器构成。扼流短路活塞的优点是能确保良好的电接触，但扼流短路活塞的尺寸和工作波长有关，因此频带比较窄，一般只有10% ~15%的带宽。

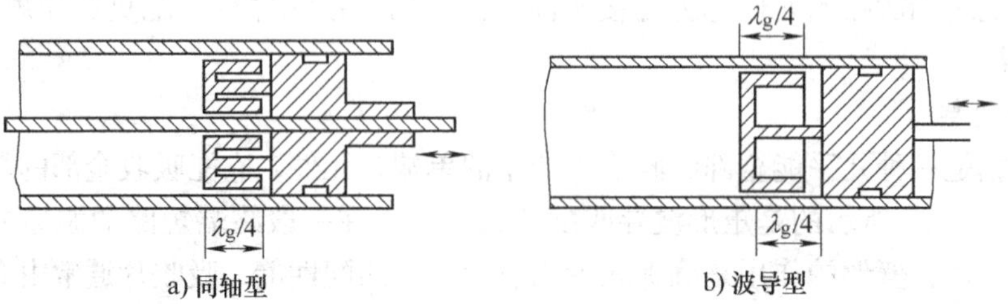

图4-10 扼流短路活塞

4.2 微波电抗元件

微波电路中，无耗传输线系统等效电路的基本元件通常是电感和电容，由前面的传输线理论可知，一段短路线或开路线，根据其电长度不同，可充当电感或电容使用，或作为谐振元件。如何用有限的微波结构实现电感和电容元件，具体分析如下。

4.2.1 用短路短线实现并联电感，开路短线实现并联电容

长度为 l 的短路短线，其输入阻抗为

$$Z_{in}(l)=Z_0\frac{Z_L+jZ_0\tan\beta l}{Z_0+jZ_L\tan\beta l}$$

$$=Z_0\frac{jZ_0\tan\beta l}{Z_0}=jZ_0\tan\beta l=\pm jX,\ (Z_L=0) \tag{4-1}$$

由式（4-1）可知，当 $l<\lambda/4$ 时，$Z_{in}=jX$，即 Z_{in} 为感抗。若短路短线的长度很小，$l\ll\lambda$（通常取 $l\leqslant\lambda/8$），则输入阻抗可近似为

$$Z_{in}=jZ_0\tan\beta l=jZ_0\beta l=j\omega\frac{Z_0 l}{v_p}$$

式中，v_p 为相速度，也就是说，$l\ll\lambda$ 的短路短线可以等效为一个并联集总参数的电感，如图4-11a所示，其电感值为

$$L=\frac{Z_0 l}{v_p}$$

同样，对于开路短线，输入阻抗为

$$Z_{in}(l)=Z_0\frac{Z_L+jZ_0\tan\beta l}{Z_0+jZ_L\tan\beta l}$$

$$=-jZ_0\cot\beta l,(Z_L=\infty)$$

其输入导纳为

$$Y_{in} = jY_0\tan\beta l$$

当 $l \ll \lambda$（取 $l \leqslant \lambda/8$），则输入导纳可近似为

$$Y_{in} = jY_0\beta l = j\omega\frac{Y_0 l}{v_p}$$

当 $l \ll \lambda$ 时的开路短线，可以近似等效为一个并联集总参数的电容，如图 4-11b 所示。电容值为

$$C = \frac{Y_0 l}{v_p}$$

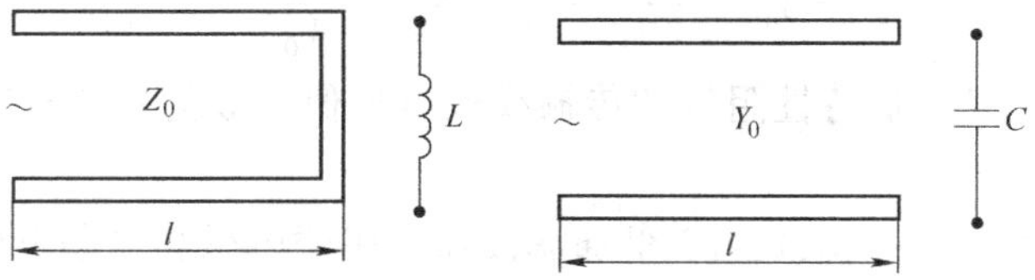

a) 短路短线实现并联电感　　b) 开路短线实现并联电容

图 4-11　短路短线和开路短线分别实现并联电感和电容

如图 4-12 所示，用微带短路短线实现并联电感和用微带开路短线实现并联电容的结构示意图及其等效电路图。

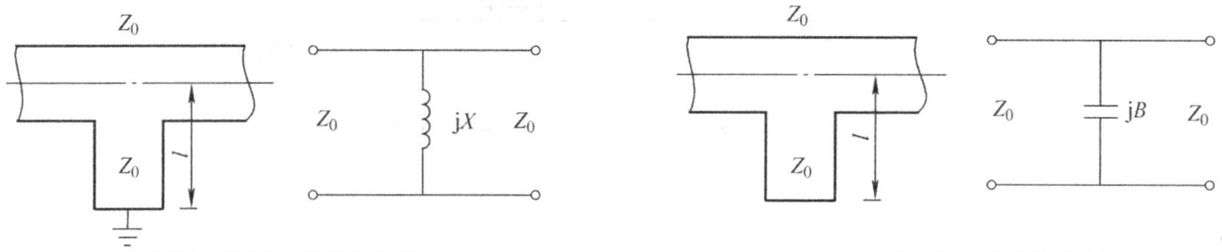

a) 微带短路短线实现并联电感　　b) 微带开路短线实现并联电容

图 4-12　微带短路短线和开路短线分别实现并联电感和电容

4.2.2　用高阻抗短线实现串联电感，用低阻抗短线实现并联电容

长度为 l 的短路短线输入阻抗

$$Z_{in}(l) = Z_0\frac{Z_L + jZ_0\tan\beta l}{Z_0 + jZ_L\tan\beta l}$$

（1）当 $l \ll \lambda$，$Z_0 >> Z_L$ 时，则

$$Z_{in} \approx Z_0\frac{Z_L + jZ_0\beta l}{Z_0} = Z_L + jX = Z_L + j\omega L \tag{4-2}$$

可以看出，高特性阻抗的传输线段可近似等效为一个电感与负载 Z_L 相串联，如图4-13a 所示。

（2）当 $l \ll \lambda$，$Z_0 \ll Z_L$ 时，则

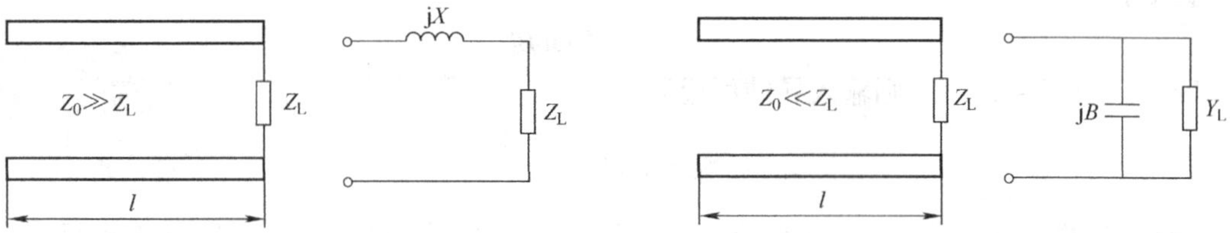

a) 高特性阻抗的传输线段　　b) 低特性阻抗的传输线段

图 4-13　传输线段端接负载的等效电路

$$Y_{\text{in}}=\frac{1}{Z_{\text{in}}}=Y_0\frac{Y_{\text{L}}+\text{j}Y_0\tan\beta l}{Y_0+\text{j}Y_{\text{L}}\tan\beta l}\approx Y_0\frac{Y_{\text{L}}+\text{j}Y_0\beta l}{Y_0}=Y_{\text{L}}+\text{j}\omega C$$

由上式可得出结论：低特性阻抗的传输线段可近似等效为一个电容与负载 Y_{L} 相并联，如图 4-13b 所示。

如图 4-14 所示，为一同轴式微波低通滤波器，串联电感和并联电容就是用高阻抗短线和低阻抗短线来实现的。

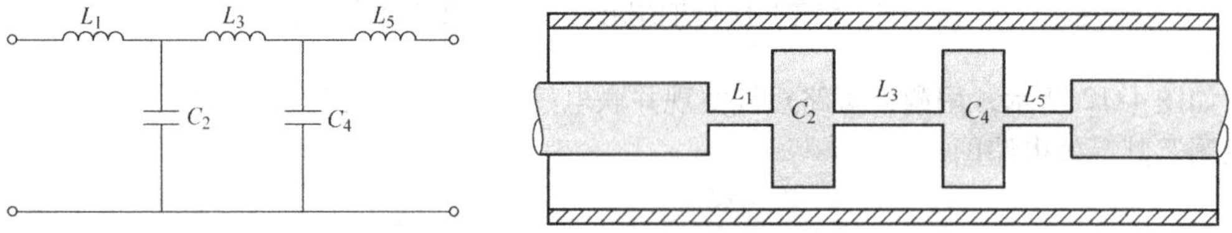

a) 原理图　　b) 结构示意图

图 4-14　同轴式微波低通滤波器

4.2.3　膜片

电抗元件是利用微波传输线中结构尺寸的不连续性而形成的，对系统进行调配时，电抗元件通常是不可缺少的。

1. 电容膜片

电容器是一个能够集中电场和存储电能的元件。在矩形波导的横向放置一块金属膜片，在其上对称或不对称之处开一个与波导宽壁尺寸相同的窄长窗口。如图 4-15 所示，是波导中常见的膜片结构。

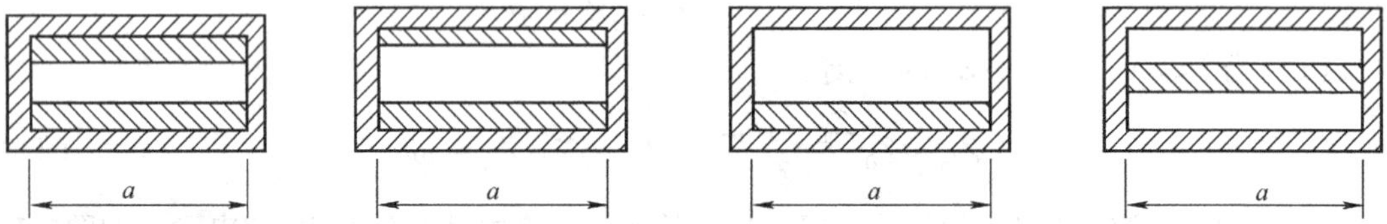

图 4-15　波导中不同电容膜片

将金属膜片置于波导的横截面上，由于波导宽边的纵向电流流进膜片而在膜片上积聚电荷，使膜片间拥有变化的电场而储存电能，因而起着电容的作用。这相当于在横截面处并接一个电容器，因此这种膜片称为电容膜片，其等效电路如图 4-16b 所示。由理论分析可得对称容性膜片的电纳近似为

$$B \approx \frac{4b}{\lambda_g} Y_0 \ln\left(\csc \frac{\pi d}{2b}\right) \tag{4-3}$$

式中，Y_0 为波导传输 TE_{10}波时的等效导纳；λ_g 为波导中 TE_{10}模的波导波长。

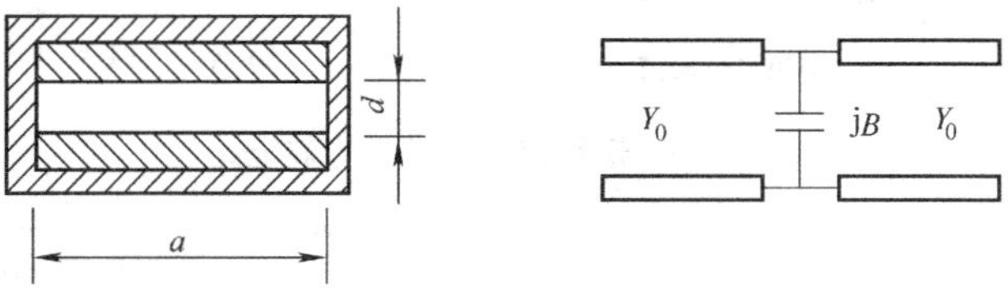

a) 电容膜片　　b) 等效电路

图 4-16　电容膜片及其等效电路

2. 电感膜片

电感是能够集中磁场和存储磁能的元件，在波导左右窄壁上放置对称或不对称的金属膜片后，会使波导宽壁上的轴向电流产生分流，于是在膜片的附近会产生磁场，并存储一部分磁能，因此这种膜片称为电感膜片。常见的电感膜片结构如图 4-17 所示。

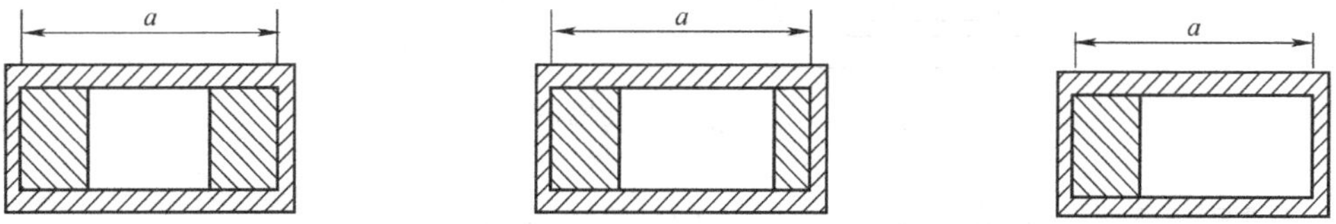

图 4-17　波导中不同电感膜片

对于对称电感膜片，如图 4-18 所示，电纳的近似计算公式为

$$B \approx -\frac{\lambda_g}{a} Y_0 \cot^2\left(\frac{\pi d}{2a}\right) \tag{4-4}$$

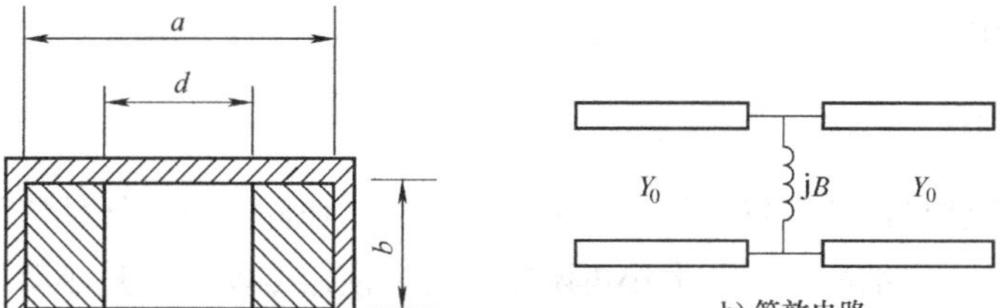

a) 对称电感膜片　　b) 等效电路

图 4-18　电感膜片及其等效电路

3. 谐振窗

如果将电容膜片和电感膜片结合起来，将形成一个中间开孔的膜片，如图 4-19a 所示。它相当于低频的并联谐振电路，因而称之为谐振窗，其等效电路如图 4-19b 所示。当微波信

号的频率正好等于其谐振频率时，信号会无反射地通过谐振窗。若信号频率不等于谐振频率时，由于谐振窗具有电感性或电容性而产生反射。

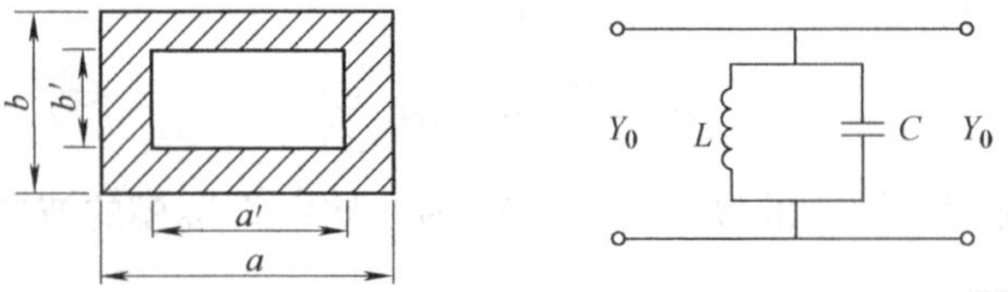

a) 矩形谐振窗　　b) 等效电路

图 4-19　矩形谐振窗及其等效电路

4. 销钉

在矩形波导中插入一根或多根垂直对穿波导壁的金属圆棒，称为电感销钉，其结构和等效电路如图 4-20 所示。销钉的作用与电感膜片类似，可作匹配元件和谐振元件使用，也常用来构成波导滤波器。当在矩形波导宽边中央位置插入销钉时，电场将主要集中在该处。改变销钉的粗细与根数，可改变它在波导中所呈现的并联电纳的大小，电纳的大小分别与销钉直径及其根数成正比。

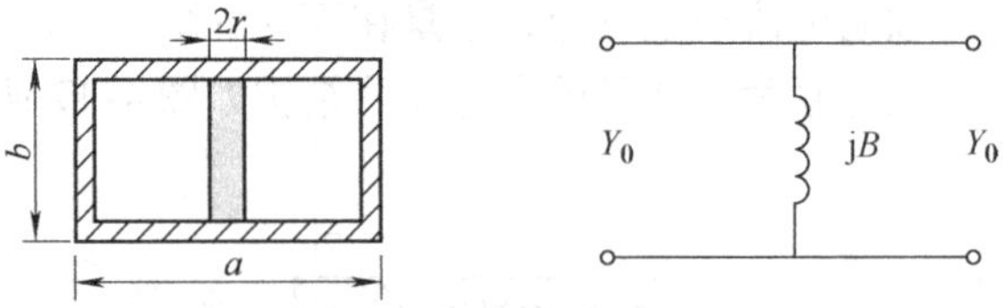

图 4-20　销钉及其等效电路

对于置于 $a/2$ 处的单销钉相对电纳的近似计算公式为

$$B \approx -\frac{2\lambda_g}{a} Y_0 \frac{1}{\ln\left(\dfrac{4a}{\pi d e^2}\right)}$$

式中，$d=2r$，r 为销钉半径；$e=2.718$。

销钉的电纳值大小与金属圆棒的粗细有关，棒越粗，电纳值越大；同样粗细的金属棒的根数越多，电纳值越大。

4.2.4　调谐螺钉

膜片和销钉在波导内的位置和尺寸不易调整，只能作固定电抗元件使用。而螺钉插入波导的深度可以调节，电纳的性质和大小可随之改变，使用方便，它是小功率微波设备中常采用的调谐和匹配元件，如图 4-21 所示。

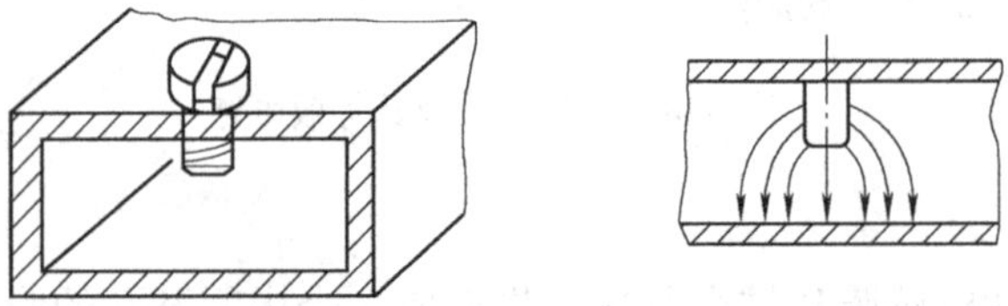

图 4-21　螺钉结构及电场分布

当螺钉插入深度 $l<\lambda/4$ 时，由于螺钉顶部电场集中，并联电纳呈现容性（$B>0$），如图 4-22a 所示，随着深度的增加，容性电纳也不断增加；当旋入的深度约为 $\lambda/4$ 时，呈现串联谐振特性，如图 4-22b 所示；当深度大于 $\lambda/4$ 时，并联电纳呈感性（$B<0$），形成一个电感，如图 4-22c 所示。在微波应用中，为避免波导击穿和短路，通常设计的螺钉呈容性，当作可变电容使用。实验证明：螺钉的直径越大，电纳越大，旋入越深，电纳越大；离波导宽面中心越远，电纳越小。

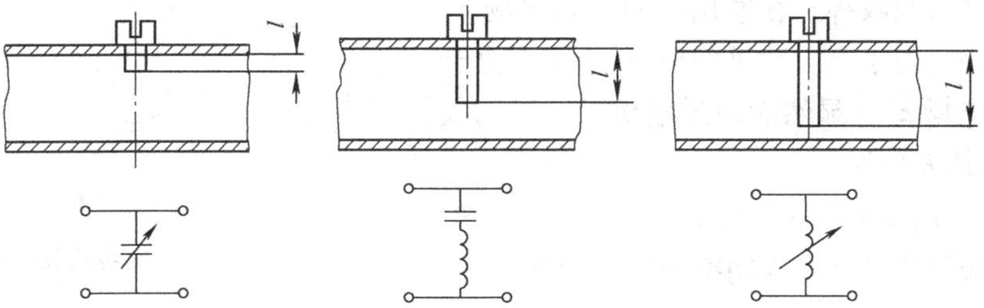

a) $l<\frac{\lambda}{4}$　b) $l=\frac{\lambda}{4}$　c) $l>\frac{\lambda}{4}$

图 4-22　螺钉及等效电路

常用的螺钉匹配器有：单螺钉匹配器、双螺钉匹配器、三螺钉匹配器和四螺钉匹配器。

4.3　衰减器和移相器

衰减器和移相器是分别用来改变传输系统中电磁场的振幅和相位的元件，其结构有固定式和可调式两种。衰减器和移相器联合使用，可以调节传输线中电磁波的传播常数，它们是最基本的微波元件。

4.3.1　吸收式衰减器

衰减器是用来限制和控制系统中功率电平的器件，如图 4-23 所示，它们是内含吸收片的一段波导，吸收片的平面平行于电场线，以达到控制系统功率电平的目的，这种装置称为吸收式衰减器。若吸收片在波导中位置固定，则称为固定衰减器；若吸收片的位置是可调的，则称为可调衰减器，在图 4-23a 和图 4-23b给出了两种常用的可调衰减器。

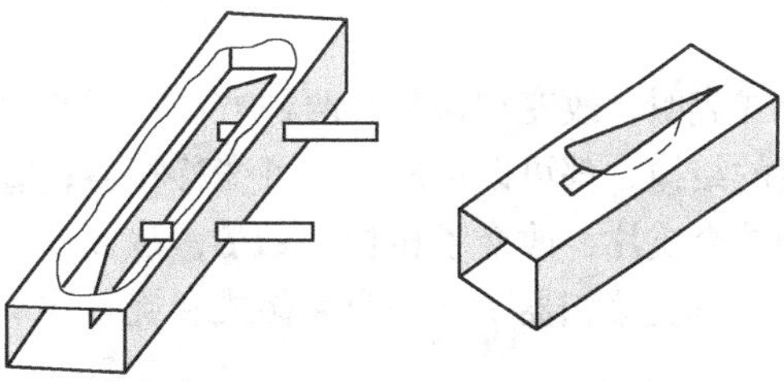

a) 可变衰减器　b) 刀形衰减器

图 4-23　吸收式衰减器

4.3.2　旋转式衰减器

旋转式衰减器又称极化衰减器，其结构如图 4-24a 所示，衰减器是由两端的方圆过渡波导和中间的圆波导构成，在方圆过渡波导中，吸收片Ⅰ和Ⅲ是平行于波导宽壁固定放置的；而圆波导中放置的吸收片Ⅱ则可以绕纵轴旋转。其工作原理是：在输入段中，由于矩形波导中的 TE_{10} 模的电场 $\boldsymbol{E}$ 的极化方向垂直于吸收片Ⅰ，理想情况下其能量上不衰减，此时吸收片Ⅰ起着固定极化方向的作用，此时 TE_{10}

模经方圆过渡后，无衰减地转换为圆波导中的 TE_{11} 模，如图 4-24b 所示；在中间段，当圆波导中的吸收片Ⅱ绕轴并与吸收片Ⅰ成某一角度 θ 时，这时的电场 $\boldsymbol{E}$ 可分解为两个分量，一个分量 E_1 垂直于吸收片Ⅱ，可进入输出段的方圆波导，由图 4-24b 可得 $E_1=\boldsymbol{E}\cos\theta$，另一分量 E_2 由于平行于吸收片Ⅱ而被吸收掉；在输出段中，其电场 E_1 再次被分解为平行于吸收片Ⅲ的电场 E_2' 和垂直于吸收片Ⅲ的电场 E_1'，显然能通过输出段波导的仅有 E_1' 分量，其大小为

$$E_1'=E_1\cos\theta=\boldsymbol{E}\cos^2\theta \tag{4-5}$$

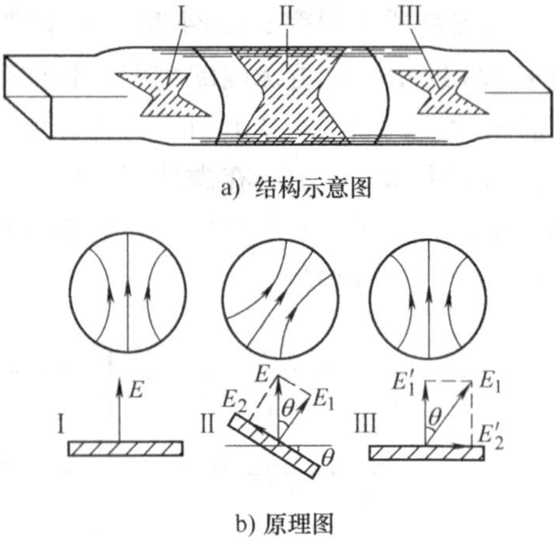

图 4-24　旋转式衰减器

衰减器的衰减量定义为输入功率与输出功率之比，通常以分贝(dB)为单位，则

$$L=10\lg\frac{P_{\text{in}}}{P_{\text{out}}}=10\lg\frac{|\boldsymbol{E}^2|}{|E_1'^2|}=20\lg\frac{|\boldsymbol{E}|}{|\boldsymbol{E}\cos^2\theta|}=-40\lg|\cos\theta| \tag{4-6}$$

式(4-6)是旋转式衰减器衰减量的计算公式。

由此可见，衰减量只与中间圆波导段吸收片的回旋角度 θ 有关，因而可采用角度 θ 来标定衰减量，且角度的测量借助用光学装置可以达到很高的精度。

4.3.3　移相器

移相器是对电磁波只产生一定相移的微波元件，是一个无反射、无衰减的二端口网络。移相器的主要要求是：移相范围要大、精度要高、驻波比要小、工作频带和功率容量必须符合要求等。

移相器的工作原理可由传输线理论说明，均匀传输线上相距长度为 l 的两点之间的相位差，也即相移量为

$$\theta=\beta l=\frac{2\pi l}{\lambda_g} \tag{4-7}$$

上式表明，改变相移量有两种方法：①改变传输线长度 l，显然，任何一种能改变传输线长度的结构，都可以看成一种可变移相器；②改变传输线的相位常数 β。如在波导中放入可移动的介质片，改变了相位常数 β，从而改变了相移。移相器可分为固定移相器和可变移相器，可变移相器中又分为横移式和旋转式。

4.4　阻抗变换器

当负载阻抗与传输线特性阻抗不匹配，或两段特性阻抗不同的传输线相连接时均会产生反射，若在负载阻抗与传输线（或在特性阻抗不同的传输线）之间，插入一段或多段传输线段，就能实现不同阻抗之间的变换，以消除不良反射现象，获得良好的匹配，故称为阻抗变换器。阻抗变换器按其结构可分为同轴线阻抗变换器、矩形阻抗变换器、带状线阻抗变换器和微带线阻抗变换器。

4.4.1　单节阻抗变换器

单节阻抗变换器原理已在第 1 章中介绍，在两段不同特性阻抗的传输线之间，加一段 $\lambda/4$ 的传输线，实现阻抗匹配。在图 4-25 所示，若 Z_0 和 R_L 已知，中间加一段长度为 $l=\lambda/4$，当特性阻抗为 $Z_{01}=\sqrt{Z_0R_L}$ 的传输线，就能使特性阻抗为 Z_0 的传输线与纯电阻 R_L 匹配。

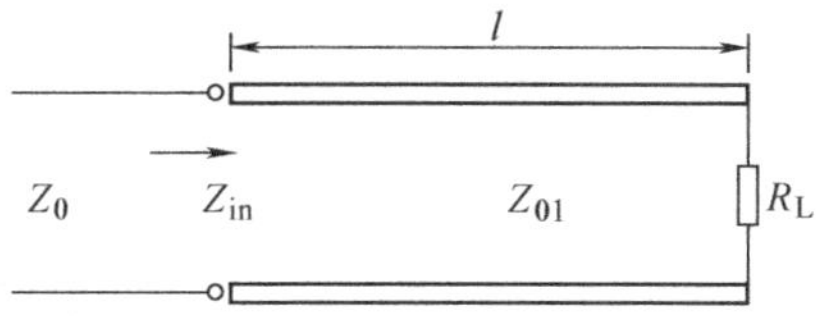

图 4-25　单节 λ/4 阻抗变换器

然而，这种匹配只是对应某频率而言的，当工作频率偏离中心频率 f_0 时，失配将发生。当 $\beta l\neq\pi/2$，则输入端的反射系数

$$\Gamma_{in}=\frac{Z_{in}-Z_0}{Z_{in}+Z_0} \tag{4-8}$$

利用输入阻抗

$$Z_{in}=Z_{01}\frac{R_L+jZ_{01}\tan(\beta l)}{Z_{01}+jR_L\tan(\beta l)} \tag{4-9}$$

将式 (4-9) 代入式 (4-8) 并考虑 $Z_{01}=\sqrt{Z_0R_L}$ 得

$$|\Gamma_{in}|=\left[1+\left(\frac{2\sqrt{Z_0R_L}}{R_L-Z_0}\sec\beta l\right)^2\right]^{-1/2} \tag{4-10}$$

当 $\beta l\approx\pi/2$ 时，$\sec\beta l>>1$，式 (4-10) 可近似为

$$|\Gamma_{in}|\approx\frac{|R_L-Z_0|}{2\sqrt{Z_0R_L}\tan\beta l}\approx\frac{|R_L-Z_0|}{2\sqrt{Z_0R_L}}\cos\beta l \tag{4-11}$$

若输入端允许的最大反射系数为 Γ_m，将其代入式 (4-10) 得

$$\cos\theta_m=\left|\frac{2\Gamma_m\sqrt{Z_0R_L}}{(R_L-Z_0)\sqrt{1-\Gamma_m^2}}\right|,\theta<\pi/2 \tag{4-12}$$

在中心频率 f_0 附近，$\theta=\beta l=\frac{2\pi}{\lambda_g}\frac{\lambda}{4}=\frac{\pi}{2}\frac{f_g}{f_0}$，则带宽为

$$\Delta f=2(f_0-f_g)=2\left(f_0-\frac{2f_0}{\pi}\theta_m\right) \tag{4-13}$$

相对带宽为

$$\Delta f/f_0=2-\frac{4\theta_m}{\pi}=2-\frac{4}{\pi}\cos^{-1}\left|\frac{2\Gamma_m\sqrt{Z_0R_L}}{(R_L-Z_0)\sqrt{1-\Gamma_m^2}}\right| \tag{4-14}$$

根据上式，由 Z_0、R_L 和 Γ_m 可以求出单节 $\lambda/4$ 线的相对带宽，反之由相对带宽可决定频带内允许的最大反射系数 Γ_m 的模值。如图 4-26 所示，分别给出了常见的 3 种单节阻抗变换器。

4.4.2　多节阶梯阻抗变换器

为了提高阻抗变换器的工作带宽，通常采用多节 $\lambda/4$ 阻抗变换器，由于其形状类似于

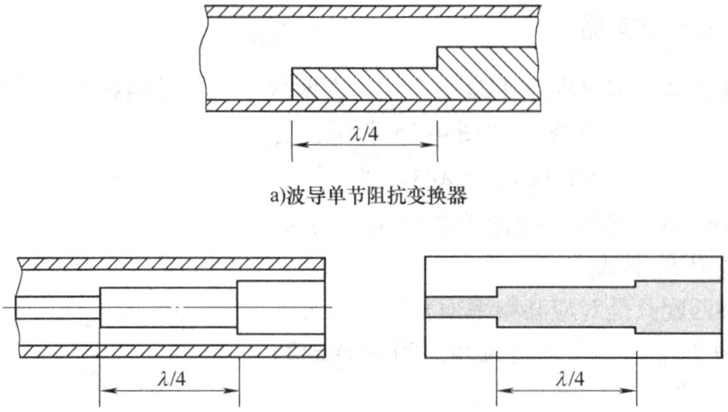

a)波导单节阻抗变换器

b)同轴线单节阻抗变换器　　c)微带线单节阻抗变换器

图 4-26　单节阻抗变换器

阶梯，故又称为多阶梯阻抗变换器。

如图 4-27 所示的是两节 λ/4 阶梯阻抗变换器，设 $Z_L > Z_2 > Z_1 > Z_0$，参考面 T_0、T_1 和 T_2 的反射系数分别为 Γ_0、Γ_1 与 Γ_2，满足

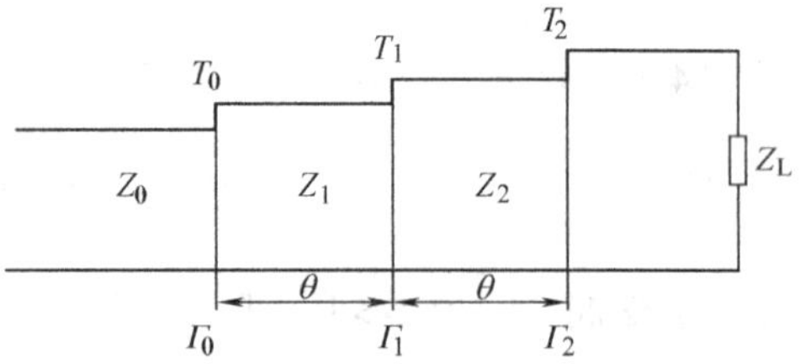

图 4-27　两节 λ/4 阶梯阻抗变换器

$$\Gamma_0 = \frac{Z_1 - Z_0}{Z_1 + Z_0}$$

$$\Gamma_1 = \frac{Z_2 - Z_1}{Z_2 + Z_1}$$

$$\Gamma_2 = \frac{Z_L - Z_2}{Z_L + Z_2}$$

则 T_0 参考面上的总反射电压波为

$$U_r = \Gamma_0 U_i + \Gamma_1 U_i e^{-j2\theta} + \Gamma_2 U_i e^{-j4\theta} \tag{4-15}$$

T_0 面上的电压反射系数为

$$\Gamma = U_r/U_i = \Gamma_0 + \Gamma_1 e^{-j2\theta} + \Gamma_2 e^{-j4\theta} \tag{4-16}$$

当工作在中心频率 f_0 时，有 $\theta = \pi/2$，并要求 $\Gamma = 0$，即

$$\Gamma_0 - \Gamma_1 + \Gamma_2 = 0 \tag{4-17}$$

如果选取 $\Gamma_0 = \Gamma_2$ 得

$$\Gamma_1 = 2\Gamma_0 \tag{4-18}$$

当工作频率偏离 f_0 时，此时的 θ 值接近 $\pi/2$，利用式（4-18），则反射系数

$$\Gamma = \Gamma_0 + 2\Gamma_0 e^{-j2\theta} + \Gamma_0 e^{-j4\theta} = 4\Gamma_0 e^{-j2\theta}\cos^2\theta \tag{4-19}$$

反射系数的幅值为

$$|\Gamma| = = 4|\Gamma_0|\cos^2\theta \tag{4-20}$$

比较式（4-11）和式（4-20）可以看出，两节的频率特性要比单节的频率特性平滑了许多，这是由于两节变换器 3 个参考面的反射波相互抵消，这就有可能在多个频率点上使总反射系数为零，从而增加了工作带宽。

若输入端允许的最大反射系数为 Γ_m，由式(4-20)可得

$$\theta_m = \arccos\sqrt{\frac{\Gamma_m}{4|\Gamma_0|}} \tag{4-21}$$

相对带宽

$$\Delta f/f_0 = =2-\frac{4\theta_m}{\pi}=2-\frac{4}{\pi}\arccos\sqrt{\frac{\Gamma_m}{4|\Gamma_0|}} \tag{4-22}$$

如果变换器有 n 节，则参考面 T_0，T_1，T_2，…，T_n 共 $n+1$ 个，图4-28所示若对称选取各局部反射系数

$$\begin{cases}\Gamma_0=\Gamma_n\\ \Gamma_1=\Gamma_{n-1}\\ \Gamma_2=\Gamma_{n-2}\\ \vdots\end{cases} \tag{4-23}$$

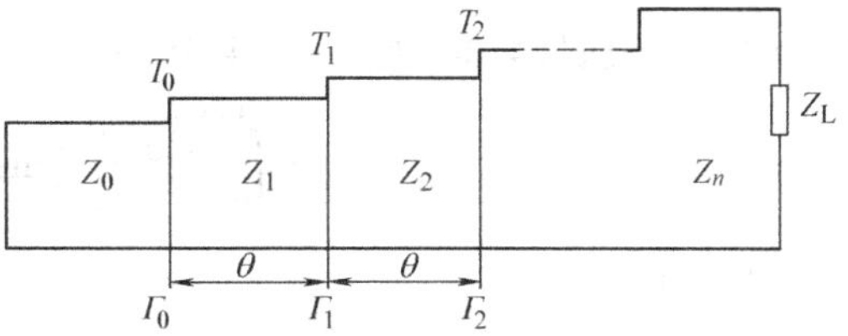

图4-28　多阶梯阻抗变换器

则参考面 T_0 上的总反系数为

$$\begin{aligned}\Gamma &=\Gamma_0+\Gamma_1 e^{-j2\theta}+\Gamma_2 e^{-j4\theta}+\cdots+\Gamma_{n-1}e^{-j2(n-1)\theta}+\Gamma_n e^{-j2n\theta}\\ &=(\Gamma_0+\Gamma_n e^{-j2n\theta})+(\Gamma_1 e^{-j2\theta}+\Gamma_{n-1}e^{-j2(n-1)\theta})+\cdots\\ &=2e^{-jn\theta}[\Gamma_0(e^{jn\theta}+e^{-jn\theta})+\Gamma_1(e^{j(n-2)\theta}+e^{-j(n-2)\theta})+\cdots]\\ &=2e^{-jn\theta}[\Gamma_0\cos n\theta+\Gamma_1\cos(n-2)\theta+\cdots]\end{aligned} \tag{4-24}$$

于是反射系数的模值为

$$|\Gamma|=2|[\Gamma_0\cos n\theta+\Gamma_1\cos(n-2)\theta+\cdots]| \tag{4-25}$$

当已知 Γ_0，Γ_1，…时，由于上式中的 $|\Gamma|$ 是 $\cos\theta$ 的多项式，满足 $|\Gamma|=0$ 的 $\cos\theta$ 值有许多个，也就是说，在许多工作频率上都能实现阻抗匹配，因此拓宽了频带，阶梯级数越多，频带越宽。

4.4.3　渐变线阻抗变换器

多阶梯阻抗变换器中，随着节数的增加，相邻节之间的特性阻抗变化将变得很小，当节数增加到无限大的极限情况下，将变成连续的渐变线，如图4-29所示。特性阻抗从 $z=0$ 处的 Z_0 变至 $z=l$ 处的 Z_L，渐变线上任意微分段中的 z 与 $z+dz$ 两点，对应的归一化阻抗分别为 $\overline{Z}$ 和 $\overline{Z}+d\overline{Z}$，则 z 处的阶梯产生的反射系数为

$$d\Gamma=\frac{(\overline{Z}+d\overline{Z})-\overline{Z}}{(\overline{Z}+d\overline{Z})+\overline{Z}}\approx\frac{d\overline{Z}}{2\overline{Z}}=\frac{1}{2}\frac{d}{dz}(\ln\overline{Z})dz \tag{4-26}$$

式中，$\overline{Z}=Z(z)/Z_0$。

式(4-26)中的反射系数对输入端的贡献为

$$d\Gamma_{in}=e^{-2\beta z}d\Gamma \tag{4-27}$$

因此，在 $z=0$ 处的总反射系数为

$$\Gamma_{in}=\frac{1}{2}\int_0^l e^{-j2\beta z}\frac{d}{dz}(\ln\overline{Z})dz=\frac{1}{2}\int_0^l e^{-j2\beta z}\frac{d}{dz}\left[\ln\frac{Z(z)}{Z_0}\right]dz \tag{4-28}$$

显然，只要给定 $Z(z)$，很容易求出输入端反射系数 Γ_{in}。

由于函数 $Z(z)$ 的不同，用于阻抗匹配的渐变线也不同，常用的渐变线有3种，分别为指数型、三角函数型和切比雪夫型，本节仅介绍第一种类型。

设指数渐变线的阻抗为

$$Z(z)=Z_0 e^{\alpha z}\quad (0<z<1) \tag{4-29}$$

将 $Z(0)=Z_0$ 及 $Z(l)=Z_L$ 代入式（4-29），可求得 α

$$\alpha=\frac{1}{l}\ln\frac{Z_L}{Z_0} \tag{4-30}$$

将式(4-29)及式(4-30)代入式(4-28)得

$$\Gamma_{in}=\frac{1}{2}\int_0^l e^{-j2\beta z}\frac{d}{dz}(\ln e^{\alpha z})dz=\frac{1}{2}\ln\frac{Z_L}{Z_0}e^{-j\beta z}\frac{\sin\beta l}{\beta l} \tag{4-31}$$

两边取模得

$$|\Gamma_{in}|=\frac{1}{2}\ln\frac{Z_L}{Z_0}\left|\frac{\sin\beta l}{\beta l}\right| \tag{4-32}$$

图4-30绘出了反射系数模值与 βl 的关系曲线，由图可知，Z_L/Z_0 比值越小，反射系数模值越小；随着长度 l 的增大，反射系数的模值呈周期性振荡下降，第一个零点出现在 $\beta l=\pi$ 处，显然要使低频端实现良好的匹配，应取渐变线的电长度大于 $\lambda_g/2$。

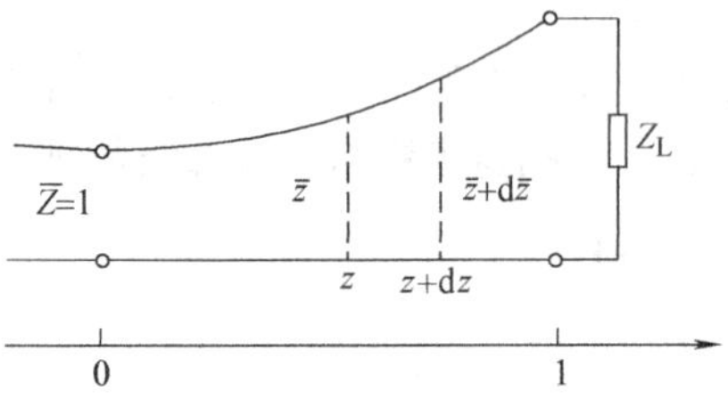

图4-29　渐变线阻抗变换器

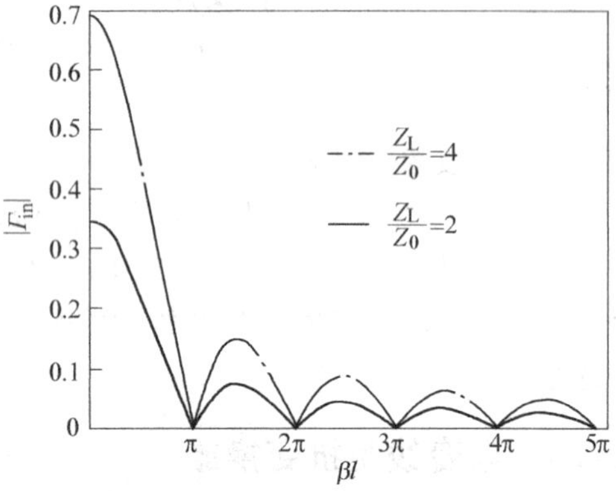

图4-30　反射系数模值与 βl 的关系曲线

4.5　功率分配元件

微波系统中，将一路微波功率按比例分成几路的器件，称为功率分配元件，主要包括：定向耦合器、功率分配器及各种微波分支器件，下面对这三类元件分别进行介绍。

4.5.1　定向耦合器

1. 定向耦合器的分类

定向耦合器种类很多，按其输出的相位来分，有90°定向耦合器和180°定向耦合器；按传输方向来分，有同向耦合器和反向耦合器；按耦合方式分，有单孔定向耦合器、多孔定向耦合器、连续耦合和平行耦合线定向耦合器；按传输线类型分，有波导、同轴线、带状线和微带线定向耦合器。图 4-31 给出了常见的几种定向耦合器的结构图。

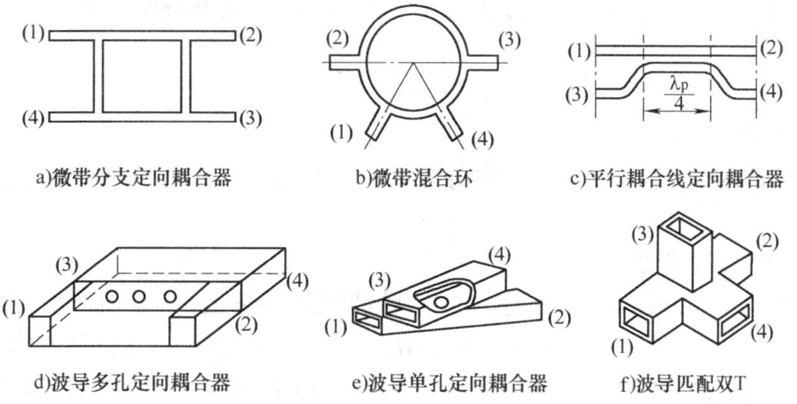

a)微带分支定向耦合器　b)微带混合环　c)平行耦合线定向耦合器

d)波导多孔定向耦合器　e)波导单孔定向耦合器　f)波导匹配双T

图 4-31　几种定向耦合器的结构图

2. 定向耦合器的技术指标

定向耦合器是一个四端口网络，如图 4-32 所示，①为输入端口，②为直通端口，③为耦合端口，④为隔离端口。定向耦合器的主要技术指标有：耦合度、隔离度、定向度、输入驻波比和工作带宽，下面分别介绍。

(1) 耦合度 C

耦合度为输入端口的输入功率 P_1 与耦合端口的输出功率 P_3 之比，用 C 表示，以 dB 为单位，即

$$C = 10\lg\frac{P_1}{P_3} = 20\lg\frac{1}{|S_{13}|} \tag{4-33}$$

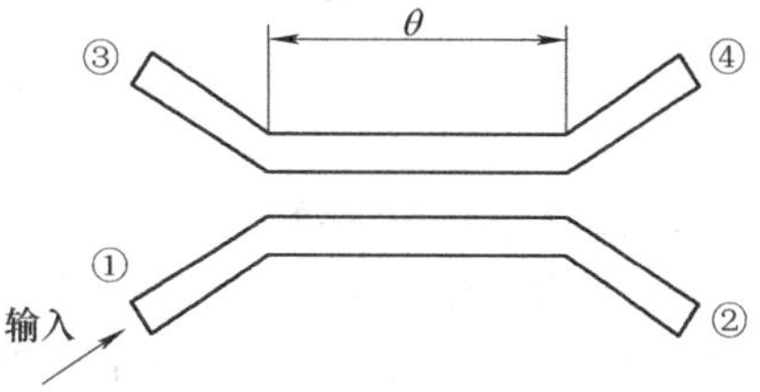

图 4-32　定向耦合器端口分布图

由式(4-33)可见，耦合度越大，耦合越弱，通常将耦合度在 0～10dB 的定向耦合器称为强耦合定向耦合器；在 10～20dB 的称为中等耦合定向耦合器；把大于 20dB 的称为弱耦合定向耦合器。

(2) 隔离度

隔离度定义为输入端口的输入功率 P_1 与隔离端口的输出功率 P_4 之比，同样以 dB 为单位，表示为

$$I = 10\lg\frac{P_1}{P_4} = 20\lg\frac{1}{|S_{14}|} \tag{4-34}$$

式(4-34)表明，隔离度越大，隔离端口输出功率越小。理想情况下，隔离端口应无输出，此时隔离度为无穷大，但实际设计的元件不可能实现无穷大的隔离度。

(3) 定向度

耦合端口的输出功率 P_3 与隔离端口的输出功率 P_4 之比，定义为定向度，即

$$D = 10\lg\frac{P_3}{P_4} = 20\lg\left|\frac{S_{13}}{S_{14}}\right| = I - C \tag{4-35}$$

(4) 输入驻波比

图4-32中，端口②、③、④均接匹配负载时输入端口的驻波比，即

$$\rho = \frac{1+|S_{11}|}{1-|S_{11}|} \tag{4-36}$$

(5) 工作带宽

工作带宽是指耦合度、隔离度、定向度及输入驻波比都满足指标要求时，定向耦合器的频率范围。

3. 波导型定向耦合器

波导定向耦合器的耦合，通常是由主、副波导的公共壁上的耦合孔来实现的，通过耦合孔将主波导中的电磁能量耦合到副波导中，并具有一定的方向性。副波导各端口输出功率的大小，决定于耦合孔的大小、形状和位置。图4-33是常见的几种波导定向耦合器，其中图4-33a为宽壁斜交单孔耦合器，图4-33b为多孔定向耦合器，图4-33c为十字孔定向耦合器。

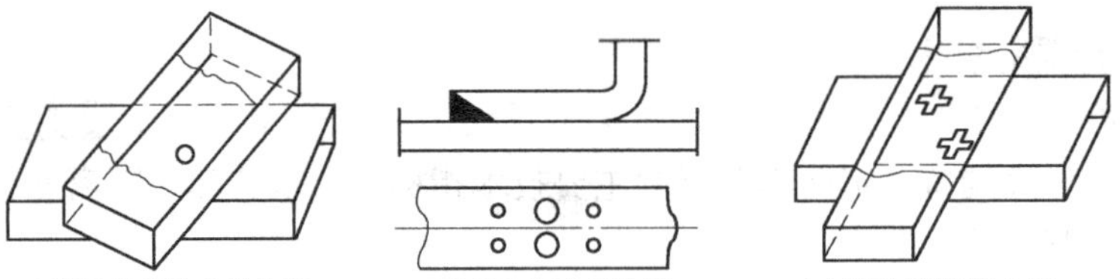

a)宽壁斜交单孔耦合器　b)多孔定向耦合器　c)十字孔定向耦合器

图4-33　几种波导定向耦合器

4. 分支定向耦合器

分支定向耦合器是由主传输线、副传输线和耦合分支线组成，分支线的长度和间距均为中心波长的1/4，如图4-34所示，①、②、③及④分别表示主线入口、主线出口、副线耦合端口和副线隔离端口。由于主线出口②和副线耦合端口③的输出功率相等，这种分支耦合器也称为3dB方向耦合器，且端口②和端口③有90°相位差。当信号由①端口输入时，经A点由$A \to B \to C$和$A \to D \to C$两路达到C点，由于两波程相等，故在C点同相位相加，因此端口③产生输出；由A点到达D点的信号同样也有两路，一路是$A \to D$，另一路由$A \to B \to C \to D$，

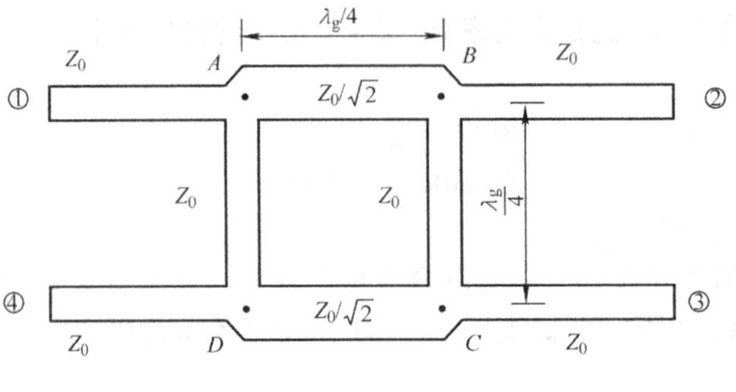

图4-34　分支定向耦合器

两条路径到达同一点D的波程差为$\lambda_g/2$，相应的相位差为π，即相位相反，故端口④的两路信号相互抵消，从而实现隔离。

5. 奇偶模分析

下面用奇偶模分析法推导以上结论。假定电压幅值为 U_0 的波自端口①入射，图 4-35 的耦合器可以分解为奇数模激励和偶数模激励的叠加，如图 4-35a 所示。由于电路是线性的，两组激励相加即可得到图 4-35 的原有激励，因此，实际的响应可通过分别计算奇数、偶数模激励的响应叠加而获得。

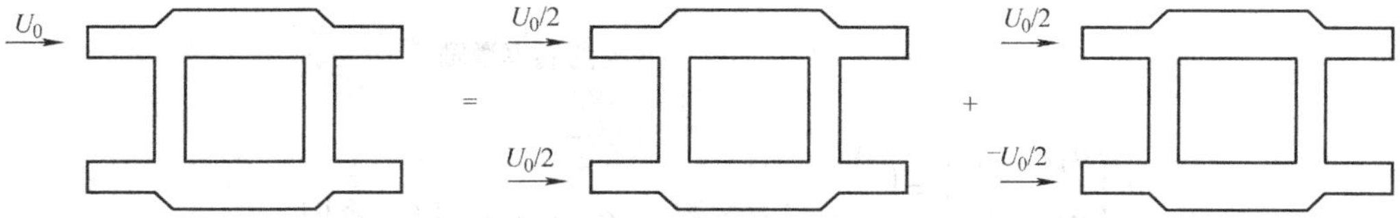

图 4-35　分支定向耦合器分解为偶数模激励和奇数模激励

（1）偶模情况

在如图 4-34 所示偶模激励的情况下，端口①与端口④的输入电压的大小方向均相同，因而在两个分支线的对称面上是电压波腹点或电流波节点，可以看作开路。可以看出，四端口网络分解成了两组有开路支节的二端口网络。

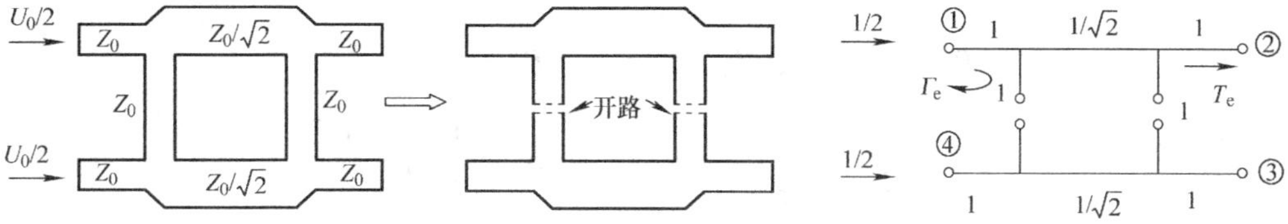

图 4-36　分支定向耦合器的偶模激励

先考虑偶模二端口电路的 Γ_e 和 T_e 的计算，可以通过每个级联元件的转移矩阵的相乘来获得，3 个元件转移矩阵的计算细节参考例题 3.6。总转移矩阵为

$$\boldsymbol{A}=\begin{pmatrix}a_{11} & a_{12}\\ a_{21} & a_{22}\end{pmatrix}=\begin{pmatrix}1 & 0\\ \mathrm{j} & 1\end{pmatrix}\begin{pmatrix}0 & \mathrm{j}/\sqrt{2}\\ \mathrm{j}\sqrt{2} & 0\end{pmatrix}\begin{pmatrix}1 & 0\\ \mathrm{j} & 1\end{pmatrix}=\frac{1}{\sqrt{2}}\begin{pmatrix}-1 & \mathrm{j}\\ \mathrm{j} & -1\end{pmatrix}$$

将 $\boldsymbol{A}$ 参量变换到 S 参量，得出反射系数和传输系数，根据式(3-36)得

$$\Gamma_e=S_{11}=\frac{a_{11}+a_{12}-a_{21}-a_{22}}{a_{11}+a_{12}+a_{21}+a_{22}}=\frac{(-1+\mathrm{j}-\mathrm{j}+1)/\sqrt{2}}{(-1+\mathrm{j}+\mathrm{j}-1)/\sqrt{2}}=0 \tag{4-37}$$

$$T_e=S_{21}=\frac{2}{a_{11}+a_{12}+a_{21}+a_{22}}=\frac{2}{(-1+\mathrm{j}+\mathrm{j}-1)/\sqrt{2}}=\frac{-1}{\sqrt{2}}(1+\mathrm{j}) \tag{4-38}$$

(2)奇模情况

奇模激励的情况下，如图 4-37 所示中的端口①与端口④的输入电压的大小相等方向相反，在两个分支线的对称面上是电压波节点或电流波腹点，可以看作短路。

同样方法，可以得到奇模激励的转移矩阵

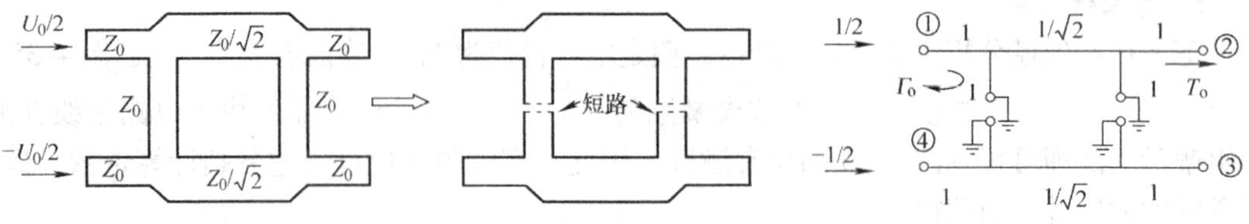

a) 奇模激励　　b) 等效为短路　　c) 归一化

图 4-37　分支定向耦合器的偶模激励

$$
\boldsymbol{A}=\begin{pmatrix} a_{11} & a_{12} \\ a_{21} & a_{22} \end{pmatrix}=\begin{pmatrix} 1 & 0 \\ -\mathrm{j} & 1 \end{pmatrix}\begin{pmatrix} 0 & \mathrm{j}/\sqrt{2} \\ \mathrm{j}\sqrt{2} & 0 \end{pmatrix}\begin{pmatrix} 1 & 0 \\ -\mathrm{j} & 1 \end{pmatrix}=\frac{1}{\sqrt{2}}\begin{pmatrix} 1 & \mathrm{j} \\ \mathrm{j} & 1 \end{pmatrix}
$$

$$
\boldsymbol{\Gamma}_{\mathrm{o}}=S_{11}=\frac{a_{11}+a_{12}-a_{21}-a_{22}}{a_{11}+a_{12}+a_{21}+a_{22}}=\frac{(1+\mathrm{j}-\mathrm{j}-1)/\sqrt{2}}{(1+\mathrm{j}+\mathrm{j}+1)/\sqrt{2}}=0 \tag{4-39}
$$

$$
T_{\mathrm{o}}=S_{21}=\frac{2}{a_{11}+a_{12}+a_{21}+a_{22}}=\frac{2}{(1+\mathrm{j}+\mathrm{j}+1)/\sqrt{2}}=\frac{1}{\sqrt{2}}(1-\mathrm{j}) \tag{4-40}
$$

显然，在计算偶模、奇模电路中入射波的归一化幅值为 ±1/2。最后给出归一化的分支定向耦合器（注意归一化的入射波的幅值为 1），如图 4-38 所示。因此，4 个端口的输出波可表示为

$$
B_1=\frac{1}{2}\Gamma_{\mathrm{e}}+\frac{1}{2}\Gamma_{\mathrm{o}} \qquad B_2=\frac{1}{2}T_{\mathrm{e}}+\frac{1}{2}T_{\mathrm{o}}
$$

$$
B_3=\frac{1}{2}T_{\mathrm{e}}-\frac{1}{2}T_{\mathrm{o}} \qquad B_4=\frac{1}{2}\Gamma_{\mathrm{e}}-\frac{1}{2}\Gamma_{\mathrm{o}}
$$

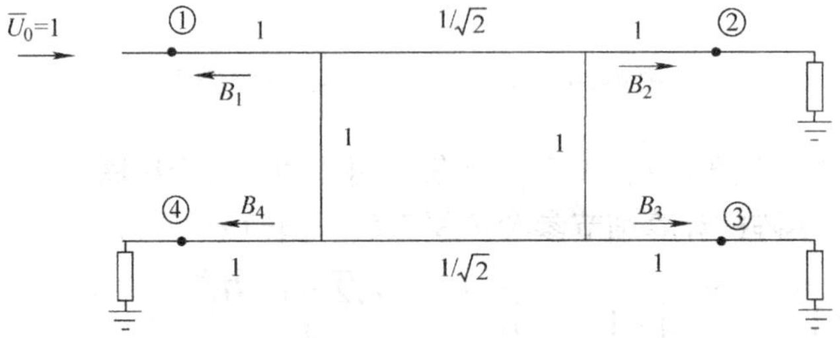

图 4-38　归一化的分支定向耦合器

计算结果：

$B_1=\frac{1}{2}\Gamma_{\mathrm{e}}+\frac{1}{2}\Gamma_{\mathrm{o}}=0$（端口 1 匹配）

$B_2=\frac{1}{2}T_{\mathrm{e}}+\frac{1}{2}T_{\mathrm{o}}=-\mathrm{j}/\sqrt{2}$（端口 1 到端口 2 有 90°相移，一半功率）

$B_3=\frac{1}{2}T_{\mathrm{e}}-\frac{1}{2}T_{\mathrm{o}}=-1/\sqrt{2}$（端口 1 到端口 3 有 180°相移，一半功率）

$B_4=\frac{1}{2}\Gamma_{\mathrm{e}}-\frac{1}{2}\Gamma_{\mathrm{o}}=0$（端口 4 无功率）

由于$\frac{\lambda}{4}$的要求，分支定向耦合器的带宽只限于 10% ~20% 之间。如同多级阻抗变换器那样，采用多节级联，分支定向耦合器的带宽可以增大十几倍或更大。

4.5.2　功率分配器

功率分配器简称功分器，它是一种将一路输入信号能量分成两路或多路输出相等或不相等能量的器件，也可反过来将多路信号能量合成一路输出，此时称为合路器。一个功分器的输出端口之间应保证一定的隔离度。

1. 两路功分器

两路功分器是一个三端口网络，如图 4-39 所示，其中输入端口的特性阻抗为 Z_0，两段微带线的电长度均为 $\lambda_g/4$，特性阻抗分别为 Z_{02} 和 Z_{03}；②和③端口之间跨接一个纯电阻 R，又称为隔离电阻；终端分别接有电阻 R_2 和 R_3。

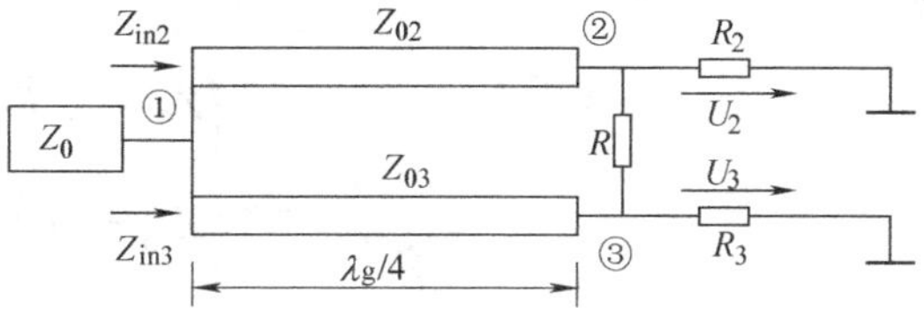

图 4-39　两路功分器

功分器必须满足如下 3 个条件：一是输入端口①无反射；二是端口②和端口③输出功率比可为任意值；三是端口②与端口③输出电压等幅同相。

由端口①无反射得

$$\begin{cases} Z_{\text{in2}} = Z_{02}^2/R_2 \\ Z_{\text{in3}} = Z_{03}^2/R_3 \end{cases} \tag{4-41}$$

Z_{in2} 与 Z_{in3} 并联的阻抗等于 Z_0，即

$$1/Z_{\text{in2}} + 1/Z_{\text{in3}} = 1/Z_0$$

设端口②和端口③输出功率比为 $1/k^2$。

$$P_2 = U_2^2/2R_2;\quad P_3 = U_3^2/2R_3$$

两功率比

$$P_2/P_3 = 1/k^2$$

得

$$U_2^2k^2/2R_2 = U_3^2/2R_3$$

因此，利用功分器的 3 个条件列出如下方程组：

$$\begin{cases} 1/Z_{\text{in2}} + 1/Z_{\text{in3}} = 1/Z_0 \\ U_2^2k^2/2R_2 = U_3^2/2R_3 \\ U_2 = U_3 \end{cases} \tag{4-42}$$

式(4-42)共有 4 个要求解的参数：R_2、R_3、Z_{02} 和 Z_{03}，但只有 3 个约束条件，因此可以任意指定其中的一个参数，一般选取 $R_2 = kZ_0$，代入式（4-42）得

$$\begin{cases} Z_{02}=Z_0\sqrt{k(1+k^2)} \\ Z_{03}=Z_0\sqrt{(1+k^2)/k^3} \\ R_3=Z_0/k \end{cases} \tag{4-43}$$

实际的功分器在端口②和端口③所接的负载并不是电阻 R_2 和 R_3，而是特性阻抗 Z_0 的传输线，其中加入一个$\frac{\lambda}{4}$的阻抗变换器，如图 4-40 所示。变换段的特性阻抗 Z_{04}、Z_{05} 及 R 的计算公式如下：

$$\begin{cases} Z_{04}=\sqrt{R_2Z_0}=\sqrt{k}Z_0 \\ Z_{05}=\sqrt{R_3Z_0}=Z_0/\sqrt{k} \\ R=Z_0(1+k^2)/k \end{cases} \tag{4-44}$$

2. 微带环形电桥

如图 4-41 所示的是一种常用的微波电桥，它属于四端口网络，环路的总长度 1.5λ，对应的总相移量为 3π，端口②与端口③之间长度为 3λ/4，其他相邻的端口之间的长度均为 λ/4。当由端口①输入信号，其余各端口均接匹配负载时，根据相位关系，端口②和端口④等幅同相输出，而端口③无输出。显然，环形电桥的频带比较窄，这是由于当频率偏离中心频率后，各分支之间的电长度发生变换，其性能也随之改变。

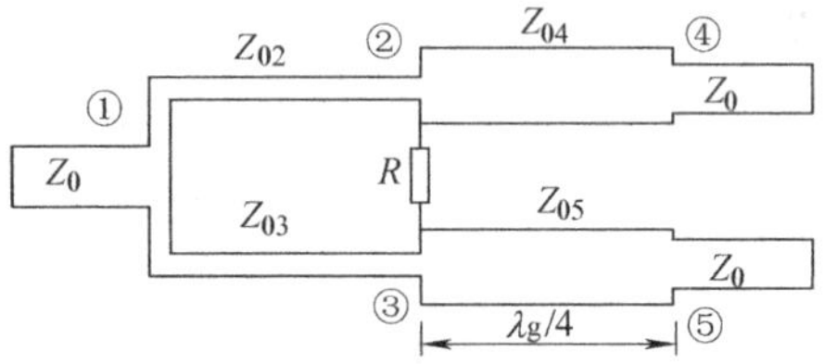

图 4-40 实际的两路功分器

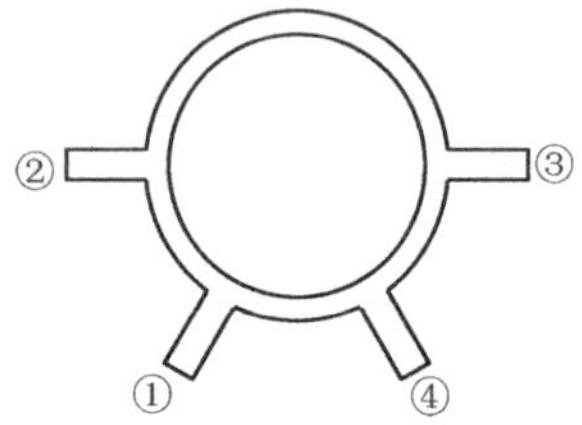

图 4-41 环形电桥示意图

4.5.3 波导分支器

波导分支器也是一种功率分配器，它是将主波导电磁能量变成二路或更多支路的器件，常用的波导分支器有 E－T 分支、H－T 分支和波导双 T 与魔 T。

1. E－T 分支

如图 4-42a 所示，分支波导在主波导的宽壁上，分支平面与主波导中的 TE_{10}波的电场方向平行，故称为 E－T 分支。

图 4-42b 是场分布，当对 3 个端口①、②、③输入信号时，可分为如下 5 种情况：

1）端口①输入，端口②、③均有信号输出。

2）端口②输入，端口①、③均有信号输出。

3）端口③输入，端口①、②等幅反相输出。

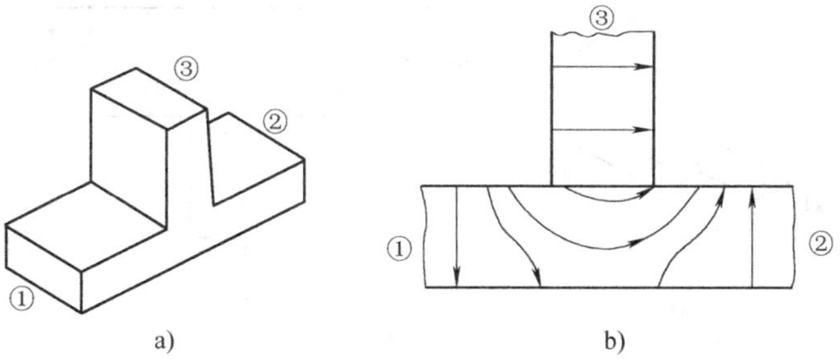

图 4-42 E-T 分支结构及场分布

4）端口①、②等幅同相输入，端口③无输出。

5）端口①、②等幅反相输入，端口③输出最大。

下面来计算 E-T 分支的散射矩阵，由上面定性分析可知，端口①与端口②是对称的，$S_{11}=S_{22}$；端口①、③与端口②、③之间满足 $S_{23}=-S_{13}$，又设端口③上网络本身匹配，则 $S_{33}=0$，又网络是互易网络，即 $S_{ij}=S_{ji}$（i，$j=1$，2，3），于是

$$\boldsymbol{S}=\begin{pmatrix} S_{11} & S_{12} & S_{13} \\ S_{12} & S_{11} & -S_{13} \\ S_{13} & -S_{13} & 0 \end{pmatrix} \tag{4-45}$$

由于网络是无耗的，应满足

$$\boldsymbol{S}^{+}\boldsymbol{S}=\boldsymbol{I} \tag{4-46}$$

求解得

$$S_{13}=-S_{23}=\frac{1}{\sqrt{2}};\quad S_{11}=S_{12}=\frac{1}{2}$$

散射矩阵为

$$\boldsymbol{S}=\begin{pmatrix} \frac{1}{2} & \frac{1}{2} & \frac{1}{\sqrt{2}} \\ \frac{1}{2} & \frac{1}{2} & -\frac{1}{\sqrt{2}} \\ \frac{1}{\sqrt{2}} & -\frac{1}{\sqrt{2}} & 0 \end{pmatrix} \tag{4-47}$$

2. H-T 分支

如图 4-43a 所示，分支波导在主波导的窄壁上，分支平面与主波导中的 TE_{10} 波的磁场方向平行，故称为 H-T 分支。

当输入信号时，图 4-43b 是场分布，其特性如下：

1）端口①输入，端口②、③均有信号输出。

2）端口②输入，端口①、③均有信号输出。

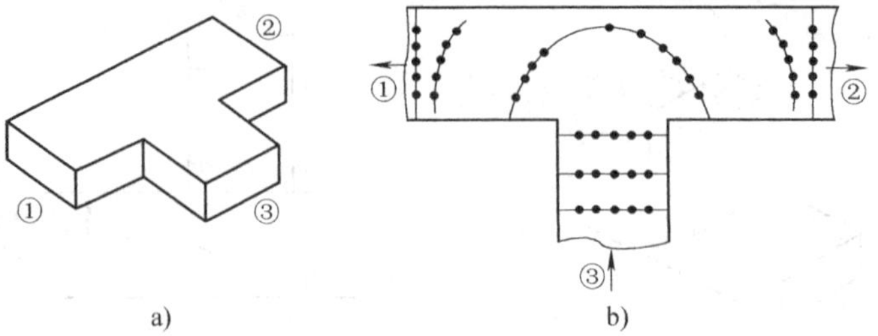

图4-43　H－T分支结构及场分布

3）端口③输入，端口①、②等幅同相输出。

4）端口①、②等幅同相输入，端口③输出最大。

5）端口①、②等幅反相输入，端口③无输出。

用类似E－T分支的方法可以求得H－T分支的散射矩阵

$$S=\begin{pmatrix}\frac{1}{2} & -\frac{1}{2} & \frac{1}{\sqrt{2}}\\ -\frac{1}{2} & \frac{1}{2} & \frac{1}{\sqrt{2}}\\ \frac{1}{\sqrt{2}} & \frac{1}{\sqrt{2}} & 0\end{pmatrix} \tag{4-48}$$

E－T分支和H－T分支的散射矩阵表明：当信号从端口①输入时，将有1/4的功率被反射回来，1/4的功率传送到端口②，1/2的功率传送到端口③；当信号从端口③输入时，无反射波，端口①和端口②各得一半的功率，称之为三分贝功分器。

3. 波导双T与魔T

将波导E－T分支和H－T分支组合在一起，即构成双T分支，如图4-44所示，端口③为臂E，端口④为臂H，端口①、②称为平分臂，端口③、④称为隔离臂，根据E－T和H－T分支的特性，可得出双T分支如下特性：

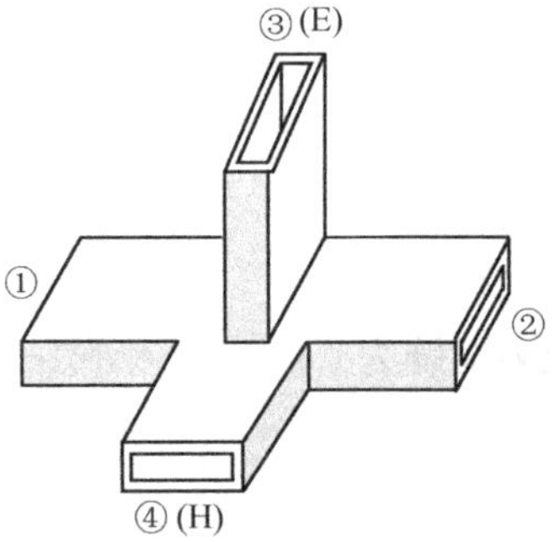

图4-44　波导双T结构

1）当信号由端口③输入，则端口①、②等幅反相输出，端口④输出为0。

2）当信号由端口④输入，则端口①、②等幅同相输出，端口③输出为0。

3）若端口③、④均接匹配负载，当信号由端口①、②等幅同相输入，端口③无输出，端口④有输出。

4）当信号由端口①、②等幅反相输入，端口③有输出，端口④无输出。

双T分支的散射矩阵为

$$S=\begin{pmatrix}S_{11} & S_{12} & S_{13} & S_{14}\\ S_{14} & S_{11} & -S_{13} & S_{14}\\ S_{13} & -S_{13} & S_{33} & 0\\ S_{14} & S_{14} & 0 & S_{44}\end{pmatrix} \tag{4-49}$$

当双T接头处加入匹配元件（如螺钉、膜片或锥体等），会消除各路反射，则构成匹配双T分支，又称为魔T，它有下列重要特性：

1）匹配特性：在理想情况下，4 个端口均完全匹配，只要端口①和②调至匹配，则端口③、④一定匹配，即 $S_{11}=S_{22}=S_{33}=S_{44}=0$。

2）隔离特性：当端口③和④具有隔离特性时，则端口①和②也同样具有隔离特性。

3）平分特性：当信号由端口①输入时，则同相等分给端口③和④，即 $S_{31}=S_{41}$；当信号由端口②输入时，则反相等分给端口③和④，即 $S_{32}=-S_{42}$；当信号由端口③输入，则反相等分给端口①和②，即 $S_{13}=-S_{23}$；当信号由端口④输入，则同相等分给端口①、②，即 $S_{14}=S_{24}$。故魔 T 的散射矩阵为

$$\boldsymbol{S}=\frac{1}{\sqrt{2}}\begin{pmatrix}0&0&1&1\\0&0&-1&1\\1&-1&0&0\\1&1&0&0\end{pmatrix}\tag{4-50}$$

4.6　微波谐振器

微波谐振器是具有储能与选频特性的微波元件，广泛应用于微波信号源、微波滤波器、波长计及磁控管中。微波谐振器类似于低频集总参数的 *LC* 谐振回路。但随着频率的升高，辐射损耗、导体损耗及介质损耗急剧增加，品质因数将大大减小，谐振回路的选频特性变差，故集总参数的 *LC* 回路不能用在微波波段做储能和选频元件，为了克服这一不足，在微波波段，必须采用封闭式的微波谐振器（也称谐振腔）作为储能和选频元件。如图 4-45 所示，微波谐振器可以定性看成是由集总参数 *LC* 谐振回路演变而来的。

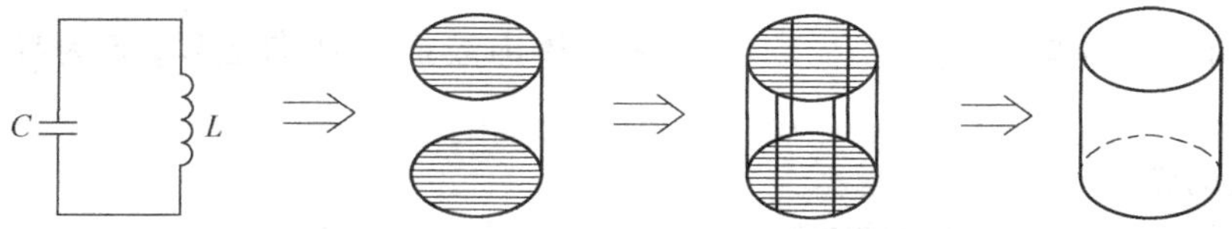

图 4-45　*LC* 回路过渡到微波谐振器

4.6.1　微波谐振器的基本参量

微波波段中，集总参数 L、C、R 已失去其具体的意义，通常将微波谐振频率(f_0)、品质因数(Q_0)和等效电导(G_0)作为微波谐振器的 3 个基本参量。

1. 谐振频率

谐振频率(f_0)是指谐振器中某一模式发生谐振时的频率，它是描述谐振器中电磁能量振荡规律的参量。在谐振时，腔内的电场能量和磁场能量彼此互相转化。对于金属空腔谐振器，可以看作一段波导两端短路，因此腔内的波沿横向及纵向均呈驻波分布，则腔体长度 l 和波导波长 λ_g 应满足

$$l=n\frac{\lambda_g}{2}\quad(n=1,2,\cdots)\tag{4-51}$$

则

$$\beta = 2\pi/\lambda_g = \frac{n\pi}{l} \tag{4-52}$$

由波导理论得

$$\omega^2\mu\varepsilon = \left(\frac{2\pi}{\lambda_g}\right)^2 + \left(\frac{2\pi}{\lambda_c}\right)^2 \tag{4-53}$$

谐振频率为

$$f_0 = \frac{v}{2\pi}\left[\left(\frac{n\pi}{l}\right)^2 + \left(\frac{2\pi}{\lambda_c}\right)^2\right]^{1/2} \tag{4-54}$$

式中，v 为介质中的波速；λ_c 为相应模式的截止波长。

2. 品质因数

品质因数(Q_0)是微波谐振器的重要参量，它是描述谐振器的选择性优劣和能量损耗大小的物理量，其定义为

$$Q_0 = 2\pi\frac{W}{TP_L} = \omega_0\frac{W}{P_L} \tag{4-55}$$

式中，W 为谐振器中的储能；P_L 为谐振器中的损耗的功率。

根据电磁理论，品质因数的计算公式为

$$Q_0 = \frac{2}{\delta}\frac{\int_V |H|^2 dV}{\oint_S |H_t|^2 dS} \tag{4-56}$$

式中，S 为谐振器导体内壁的表面积；H_t 为导体内表面的切向磁场；δ 为导体内壁趋肤深度。

3. 等效电导

等效电导(G_0)是描述谐振器功率损耗特性的参量，其定义为

$$G_0 = \frac{2P_L}{|U|^2} \tag{4-57}$$

式中，U 为广义传输线的模式电压。模式电压不是唯一的，因此 G_0 也不是单值。

若谐振器上某等效参考面的界面上取两点 a、b，则等效电导也可表示为

$$G_0 = R_S\frac{\oint_S |H_t|^2 dS}{\left(\int_a^b E dl\right)^2} \tag{4-58}$$

式中，R_S 是导体表面电阻，显然 G_0 的大小与所选择的点 a 和 b 有关。

4.6.2 矩形谐振器

矩形谐振器是由两端短路的矩形波导组成的，如图 4-46a 所示，其长度为 l，宽边尺寸

为 a，窄边尺寸为 b。

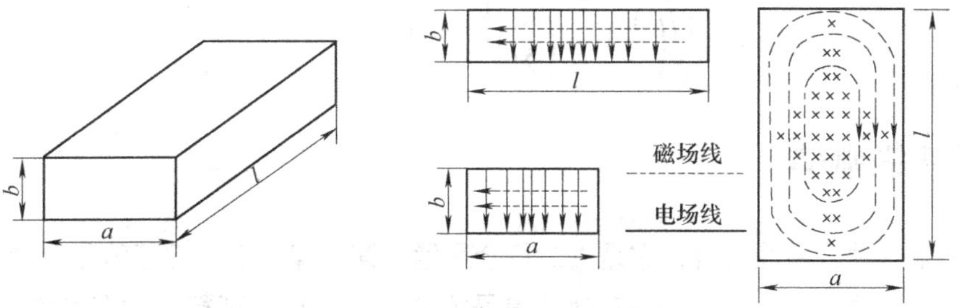

a）矩形谐振器　　b）场分布

图4-46　矩形谐振器及场分布

矩形谐振器中有TE振荡模和TM振荡模，其中最低振荡模式为 TE_{101}，其场分布如图4-46b所示。对于 TE_{101} 模的谐振频率

$$f_0 = \frac{c\sqrt{a^2+l^2}}{2al} \tag{4-59}$$

式中，c 为自由空间的光速，对应的谐振波长为

$$\lambda_0 = \frac{2al}{\sqrt{a^2+l^2}} \tag{4-60}$$

4.6.3　圆柱形谐振器

圆柱形谐振器是由一段两端短路的圆波导构成的。如图4-47所示，圆柱腔半径为 a，长度为 l。圆柱形谐振器中同样有TE振荡模和TM振荡模，分别以 TE_{mnp} 和 TM_{mnp} 表示，其中下标m、n和p分别表示场分量沿圆周方向分布的驻波数、场分量沿半径方向分布的驻波数和场分量沿腔长度方向分布的驻波数。其中 TM_{010} 模、TE_{111} 模和 TE_{011} 模是3种最常用的谐振模式。

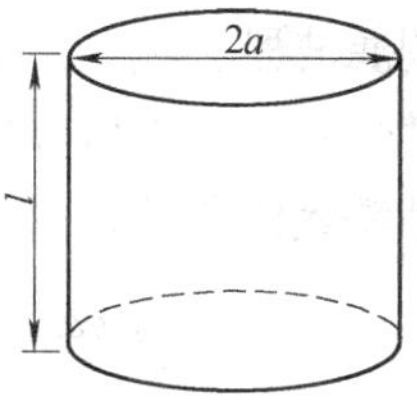

图4-47　圆柱形谐振器

1. TM_{010} 振荡模

TM_{010} 模的谐振波长

$$\lambda_0 = 2.62a \tag{4-61}$$

可见，TM_{010} 模的谐振波长与腔的长度 l 无关，这样无法通过改变腔长度来实现谐振频率的调谐。通常采用的方法是在空腔端面中央，放入一个可调的圆柱导体实现调谐。

2. TM_{011} 振荡模

谐振波长

$$\lambda_0 = \frac{1}{\sqrt{\left(\frac{1}{\lambda_c}\right)^2+\left(\frac{1}{2l}\right)^2}} = \frac{1}{\sqrt{\left(\frac{1}{1.64a}\right)^2+\left(\frac{1}{2l}\right)^2}} \tag{4-62}$$

式中，λ_c 表示该模的截止波长。

3. TM_{111} 振荡模

谐振波长

$$\lambda_0=\frac{1}{\sqrt{\left(\frac{1}{\lambda_c}\right)^2+\left(\frac{1}{2l}\right)^1}}=\frac{1}{\sqrt{\left(\frac{1}{3.41a}\right)^2+\left(\frac{1}{2l}\right)^2}} \tag{4-63}$$

4.7 微波铁氧体

铁氧体是一种铁磁性材料，它是由二价金属锰、镁、镍、铜、锌等的化合物与 Fe_2O_3 烧结而成的。这种器件在微波电路中对微波信号或能量起隔离、环行、方向变换、相位控制、幅度调制或频率调谐等作用，广泛用于雷达、通信、无线电导航、电子对抗、遥控、遥测等微波系统以及微波测量仪器中。隔离器和环行器是1951年由C. L. 霍根发明的。随后许多新型线性器件，如相移器、开关、调制器等相继出现。1957年H. 苏耳发明了微波铁氧体参量放大器，发展了非线性器件。20世纪60年代初，磁调滤波器、磁调振荡器等研制成功，在电子对抗技术和微波测量仪器中得到应用，随着后来各种微波铁氧体器件继续发展，已成为一类重要的微波器件。

4.7.1 铁氧体原理与分类

微波铁氧体器件是利用铁氧体的旋磁效应制成的。它是一种非线性各向异性的磁性物质，它的磁导率随外加磁场而变化，具有非线性；当加恒定磁场时，各方向上对微波磁场的磁导率也是不同的，即具有各向异性。由于这些特性，当电磁波从不同的方向通过铁氧体时，会呈现一种非互易性。由此制作成各种非互易的铁氧体元件。

微波铁氧体器件种类很多。按功能分有：隔离器、环行器、开关、相移器、调制器、磁调滤波器、磁调振荡器、磁表面波延迟线等；按结构形式分有：波导式、同轴式、带线式及微带式；按工作方式分有：法拉第旋转式、共振式、场移式、结式等；按所用材料分有：多晶铁氧体器件，单晶铁氧体器件，薄膜铁氧体器件。

4.7.2 隔离器

隔离器又称单向器，它是一种单向传输电磁波的器件，一种非互易的双端口微波铁氧体器件。当电磁波沿正向传输时，可将功率全部馈给负载，对来自负载的反射波则产生较大衰减，这种单向传输特性可以用于隔离负载变动对信号源的影响。对隔离器件性能的主要要求是：正向衰减小（一般不超过0.5~1dB），反向隔离大（一般大于20~30dB），电压驻波比小（一般不大于1.10~1.25），有一定的频带宽度，此外还应规定承受功率和工作温度等。场移式隔离器和法拉第旋转式隔离器是微波系统中常用的两种隔离器件。

场移式隔离器：当矩形波导中填充横向磁化的铁氧体时，则波导中电磁场的分布将与磁化方向及传播方向有关。这就是场移效应。利用这种效应可以制成场移隔离器，主要用在厘米波段。但所能承受的功率低，多用于低驻波、高隔离的精密微波测试系统中。

法拉第旋转式隔离器：利用电磁波在纵向磁化的铁氧体棒中传播时，极化面产生旋转（即法拉第旋转效应）制成的隔离器。这种隔离器结构比较复杂，承受功率低，工作频带窄，多用于毫米波段。

微波铁氧体器件的应用日渐增多，但还有待进一步提高性能、降低价格、减小尺寸和便于集成，更好地在电子对抗、相控阵雷达和通信卫星等系统的基础器件应用中发挥作用。

4.8 滤波器

滤波器是微波系统中的重要元件之一。它具有选择频率的特性，即可以让某些频率顺利通过，而对其他频率则加以阻拦。目前由于在雷达、微波、通信等部门，多频率工作越来越普遍，对分隔频率的要求也相应提高，所以需用大量的滤波器。再则，微波固体器件的应用对滤波器的发展也有推动作用，例如，参数放大器、微波固体倍频器、微波固体混频器等一类器件都是多频率工作的，都需用相应的滤波器。随着集成电路的迅速发展，电子设备日趋小型化。原来为处理模拟信号所不可缺少的 *LC* 型滤波器，在低频部分，将逐渐被有源滤波器和陶瓷滤波器所替代。在高频部分也出现了许多新型的滤波器，例如：螺旋振子滤波器、微带滤波器、交指型滤波器等。

4.8.1 微波滤波器的主要技术指标

滤波器的主要指标有：①截止频率f_c或频率范围f_1 ~f_2；②通带内允许最大的衰减L_{Ar}(dB)；③阻带内最小衰减L_{As}(dB)及相应的阻带频率f_s。这些指标参数决定了滤波器的性能和种类（高通、低通、带通或带阻等）。当f_s固定时，L_{As}越大表示阻带的插入衰减频率特性曲线越陡，性能越好。

4.8.2 滤波器的衰减特性

微波滤波器特性示意图如图4-48所示。假设滤波器是无耗二端口网络，则网络的插入衰减L_A的定义为

$$L_A = 10\lg\frac{P_{in}}{P_L} = 10\lg\frac{1}{|S_{21}|^2} \tag{4-64}$$

式中，P_{in}和P_L分别为输出端接匹配负载时的滤波器输入功率和负载吸收功率。

式（4-63）仅表示某个频率的衰减，为了描述衰减与频率的相关性，工程上常用数学多项式来逼近滤波器特性，如最平坦型用巴特沃士（Butterworth），等波纹型用切比雪夫（Tchebshev），陡峭型用椭圆函数型（Elliptic），等延时用高斯多项式（Gaussian）。这里仅给出切比雪夫型滤波器衰减特性，如图4-49所示。

图4-48 微波滤波器特性示意图

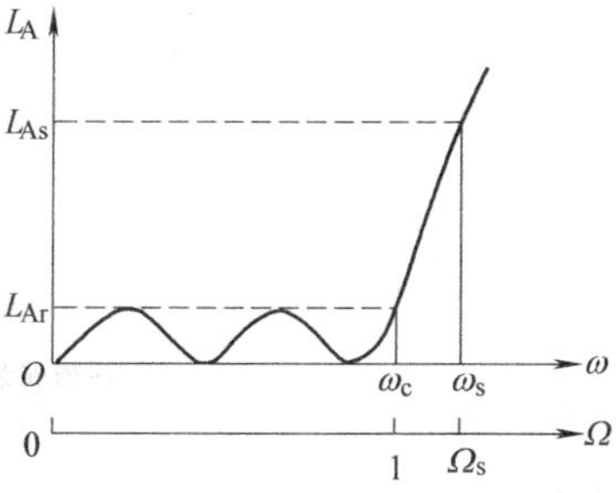

图4-49 切比雪夫型滤波器衰减特性

4.8.3 滤波器的4种低通原型

滤波器低通原型为电感电容网络，对于巴特沃士、切比雪夫、椭圆函数、高斯多项式的电路结构如图4-50和图4-51所示。其中元件的数目和元件值通常查表获得，而不用繁杂的公式计算。

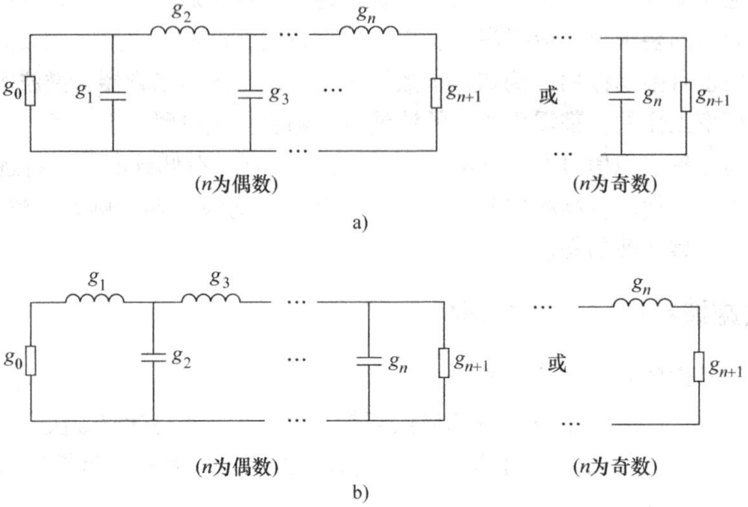

图4-50 巴特沃夫、切比雪夫、高斯多项式的电路结构

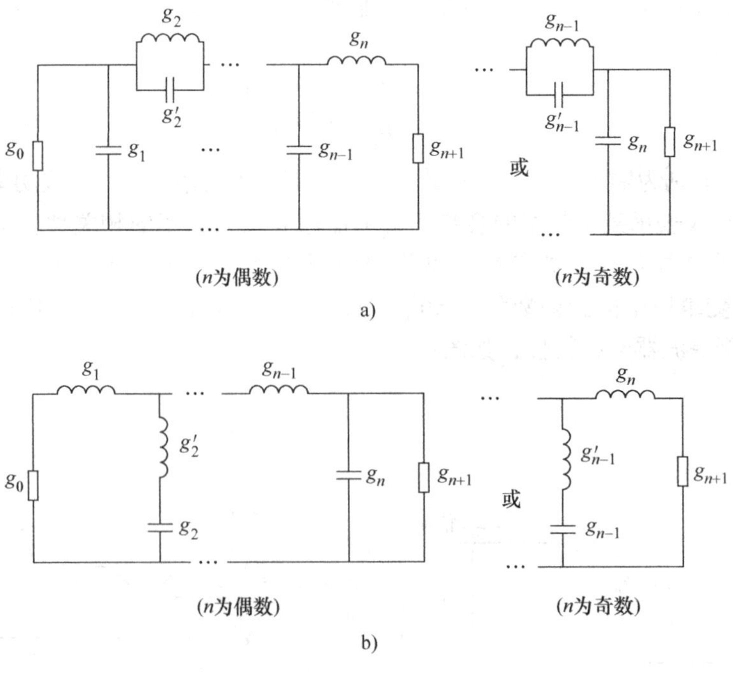

图4-51 椭圆函数低通原型电路结构

本节仅给出两种情况（$L_{Ar}=0.01dB$ 和 $L_{Ar}=0.1dB$）的切比雪夫元件值，见表4-1。

表4-1 切比雪夫元件值（$g_0=1$，$w_c=1$）

$L_{Ar}=0.01dB$							
n	g_1	g_2	g_3	g_4	g_4	g_5	g_6
1	0.0960	1.0					
2	0.4489	0.4078	1.1008				
3	0.6292	0.9703	0.6292	1.0			
4	0.7129	1.2004	1.3213	0.6476	1.1008		
5	0.7563	1.3049	1.5773	1.3049	0.7563	1.0	
6	0.7814	1.3600	1.6897	1.5350	1.4970	0.7098	1.1008
$L_{Ar}=0.1dB$							
n	g_1	g_2	g_3	g_4	g_4	g_5	g_6
1	0.3052	1.0					
2	0.8431	0.6220	1.3554				
3	1.0316	1.1474	1.0316	1.0			
4	1.1088	1.3062	1.7704	0.8181	1.3554		
5	1.1468	1.3712	1.9750	1.3712	1.1468	1.0	
6	1.1681	1.4040	2.0562	1.5171	1.9029	0.8618	1.3554

4.8.4 滤波器的4种频率变换

通过对低通原型滤波器进行频率变换，可得到低通、高通、带通和带阻4种实际的滤波器。定义其阻抗因子为

$$\gamma_0=\begin{cases}Z_0/g_0 & Z_0\text{ 为电阻}\\ g_0/Y_0 & g_0\text{ 为电导}\end{cases}\tag{4-65}$$

滤波器的4种频率变换如图4-52～图4-55所示。

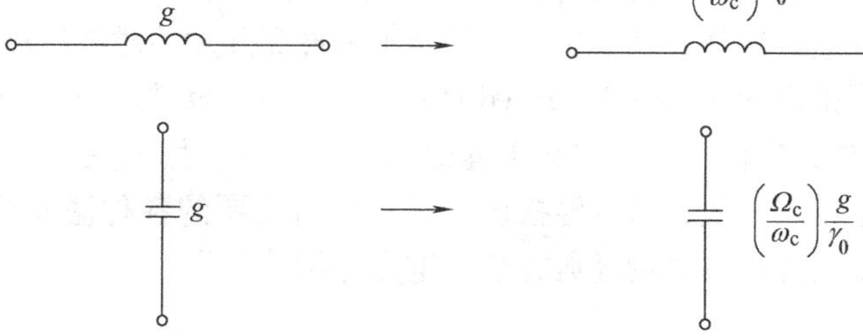

图4-52 低通原型向低通滤波器的变换

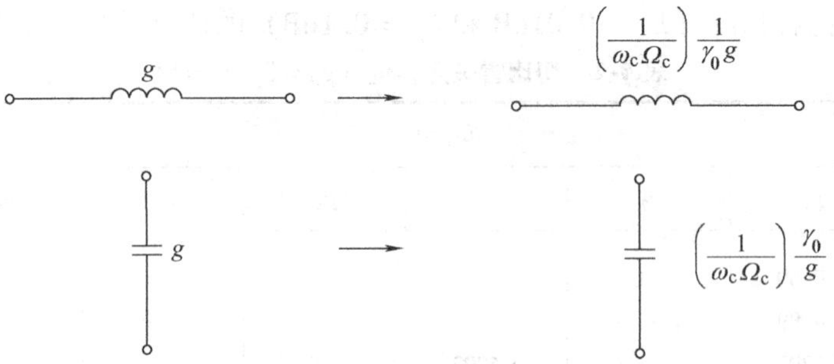

图4-53　低通原型向高通滤波器的变换

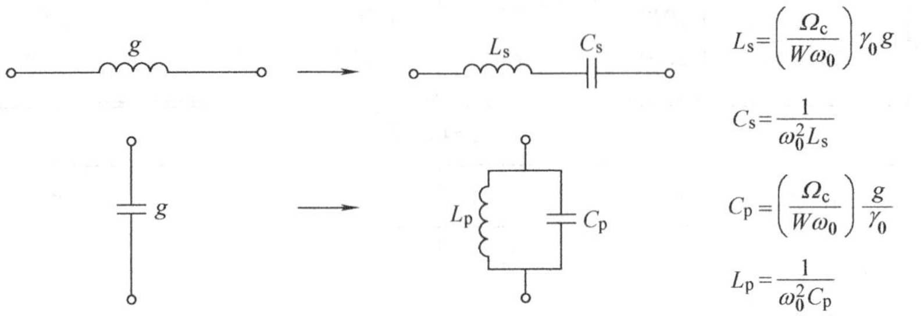

图4-54　低通原型向带通滤波器的变换

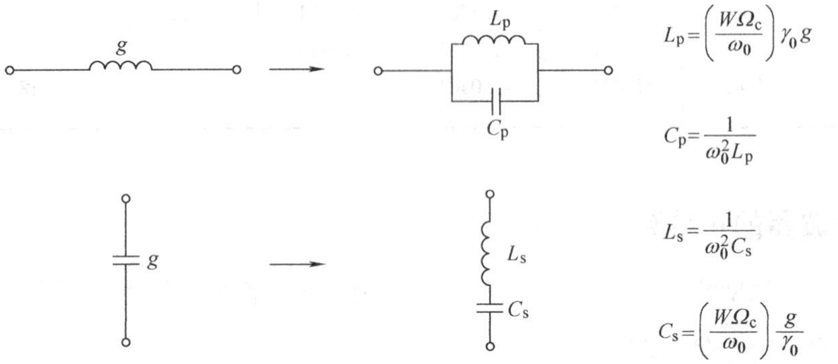

图4-55　低通原型向带阻滤波器的变换

4.8.5　微波滤波器设计

常用的微波滤波器的设计方法有两种：一是经典方法，也就是低通原型综合法，先由衰减特性综合出低通原型，再进行频率变换，最后用微波结构实现电路元件。这种方法已在相关微波技术和微波电路的教材中都有详细介绍。若经典方法与MATLAB结合，微波滤波器的设计会变得更为方便。二是软件方法，它是基于软件商开发的微波仿真软件，常用的有安捷伦（Agilent）公司推出的ADS（Advanced Design System）软件、Ansoft公司的HFSS软件、Microsoft Office等软件，它们是当今射频工程师的必备工具。用相关软件设计微波器件，避开了经典方法的数学计算过程，可以轻松设计优化出所需要的各种滤波器及其他微波器件，因此本节仅介绍一个低通滤波器的经典方法，重点介绍软件设计方法。

1. 低通滤波器

设计一个三阶切比雪夫低通滤波器，截止频率 $f_1=1\text{GHz}$，通带波纹为0.1dB，阻抗$Z_0=50\Omega$。

第一步：查表4-1可知，三节低通原型元件值分别为 $g_0=g_4=1$，$g_1=g_3=1.0316$，$g_2=1.1474$。

第二步：低通变换

$$L_1=L_3=\frac{g_1Z_0}{2\pi f_1}=8.2098\times10^{-9}\mathrm{H}$$

$$G_2=\frac{g_2}{2\pi f_1Z_0}=3.652\times10^{-12}\mathrm{F}$$

第三步：微带实现

采用微带高低阻抗线法设计实际的滤波器，即高阻抗线近似于电感，低阻抗线近似于电容。微带基板参数：相对介电常数 $\varepsilon_r=10.8$，厚度 $h=1.27\mathrm{mm}$，波导波长对应截止频率为1.0GHz，取高、低阻抗线的特性阻抗分别为 $Z_{0L}=93\Omega$，$Z_{0C}=24\Omega$，用软件可得微带线的其他参数：$Z_{0C}=24\Omega$ 对应的微带线的宽度为 $W_C=4.0\mathrm{mm}$；$Z_{0L}=93\Omega$ 对应的微带线的宽度为 $W_L=0.2\mathrm{mm}$；$Z_0=50\Omega$ 对应的微带线的宽度为 $W_0=1.1\mathrm{mm}$；波导波长分别为 $\lambda_{gC}=105\mathrm{mm}$ 和 $\lambda_{gL}=118\mathrm{mm}$。高、低阻抗线的物理长度可以由如下公式得到：

$$\begin{cases}l_L=\dfrac{\lambda_{gL}}{2\pi}\arcsin\left(\dfrac{\omega_1L_1}{Z_{0L}}\right)=11.04\mathrm{mm}\\[2ex]l_C=\dfrac{\lambda_{gC}}{2\pi}\arcsin(\omega_1C_2Z_{0C})=9.75\mathrm{mm}\end{cases}\tag{4-66}$$

式(4-65)没有考虑低阻抗线的串联电抗和高阻抗线的并联电纳，当考虑这些因素的影响时，高、低阻抗线的物理长度可调整为

$$\begin{cases}\omega_CL_1=Z_{0L}\sin\left(\dfrac{2\pi l_L}{\lambda_{gL}}\right)+Z_{0C}\tan\left(\dfrac{\pi l_C}{\lambda_{gC}}\right)\\[2ex]\omega_CC_2=\dfrac{1}{Z_{0C}}\sin\left(\dfrac{2\pi l_C}{\lambda_{gC}}\right)+\dfrac{2}{Z_{0L}}\tan\left(\dfrac{\pi l_L}{\lambda_{gL}}\right)\end{cases}\tag{4-67}$$

其解为 $l_L=9.81\mathrm{mm}$，$l_C=7.11\mathrm{mm}$。获得的滤波器结构图及特性曲线如图4-56所示。

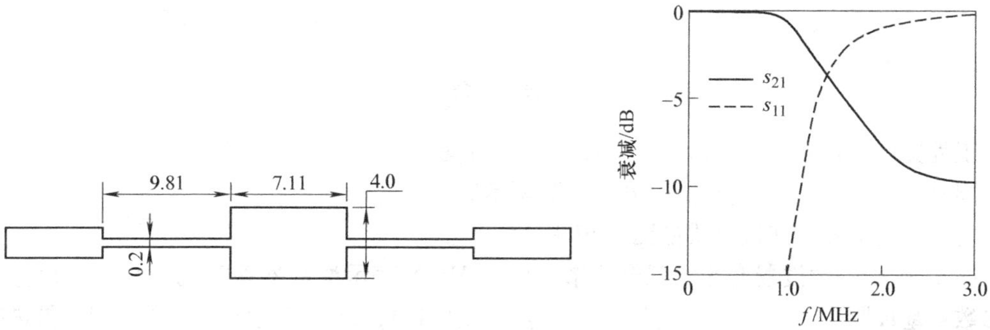

a)滤波器结构　b)特性曲线

图4-56　高低阻抗低通线滤波器

2. 软件设计滤波器

以平行耦合线带通滤波器的设计为例，简要介绍使用ADS软件设计微带带通滤波器的方法。设计指标：通带3.0～3.1GHz，带内衰减小于2dB，起伏小于1dB，2.8GHz以下及3.3GHz以上衰减大于30dB，端口反射系数小于－15dB。

首先，启动ADS进入界面如图4-57所示：

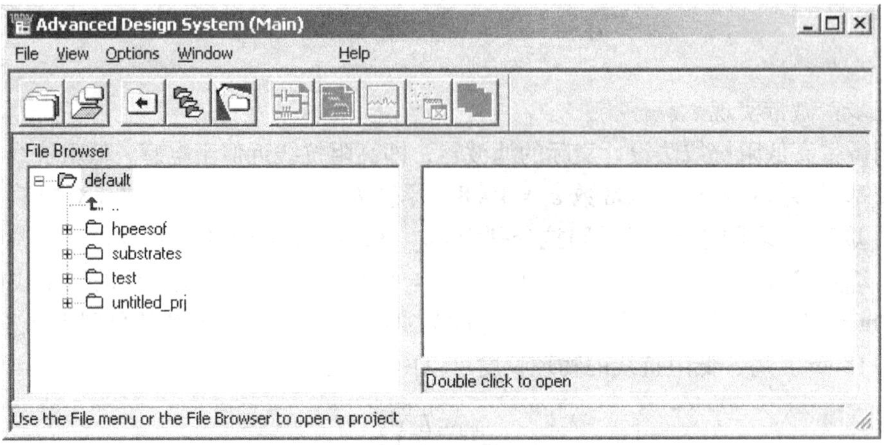

图4-57　ADS界面

单击File -> New Project设置工程文件名及存储路径，单击Length Unit设置长度单位为毫米（mm）。如图4-58所示。

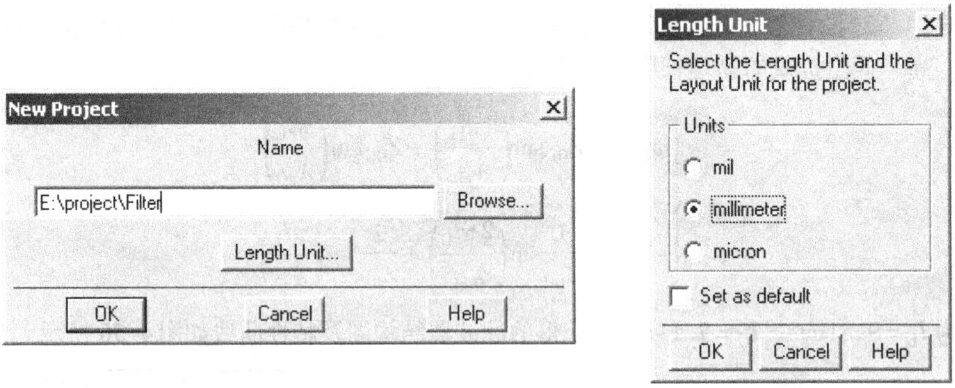

图　4-58

工程文件创建完毕后主窗口变为如图4-59所示。

同时原理图设计窗口打开，如图4-60所示。

将电路连接好，连接方式如图4-61所示。

图4-61中的滤波器有5个耦合线节，两个MLIN表示滤波器两端的引出线。设置微带线参数：基板厚度为0.8mm，基板相对介电常数为4.3，设置完后将原理图存储，再进行参数优化。一次优化完成后，观察S11(S22)和S21(S12)曲线是否满足指标要求，如果已经达到指标要求，就可以进行版图的仿真了，否则重新优化。图4-62是版图仿真的窗口。

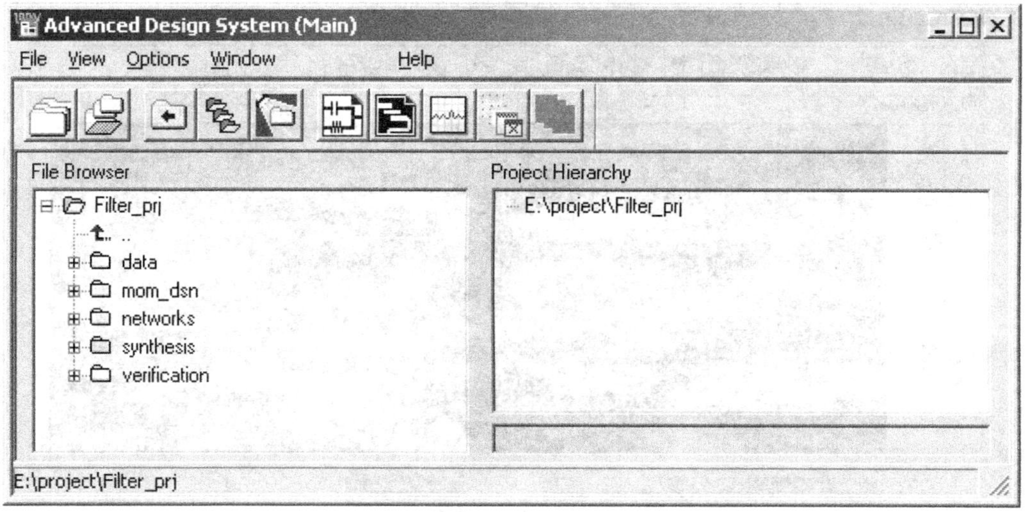

图 4-59

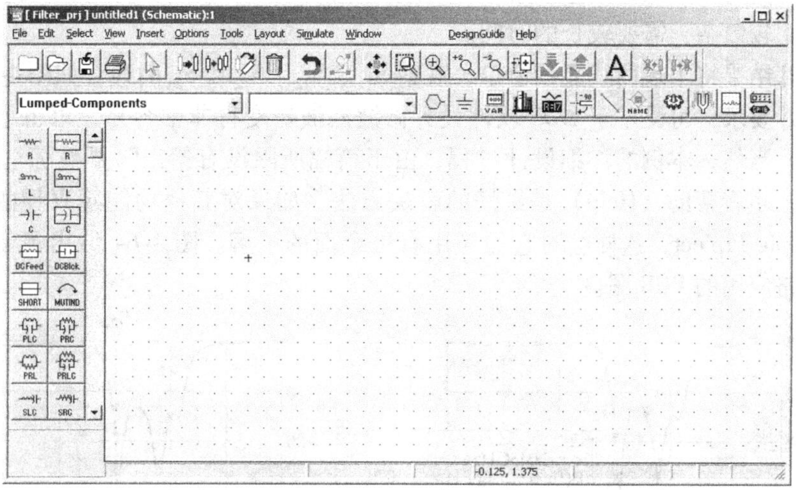

图 4-60

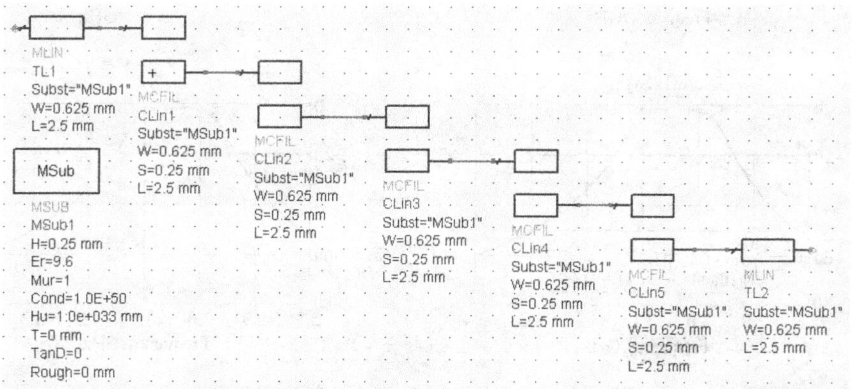

图 4-61

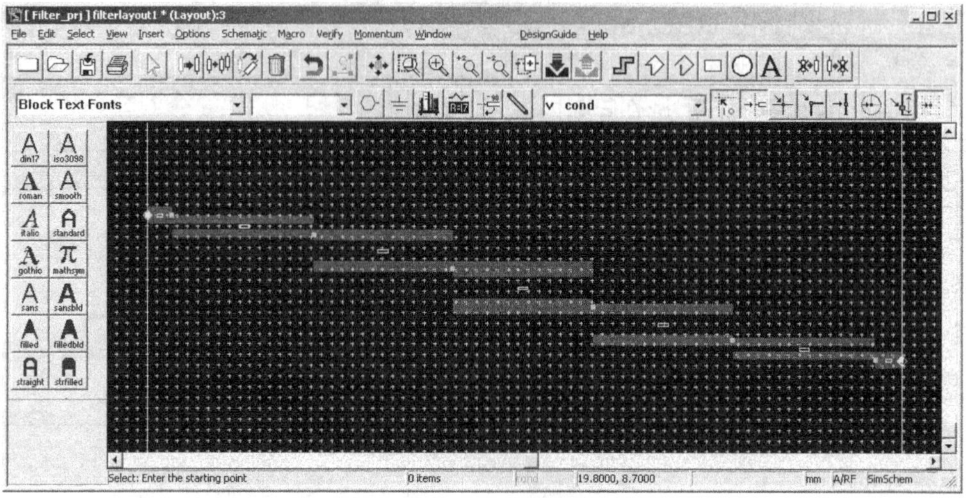

图4-62　版图仿真的窗口

版图的仿真是采用矩量法直接对电磁场进行计算，其结果比在原理图中仿真要准确，但是它的计算比较复杂，需要较长的时间。

仿真运算结果将出现曲线显示窗口，观察 S_{11}、S_{22}、S_{12}和 S_{21}曲线，如图4-63所示，其性能满足设计要求，可见基于ADS软件设计微波滤波器变得非常容易，再也不拘泥于设计计算的细节。当然，本例的详细设计过程，由于篇幅所限没有给出，要熟练掌握ADS的一些基本方法，多看帮助（Help）是最好的解决方法。如果对其他功能感兴趣的话，可以看看它的Example Prpject，这样会对它的应用有更全面的了解。图4-64给出了带通滤波器在实际微波电路应用的PCB图。

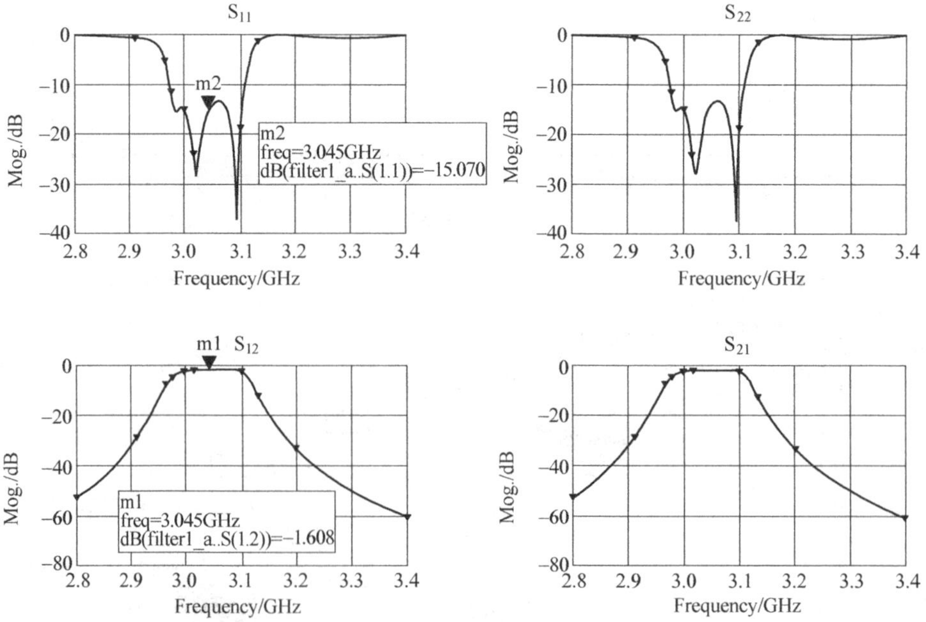

图4-63　平行耦合线带通滤波器特性曲线

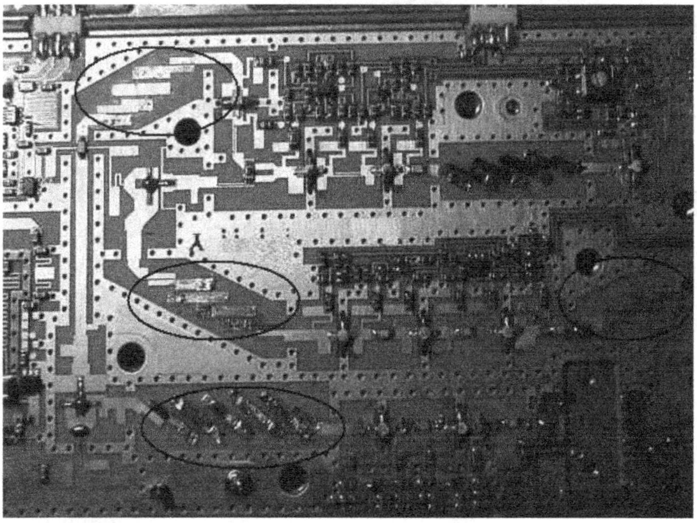

图4-64 某实际微带电路中的耦合带通滤波器PCB图

4.9 放大器

微波放大器是微波系统中必不可少的部件，紧接接收天线的是低噪声放大器，它影响整机的噪声系数和互调性。放大器可分为低噪声放大器、高增益放大器、中功率放大器和大功率放大器。

4.9.1 放大器的设计原理

1. 放大器的主要性能指标

1）频率范围：放大器的工作频率范围是选择器件和电路设计的前提。

2）增益：它是放大器的基本指标。按照增益可确定放大器的级数和器件类型。

3）噪声系数：它是输入信号的信噪比与输出信号的信噪比的比值，表示信号经过放大器后信号质量的变坏程度。

4）动态范围：放大器的线性工作范围。

图4-65表示微波放大器的二端口网络，P_a 为由信源给出的可用功率；P_{in} 为实际交付给网络的功率；P_{out} 为网络输出的可用功率；P_L 为实际交付给负载的功率。

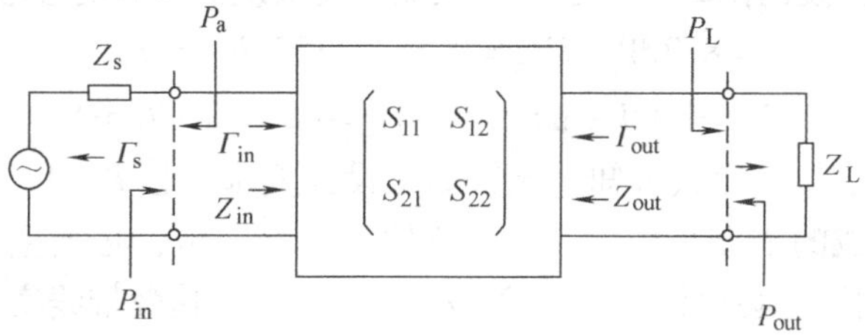

图4-65 放大器的二端口网络

2. 稳定性判据

放大器的稳定可分为无条件（绝对的）稳定或有条件稳定，对于图4-65所示的二端口网络，在给定的频率，如果输入和输出阻抗的实部是正的，即$|\Gamma_s|\leqslant 1$和$|\Gamma_L|\leqslant 1$（反射波的幅度减小），这种情况是无条件稳定的，此时无论源阻抗Z_s和负载阻抗Z_L为任何值，放大器都是稳定的。否则，如果源和负载阻抗只能在特定的范围内选择，超出该特定范围可能出现源和负载阻抗的实部为负，而$|\Gamma_s>1|$或$|\Gamma_L>1|$（反射波的幅度增大）的振荡状态，则放大器是有条件稳定的。

稳定条件为

$$\begin{cases} |\Gamma_{in}| = \left| S_{11} + \dfrac{S_{12}S_{21}\Gamma_L}{1-S_{22}\Gamma_L} \right| < 1 \\ |\Gamma_{out}| = \left| S_{22} + \dfrac{S_{12}S_{21}\Gamma_L}{1-S_{11}\Gamma_s} \right| < 1 \end{cases} \tag{4-68}$$

稳定性判据为

$$\begin{cases} K = \dfrac{1-|S_{11}|^2-|S_{22}|^2+|\Delta|^2}{2S_{12}S_{21}} > 1 \\ |\Delta| < 1 \end{cases}$$

式中，$\Delta = S_{11}S_{22} - S_{12}S_{21}$。

4.9.2 低噪声放大器的设计

设计窄带低噪声放大器的步骤如下：

1）选定一个GaAsFET，其噪声系数较设计值低，而功率增益较设计值高。

2）计算稳定系数K。

3）如果$K>1$，选择合适的输入与输出匹配网络，包括偏压电路，并完成设计。

4）如果$K<1$，在反射系数平面上画出不稳定区域，并选择匹配网络以避开不稳定区域。

5）用分析方法或ADS软件计算放大器的性能，并检查工作频带内放大器的稳定性。

6）实现放大器的电路元件。

如：设计一低噪声放大器，工作于12GHz，带宽$\Delta f=5\%$，增益不小于8dB，噪声系数不小于2.5dB，输出驻波比$\rho\leqslant 1.2$，已有的低噪声场效应晶体管的参数为：

$$G_a = 8.7\text{dB} \quad \Gamma_{out} = 0.55\angle 118°, R_n = 13.1\Omega$$

$$Z_s^* = 19.1 + \text{j}26.8\Omega, Z_L^* = 63.9 + \text{j}107.6\Omega$$

分析：由给定的晶体管参数可知，该管满足设计要求，且$K>1$，因此，其最简单的电路网络由两个元件构成的Γ形匹配电路，对于输入匹配网络，必须把50Ω的源阻抗变换至Z_s^*。对于输出匹配网络，必须把50Ω的负载变换至Z_L^*。其微带线实现的一种，如图4-66所示。

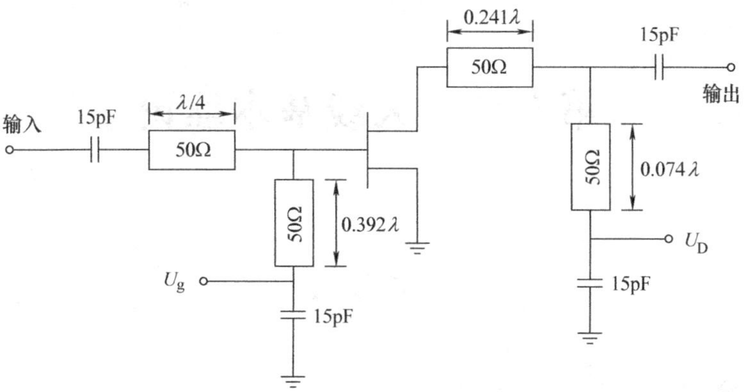

图4-66 低噪声放大器电路

习 题 4

4.1 已知渐变线的阻抗变化规律为

$$\overline{Z}(z)=\frac{Z(z)}{Z_0}=\exp\left[\frac{z}{l}\ln\overline{Z}_L\right]$$

式中，l为传输线长度，$\overline{Z}_L$为归一化负载阻抗，试求输入端电压反射系数的频率特性。

4.2 试写出魔T的散射矩阵并简要分析其特性。

4.3 有两个矩形谐振腔，工作模式均为TE_{101}，谐振波长$\lambda_0=5cm$和$\lambda_0=9cm$，试问哪一个空腔尺寸大？为什么？

4.4 矩形谐振腔，$a=22.6mm$，$b=10.26mm$，要求工作在TE_{101}模，$f_0=9380MHz$，求所需要的腔长l。

4.5 圆柱体谐振腔谐振频率为12GHz，采用TM_{010}谐振模，求谐振腔的直径。

4.6 简述E-T和H-T分支的主要区别。

4.7 什么是铁氧体？其一般特性是什么？

4.8 微波滤波器有哪些主要技术指标？

4.9 与低频集总参数滤波器相比较，试说明微波滤波器有哪些特点？

第5章　天线基本理论

5.1　引言

5.1.1　天线概述

天线的基本功能是定向辐射或接收无线电波，无线电发射机输出的射频信号功率，通过馈线（电缆）输送到天线，由天线以电磁波形式辐射出去。电磁波到达接收端，由天线接收下来（仅仅接收很小很小一部分功率），并通过馈线送到无线电接收机。可见，天线是发射和接收电磁波的一个重要的无线电设备，没有天线也就没有无线电通信。

天线应有以下功能：

1）天线是能量转换器，能将导波能量尽可能多地转变为电磁波能量。

2）天线是方向性器件，具有方向性。

3）天线应能发射或接收规定极化的电磁波，即天线有适当的极化。

4）天线是开放系统。

5）天线必须具有一定的频带宽度。

5.1.2　天线的分类

天线品种繁多，以供不同频率、不同用途、不同场合、不同要求等情况下使用。按用途分类，可分为通信天线、电视天线、雷达天线等；按工作频段分类，可分为短波天线、超短波天线、微波天线等；按方向性分类，可分为全向天线、定向天线等；按外形分类，可分为线状天线、面状天线等。移动通信天线技术发展很快，最初我国主要使用普通的定向和全向型移动天线，后来普遍使用机械天线，现在移动网已经开始使用电调天线和双极化天线。

1. 全向天线

全向天线，即在水平方向图上表现为360°都均匀辐射，也就是平常所说的无方向性，在垂直方向图上表现为有一定宽度的波束，一般情况下波瓣宽度越小，增益越大。

2. 定向天线

定向天线，在水平方向图上表现为一定角度范围辐射，有方向性，在垂直方向图上表现为有一定宽度的波束，同全向天线一样，波瓣宽度越小，增益越大。

3. 机械天线

所谓机械天线，即指使用机械调整下倾角度的移动天线。机械天线与地面垂直安装好以后，需要调整天线背面支架的位置改变天线的倾角来实现网络优化的要求。

4. 电调天线

所谓电调天线，是指使用电子调整下倾角度的移动天线。

5. 双极化天线

双极化天线是一种新型天线技术，组合了 +45°和 -45°两副极化方向相互正交的天线并同时工作在收发双工模式下，因此能够节省单个定向天线的数量；一般移动通信网的定向基站（三扇区）要使用 9 根天线，每个扇形使用 3 根天线（空间分集，一发两收），如果使用双极化天线，每个扇形只需要 1 根天线；同时由于在双极化天线中，±45°的极化正交性可以保证 +45°和 -45°两副天线之间的隔离度满足互调对天线间隔离度的要求（≥30dB），因此双极化天线之间的空间间隔仅需 20 ~ 30cm；另外，双极化天线具有电调天线的优点，在移动通信网中使用双极化天线同电调天线一样，可以减小干扰，提高全网的服务质量。

本章尽可能地避开繁杂的数学推导和计算，主要介绍天线的基本概念、基本理论及与现代通信紧密相关的新技术及其应用。

5.2 电基本振子

电基本振子又称电流元，它是指一段理想的高频电流直导线，其长度 l 远小于波长 λ，导线直径 d 也远小于 λ，同时振子沿线的电流 I 处处等幅同相，即电流分布为 $Ie^{j\omega t}$，由于所讨论的均为简谐电磁场，因而可以省略时间因子 $e^{j\omega t}$。由电流元可以构成更复杂的天线，因此分析电基本振子的辐射特性是研究其他复杂天线的基础。

如图 5-1 所示的坐标系，电基本振子在坐标原点且沿 z 轴放置，在自由空间中产生的场为

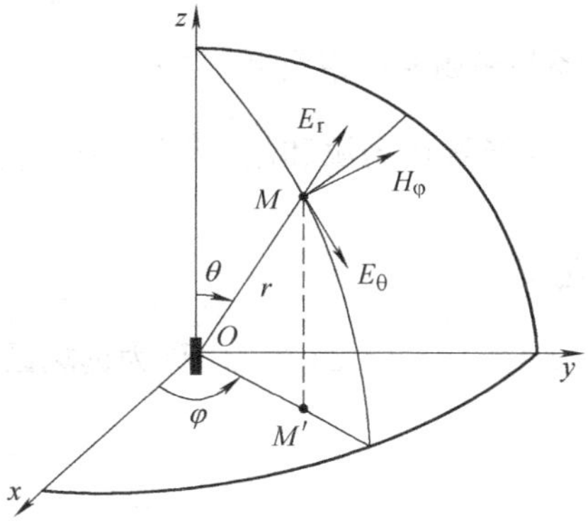

图 5-1　电基本振子场及坐标系

$$\begin{cases} E_r = \dfrac{Il}{4\pi}\dfrac{2}{\omega\varepsilon_0}\cos\theta\left(\dfrac{-j}{r^3}+\dfrac{k}{r^2}\right)e^{-jkr} \\ E_\theta = \dfrac{Il}{4\pi}\dfrac{1}{\omega\varepsilon_0}\sin\theta\left(\dfrac{-j}{r^3}+\dfrac{k}{r^2}+\dfrac{jk^2}{r}\right)e^{-jkr} \\ E_\varphi = 0 \end{cases} \tag{5-1a}$$

$$\begin{cases} H_\varphi = \dfrac{Il}{4\pi}\sin\theta\left(\dfrac{1}{r^2}+\dfrac{jk}{r}\right)e^{-jkr} \\ H_r = 0 \\ H_\theta = 0 \end{cases} \tag{5-1b}$$

式中，k 是空气中电磁波的波数，$k=\omega\sqrt{\mu_0\varepsilon_0}$。

1. 近区场

靠近振子的区域，即 $kr<<1$ 或 $r<<\lambda/2\pi$ 的区域，称为近场区。对于式（5-1）简化，

忽略$\frac{1}{r}$项，保留$\frac{1}{r^2}$项和$\frac{1}{r^3}$项，且$e^{-jkr}\approx 1$，则近场为

$$\begin{cases}E_r=-j\dfrac{Il}{4\pi r^3}\dfrac{2}{\omega\varepsilon_0}\cos\theta\\E_\theta=-j\dfrac{Il}{4\pi r^3}\dfrac{1}{\omega\varepsilon_0}\sin\theta\\H_\varphi=\dfrac{Il}{4\pi r^2}\sin\theta\\H_\theta=H_r=E_\varphi=0\end{cases}\tag{5-2}$$

式（5-2）中的电场E_θ和E_r与静电场中的电偶极子的电场相似，磁场H_φ和恒定电流元的磁场相似，所以近区场称为准静态场。从式（5-2）中还可以看出：

1）电场和磁场与$\frac{1}{r^2}$和$\frac{1}{r^3}$成正比，近区场随距离的增大而迅速减小，即离天线较远时，近区场可认为近似为零。

2）电场与磁场相位相差90°，说明坡印廷矢量$\boldsymbol{S}=\frac{1}{2}\boldsymbol{E}\times\boldsymbol{H}^*$为虚数，每周期平均辐射功率为零。电磁能量在场源和场之间来回振荡，没有能量向外辐射，所以近区场又称为感应场。

2. 远区场

在$kr>>1$或$r>>\lambda$的区域，称为远场区。保留$\frac{1}{r}$项，忽略$\frac{1}{r^2}$项和$\frac{1}{r^3}$项，则远场为

$$\begin{cases}E_\theta=j\dfrac{k^2Il}{4\pi\omega\varepsilon_0 r}\sin\theta e^{-jkr}\\H_\varphi=j\dfrac{k}{4}\dfrac{Il}{\pi r}\sin\theta e^{-jkr}\\E_r=E_\varphi=0\\H_r=H_\theta=0\end{cases}\tag{5-3}$$

式中

$$\begin{cases}\omega=2\pi c/\lambda\\\varepsilon_0=\dfrac{1}{36\pi}\times10^{-9}\text{F/m}\\\mu_0=4\pi\times10^{-7}\text{H/m}\\\eta=\sqrt{\dfrac{\mu_0}{\varepsilon_0}}=120\pi\end{cases}\tag{5-4}$$

将式(5-4)代入式(5-3)得

$$\begin{cases} E_\theta = \mathrm{j}\dfrac{60\pi Il}{\lambda}\sin\theta\dfrac{\mathrm{e}^{-\mathrm{j}kr}}{r} \\ H_\varphi = \mathrm{j}\dfrac{Il}{2\lambda}\sin\theta\dfrac{\mathrm{e}^{-\mathrm{j}kr}}{r} = \dfrac{E_\theta}{120\pi} \end{cases} \tag{5-5}$$

从式(5-5)可以看出：

1）在远区的场只有 E_θ 和 H_φ 分量，它们在空间上相互垂直，与 r 方向组成右手螺旋关系，在时间上同相位，说明远区电磁场为横电磁波（TEM 波），玻印廷矢量 $\boldsymbol{S}=\dfrac{1}{2}\boldsymbol{E}\times\boldsymbol{H}^*$ 是实数，且指向 r 增加的方向。这说明有电磁能量沿径向向外辐射，所以远区场又称辐射场。

2）电场和磁场正比于 $\dfrac{\mathrm{e}^{-\mathrm{j}kr}}{r}$，随着距离的增大，辐射场减小，等相面为 r 等于常数的球面，辐射场是以球面波的形式向外扩散的，当距离增大时，辐射能量分布到更大的球面面积上。

3）电场和磁场正比 $\sin\theta$，即在不同的方向上，辐射强度是不相等的。这说明电基本振子的辐射具有方向性。

例题 5-1　在垂直于基本电振子天线的轴线方向上，距离 100km 处，为得到电场强度振幅值不小于 100μV/m，问天线至少应辐射多大的功率？

解　依题意，距离 $r=100\text{km}$，处于基本电振子的远区辐射场，场强可表示为

$$\boldsymbol{E}=\boldsymbol{e}_\theta\frac{E_0}{r}\sin\theta\mathrm{e}^{-\mathrm{j}kr}$$

$$\boldsymbol{H}=\boldsymbol{e}_\varphi\frac{E_0}{\eta r}\sin\theta\mathrm{e}^{-\mathrm{j}kr}$$

依题意，当 $\theta=90°$，$r=100\text{km}$ 时

$$E=100\mu\text{V/m}=\frac{E_0}{r}=\frac{E_0}{100\times10^3}$$

$$E_0=100\times10^3E=100\times10^3\times100\mu\text{V/m}=10\text{V/m}$$

基本电振子平均功率流密度

$$\boldsymbol{S}_{\text{av}}=\frac{1}{2}\text{Re}(\boldsymbol{E}\times\boldsymbol{H}^*)=\frac{1}{2}\text{Re}\left[\boldsymbol{e}_\theta\frac{E_0}{r}\sin\theta\mathrm{e}^{-\mathrm{j}kr}\times\boldsymbol{e}_\varphi\frac{E_0}{\eta r}\sin e^{\mathrm{j}kr}\right]=\boldsymbol{e}_\mathrm{r}\frac{E_0^2}{2\eta r^2}\sin^2\theta$$

则辐射功率

$$P=\oint_S\boldsymbol{S}_{\text{av}}\mathrm{d}\boldsymbol{S}=\int_0^{2\pi}\int_0^{\pi}\frac{E_0^2}{2\times120\pi r^2}\sin^2\theta r^2\sin\theta\mathrm{d}\theta\mathrm{d}\varphi$$

$$=\frac{E_0^2}{240\pi}\times2\pi\int_0^{\pi}\sin^3\theta\mathrm{d}\theta=\frac{E_0^2}{120}\times\frac{4}{3}=\frac{E_0^2}{90}=\frac{10}{9}\text{W}$$

5.3 磁基本振子

磁基本振子又称磁流元或磁偶极子。所谓磁流元就是载有高频电流的小圆环，环半径和周长远小于波长，因此可以认为流过小环的时谐电流的振幅和相位处处相同，也就是说电流均匀分布。

如图5-2所示，磁基本振子是一个半径为 a 的细线小环，其上有高频电流 $i(t)=\mathrm{Re}[I\mathrm{e}^{\mathrm{j}\omega t}]$，环半径和周长远小于波长，假设电流环置于 xOy 平面上，且以坐标原点为圆心，环面积为 s，环电流的磁矩为

$$P_{\mathrm{m}}=\mu_0 is \tag{5-6}$$

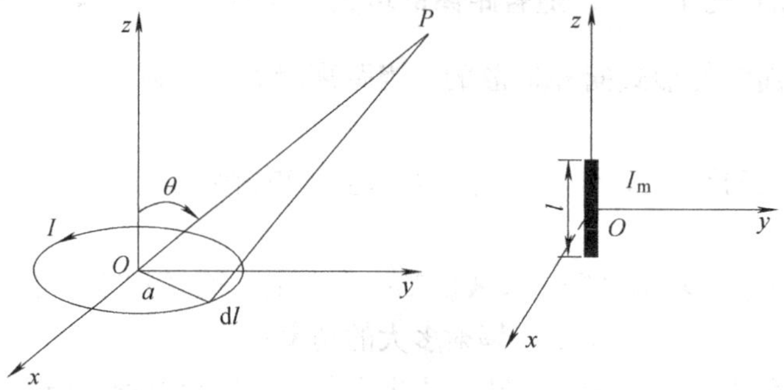

a)小电流环 b)磁基本振子

图5-2 磁基本振子

比较电基本振子，小电流环可以看成是由等值异号的磁荷 q_{m} 和 $-q_{\mathrm{m}}$ 所形成的一磁基本振子，如图5-2b所示，则磁偶极矩

$$P_{\mathrm{m}}=q_{\mathrm{m}}l \tag{5-7}$$

式中，l 为磁振子长度。

将式(5-7)代入式(5-6)得

$$q_{\mathrm{m}}=\frac{\mu_0 is}{l}=\frac{\mu_0 Is\mathrm{e}^{\mathrm{j}\omega t}}{l} \tag{5-8}$$

则磁流

$$i_{\mathrm{m}}=\frac{\mathrm{d}q_{\mathrm{m}}}{\mathrm{d}t}=\frac{\mu_0 s}{l}\frac{\mathrm{d}i}{\mathrm{d}t}=\mathrm{j}\omega\frac{\mu_0 s}{l}i(t) \tag{5-9}$$

忽略时间因子 $\mathrm{e}^{\mathrm{j}\omega t}$，得

$$I_{\mathrm{m}}=\mathrm{j}\frac{\omega\mu_0 s}{l}I \tag{5-10}$$

利用电场场理论的对偶原理：$E_{\mathrm{e}}\to H_{\mathrm{m}}$，$H_{\mathrm{e}}\to -E_{\mathrm{m}}$，$I\to I_{\mathrm{m}}$，$\varepsilon_0\to\mu_0$ 对式（5-1）进行对

偶代换，即可获得小电流圆环的场

$$\begin{cases} E_{\varphi} = -\mathrm{j}\dfrac{\omega\mu_0 Is}{4\pi}\sin\theta\left(\dfrac{\mathrm{j}k}{r}+\dfrac{1}{r^2}\right)\mathrm{e}^{-\mathrm{j}kr} \\ E_{\theta}=E_{r}=0 \end{cases} \tag{5-11a}$$

$$\begin{cases} H_{\theta}=\mathrm{j}\dfrac{Is}{4\pi}\sin\theta\left(\mathrm{j}\dfrac{k^2}{r}+\dfrac{k}{r^2}-\mathrm{j}\dfrac{1}{r^3}\right)\mathrm{e}^{-\mathrm{j}kr} \\ H_{r}=\mathrm{j}\dfrac{Is}{2\pi}\cos\theta\left(\dfrac{k}{r^2}-\mathrm{j}\dfrac{1}{r^3}\right)\mathrm{e}^{-\mathrm{j}kr} \\ H_{\varphi}=0 \end{cases} \tag{5-11b}$$

与电基本振子同样的处理方法，小圆环电流的远区场为

$$\begin{cases} H_{\theta} = -\dfrac{\pi Is}{\lambda^2}\sin\theta\dfrac{\mathrm{e}^{-\mathrm{j}kr}}{r}=\mathrm{j}\dfrac{I_{\mathrm{m}}l}{240\pi r\lambda}\sin\theta\mathrm{e}^{-\mathrm{j}kr} \\ E_{\varphi}=\dfrac{120\pi^2 Is}{\lambda^2}\sin\theta\dfrac{\mathrm{e}^{-\mathrm{j}kr}}{r}=-\mathrm{j}\dfrac{I_{\mathrm{m}}l}{2r\lambda}\sin\theta\mathrm{e}^{-\mathrm{j}kr} \\ E_{r}=E_{\theta}=H_{\varphi}=H_{r}=0 \end{cases} \tag{5-12}$$

比较电基本振子的远区场，可以发现它们有相同的方向函数 $|\sin\theta|$，波阻抗均为 $\eta=120\Omega$，坡印廷矢量均为实数，但它们在空间上相互正交，相位相差 90°。所以电基本振子和磁基本振子可以组合而构成一个椭圆或圆极化天线。

5.4　天线的电参数

5.4.1　天线方向性函数和方向图

天线方向性函数是描述天线的辐射场的相对强度的数学表示式，方向图则是相应的图解表示，天线的方向图是一个立体图，通常只画出两个相互垂直的两个平面方向图，通过天线最大辐射方向并平行于电场矢量的平面，称为 E 面；通过天线最大辐射方向并平行于磁场矢量的平面，称为 H 面。归一化方向性函数为

$$F(\theta,\varphi)=\frac{|f(\theta,\varphi)|}{|f(\theta,\varphi)|_{\max}}=\frac{|E(\theta,\varphi)|}{|E|_{\max}} \tag{5-13}$$

式中，$E_{\max}$是最大辐射方向上的场强。

如：电基本振子的归一化方向函数

$$F(\theta,\varphi)=|\sin\theta| \tag{5-14}$$

其方向图如图 5-3 所示，E 面图的平面也即 yOz 面，H 面与 E 面垂直也即 xOy 面。

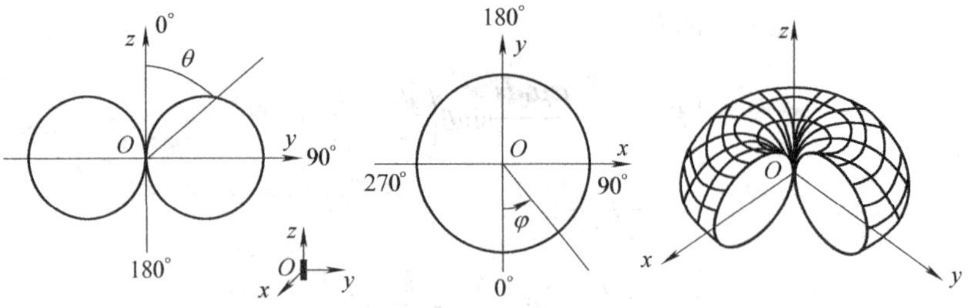

a)E面方向图　　b)H面方向图　　c)三维方向图

图5-3　电基本振子方向图

5.4.2　天线的方向图参数

1. 主瓣宽度

在微波工程中，主瓣宽度常常用半功率波瓣宽度来描述，有时也采用零功率波瓣宽度的定义，如图5-4所示。具有方向性的天线，在某一个辐射区最强，这个波束称为主瓣（或主波束），半功率波瓣宽度的定义是取方向图主瓣两个半功率点之间的宽度，也即在最大辐射方向 $F(\theta,\varphi)=\frac{1}{\sqrt{2}}$ 时两侧的点之间的夹角，或最大辐射方向两侧功率为最大值一半的两点的夹角，也即 $F^2(\theta,\varphi)=\frac{1}{2}$ 时，对应的两点之间的夹角。

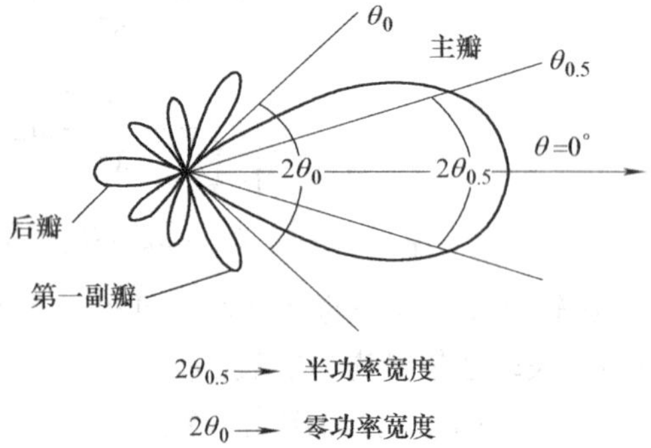

图5-4　波瓣宽度及旁瓣

零功率波瓣宽度是主瓣两侧的第一零点之间的角宽度。

例题5-2　某一天线的方向函数 $f(\theta)=\sin^2\theta+0.414$，求归一化的方向函数、半功率波瓣宽度及方向图。

解　(1) 归一化方向函数

$$F(\theta)=\frac{\sin^2\theta+0.414}{1.414}$$

(2) 半功率波瓣宽度

$$F(\theta)=\frac{\sin^2\theta+0.414}{1.414}=\frac{1}{\sqrt{2}}$$

$$\sin\theta=\sqrt{0.586}=0.7655$$

$$\theta=49.95°$$

半功率波瓣宽度　　$2(90°-\theta)=80.1°$

（3）方向图如图 5-5 所示。

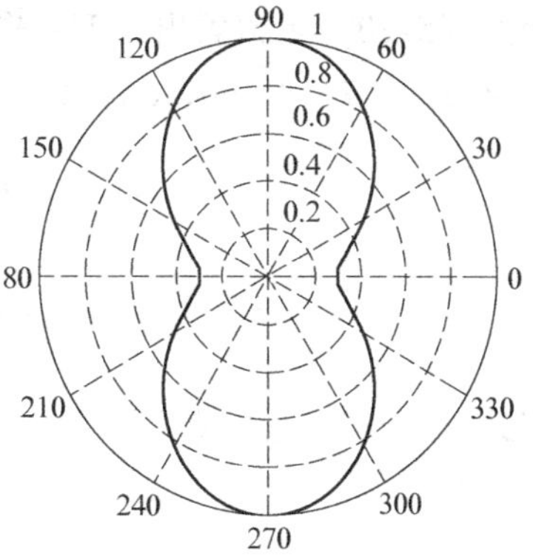

图 5-5　例题 5-2 图

2. 旁瓣电平

方向图的旁瓣区是不需要辐射的区域，其电平应尽可能的低，一般天线方向图都是离主瓣愈远的旁瓣的电平愈低。若第一旁瓣电平越低，主波瓣宽度越小，反映了天线方向性越好。旁瓣电平是指第一旁瓣最大值和主瓣最大值之比，记为 F_s，一般以分贝表示。

$$F_s = 10\lg\frac{P_1}{P_0} = 20\lg\frac{|E_{1\max}|}{|E_{0\max}|} \tag{5-15}$$

式中，下标“1”“0”分别表示副瓣和主瓣。

3. 前后辐射比

后瓣电平最大值与主瓣电平最大值之比称为前后辐射比，记为 B_1。

$$B_1 = 20\lg\frac{|E'|}{|E_{0\max}|} \tag{5-16}$$

4. 方向系数

方向图能够形象地表示天线的方向性，但不能描述不同天线的方向性，有必要定义一个表示方向性的电参数——方向系数。通常用一个理想点源天线作为标准，它是无方向性的，即在空间各个方向的辐射强度相等，因此，方向图是一个球体（是一个理想模型，实际是不存在的）。

方向系数的定义：在离天线同一距离处，天线在最大辐射方向上的功率密度 $S_{\max}$（或电场强度 $E_{\max}$ 的二次方）与辐射功率相同的无方向性天线的功率密度 S_0（或电场强度 E_0 的二次方）之比。

设实际天线和无方向性天线的辐射功率分别为 P_r 和 P_o，且满足 $P_r = P_o$，则天线的方向系数为

$$D = \frac{S_{\max}}{S_0} = \frac{|E_{\max}|^2}{|E_0|^2} \tag{5-17}$$

由于理想的点源无方向性，其功率 P_o 在球面上均匀分布，所以同一距离 r 处的功率密度

$$S_0 = \frac{P_o}{4\pi r^2} = \frac{P_r}{4\pi r^2} = \frac{1}{2}\mathrm{Re}(E_0 H_0^*) = \frac{|E_0|^2}{240\pi} \tag{5-18}$$

由式（5-18）得

$$|E_0|^2 = \frac{60P_r}{r^2} \tag{5-19}$$

将式（5-19）代入式（5-17）

$$D = \frac{r^2|E_{\max}|^2}{60P_r} \tag{5-20}$$

由式（5-20）可以看出，下一步应该求出实际天线的辐射功率 P_r 的表达式，设该天线的归一化方向函数为 $F(\theta,\varphi)$，则其电场强度的大小和功率密度

$$|E(\theta,\varphi)| = |E_{\max}|\,|F(\theta,\varphi)| \tag{5-21}$$

$$S(\theta,\varphi) = \frac{1}{2}\mathrm{Re}(E_\theta H_\varphi^*) = \frac{|E(\theta,\varphi)^2|}{240\pi} \tag{5-22}$$

将式（5-21）代入式（5-22）得

$$S(\theta,\varphi) = \frac{|E_{\max}|^2}{240\pi}|F(\theta,\varphi)|^2 \tag{5-23}$$

则天线的辐射功率为

$$P_r = \oint_S S(\theta,\varphi)\,\mathrm{d}S = \frac{r^2|E_{\max}|^2}{240\pi}\int_0^{2\pi}\int_0^{\pi}|F(\theta,\varphi)|^2\sin\theta\,\mathrm{d}\theta\,\mathrm{d}\varphi \tag{5-24}$$

将上式代入式（5-20）得

$$D = \frac{4\pi}{\int_0^{2\pi}\int_0^{\pi}|F(\theta,\varphi)|^2\sin\theta\,\mathrm{d}\theta\,\mathrm{d}\varphi} \tag{5-25}$$

由式（5-25）可以看出，主瓣越窄，旁瓣电平越小，方向系数越大。因此，方向系数能够反映出不同天线的方向特性。

例题5-3 计算方向系数：

（1）理想无方向性天线；

（2）5.2节中的电基本振子。

解 （1）理想无方向性天线

归一化方向函数 $F(\theta,\varphi)=1$

代入式（5-25）得 $D=1$

（2）电基本振子

归一化方向函数 $F(\theta,\varphi)=|\sin\theta|$

代入式（5-25）得

$$D = \frac{4\pi}{\int_0^{2\pi}\int_0^{\pi}\sin^2\theta\sin\theta\,\mathrm{d}\theta\,\mathrm{d}\varphi} = 1.5$$

5.4.3 天线效率

天线辐射功率与输入功率之比，称为天线效率，记为 η_A，即

$$\eta_A = \frac{P_r}{P_{in}} \tag{5-26}$$

式中，P_r 为天线的辐射功率；P_{in}为输入到天线的功率。

根据能量守恒，显然，输入功率由两部分组成，即

$$P_{in}=P_r+P_l \tag{5-27}$$

式中，P_l 是欧姆损耗功率。

通常用天线的辐射电阻 R_r 来衡量天线的辐射能力，它是一个虚拟的量。其定义方法是：当通过电阻 R_r 的电流等于天线上的最大电流时，其消耗的功率就等于其辐射功率。

设天线输入的最大电流为 I，则天线辐射功率

$$P_r=\frac{1}{2}I^2R_r \tag{5-28a}$$

则

$$R_r=2P_r/I^2 \tag{5-28b}$$

仿照辐射电阻的功率计算方法，计算欧姆损耗功率

$$P_l=\frac{1}{2}I^2R_l \tag{5-29}$$

那么输入功率

$$P_{in}=P_r+P_l=\frac{1}{2}I^2R_r+\frac{1}{2}I^2R_l=\frac{1}{2}I^2R_{in} \tag{5-30}$$

上两式中，R_l 和 R_{in}分别为损耗电阻和输入电阻。

因此，天线效率

$$\eta_A=\frac{P_r}{P_{in}}=\frac{R_r}{R_{in}}=\frac{R_r}{R_r+R_l} \tag{5-31}$$

显然，辐射电阻越大，损耗电阻越小，天线的辐射能力就越强。

5.4.4　增益系数

增益系数等于方向系数与天线效率的乘积，记为 G，即

$$G=D\eta_A \tag{5-32}$$

增益系数的定义是：在相同输入功率的条件下，天线在最大辐射方向上某处辐射的功率密度与无方向性理想天线在同一处辐射功率密度的比值。根据定义

$$G=\frac{S_{max}}{S_o}=\frac{|E_{max}|^2}{|E_0|^2} \tag{5-33}$$

式(5-33)与式(5-17)似乎相同，它们的区别在于功率条件，一个是辐射功率相等，一个是输入功率相等。若实际天线效率为 η_A，则其辐射功率

$$P_r=\eta_A P_{in} \tag{5-34}$$

对于无方向性天线假定是理想的，此时无损耗功率，即 $P_l=0$，所以辐射功率等于入射功率，则 r 处无方向性天线的功率密度

$$S_o = \frac{P_{in}}{4\pi r^2} = \frac{P_r}{\eta_A 4\pi r^2}$$

将上式代入式（5-33）得

$$G = \frac{S_{max}}{S_o} = \frac{\eta_A 4\pi r^2 S_{max}}{P_r} \tag{5-35}$$

利用 $S_{max} = \frac{|E_{max}|^2}{240\pi}$ 及式（5-20）得

$$G = \frac{\eta_A 4\pi r^2}{P_r} \frac{|E_{max}|^2}{240\pi} = \frac{\eta_A 4\pi r^2 |E_{max}|^2}{240\pi} \frac{60D}{r^2 |E_{max}|^2} = \eta_A D \tag{5-36}$$

所以，增益系数等于方向系数与天线效率的乘积。

天线增益是用来衡量天线向一个特定方向收发信号的能力。表征天线增益的参数有 dBd 和 dBi。dBi 是相对于点源天线的增益，点源天线在各方向的辐射是均匀的；dBd 是相对于对称振子天线的增益，用 dBi 表示的值比用 dBd 表示的值要大 2.15，即 dBi = dBd + 2.15。相同的条件下，增益越高，电波传播的距离越远。

5.4.5 极化

所谓天线的极化就是电场矢量在空间的取向。通常指该天线在最大辐射方向上的电场空间取向。极化一般可分为线极化、圆极化和椭圆极化。

线极化：若电场强度矢量的端点随时间的变化可描绘成沿某一方向的直线，这种波称为是线极化的。

圆极化：若电场强度矢量的端点随时间的变化在空间的轨迹是一个圆，这种波是圆极化的。圆极化还可以根据电场矢量旋转方向分为右旋圆极化和左旋圆极化。若手的拇指朝向波的传播方向，四指弯向电场矢量的旋转方向，这时若电场矢量端点的旋转方向与传播方向符合右手螺旋，则为右旋圆极化，若符合左手螺旋，则为左旋圆极化。

椭圆极化：若电场强度矢量的端点随时间的变化可描绘成一个椭圆轨迹，则波是椭圆极化的。如同上面所述，它可能是右旋也可能是左旋的椭圆极化。

在接收系统中，为了得到最大响应，天线的极化和入射波的极化必须匹配。否则，会引起某种信号损失，我们称之为极化损失（Polarization Loss）。例如，如果有一垂直极化波入射到水平极化的天线上，经过其终端的可利用的感应电压将为零，这种情况下，天线与入射波成交叉极化（Cross - Polarization）。波极化与天线极化之间夹角的余弦二次方是极化损失的量度。可以由这两个极化的单位矢量的标积的二次方来确定。

举例：在无耗介质中沿 z 方向传播的电磁波的电场强度（V/m）是

$$\boldsymbol{E}(\boldsymbol{r},t) = \mathbf{i}E_0(x,y)\cos(\omega t - kz)$$

对于线极化天线可表示为

$$\boldsymbol{E}_a(\boldsymbol{r}) = (\mathbf{i} + \mathbf{j})E(x,y,z)$$

求极化损失因子。

解 由以上两表达式看出，入射波沿 x 轴线性极化。而接收天线以 45°的线性极化。因

此，入射信号的一半与天线成交叉极化。沿入射波极化方向的单位矢量是

$$V_{\mathrm{in}} = \mathbf{i}$$

天线极化方向上的单位矢量是

$$V_{\mathrm{in}} = \frac{1}{\sqrt{2}}(\mathbf{i} + \mathbf{j})$$

则极化损失因子为

$$|V_{\mathrm{in}} V_{\mathrm{a}}|^2 = 0.5 = -3\mathrm{dB}$$

5.4.6　频带宽度

天线的电参数（如方向特性、极化特性及阻抗特性等）都与频率有关，这些电参数都是针对某一工作频率设计的，实际天线并不是工作在一个频点上的，而是有一定的频率范围。当工作频率变化时，天线的相关电参数不应超出规定的范围，这一频率范围称为天线的频带宽度，简称天线带宽。

对于窄带天线，通常用相对带宽来表示

$$W = \frac{\Delta f}{f_0}$$

式中，f_0 为频带中心频率；$\Delta f = f_{\max} - f_{\min}$，$\Delta f$ 为频带中的最高和最低频率之差。

对于宽带天线，通常用天线的最高频率与最低频率的比值来表示，即

$$W' = \frac{f_{\max}}{f_{\min}}$$

5.4.7　输入阻抗

定义：天线输入端信号电压与信号电流之比，称为天线的输入阻抗。即

$$Z_{\mathrm{in}} = \frac{U_0}{I_0} \tag{5-37}$$

输入阻抗 Z_{in} 由电阻分量 R_{in} 和电抗分量 X_{in} 两部分构成，$Z_{\mathrm{in}} = R_{\mathrm{in}} + \mathrm{j}X_{\mathrm{in}}$，电抗分量的存在会减少天线从馈线对信号功率的提取。因此，必须使电抗分量尽可能为零，尽可能使天线的输入阻抗为纯电阻。在实际设计天线中，即使调试得很好的天线，其输入阻抗中总还含有一个小的电抗分量值，一般将其值降低到可忽略程度即可。严格地说，纯电阻性的天线输入阻抗只是对点频而言的。输入阻抗与天线的结构、尺寸以及工作波长有关，例如，后面章节将要讲的半波对称振子天线，其输入阻抗为 $Z_{\mathrm{in}} = (73.1 + \mathrm{j}42.5)\Omega$。当把其长度缩短（3～5）% 时，就可以消除其中的电抗分量，使天线的输入阻抗为纯电阻，此时的输入阻抗为 $Z_{\mathrm{in}} = 73.1\Omega$（标称 75Ω）。要使天线效率高，就必须使天线与馈线良好匹配，也就是要使天线的输入阻抗等于传输线的特性阻抗，这样才能使天线获得最大功率。

5.4.8　有效长度

天线的有效长度定义是：一实际天线的有效长度等于一个假想天线的长度 l_{e}，这个假想天线电流为均匀分布，其电流大小等于实际天线的波腹电流，且保持此天线在最大辐射方向的场强等于实际天线最大辐射方向上的场强。

它是把天线在最大辐射方向上的场强和电流联系起来的一个参数，有效长度是衡量天线辐射能力的又一个重要指标。

例题 5-4 一长度为 $2h$（$h << \lambda$）中心馈电的短振子，其电流分布为 $I(z) = I_0\left(1-\frac{|z|}{h}\right)$，$I_0$ 为输入电流。求振子有效长度。

解 由电流分布函数 $I(z) = I_0\left(1-\frac{|z|}{h}\right)$，显然最大电流为 I_0

根据有效长度的定义

$$l_e = \frac{I_0}{I_0}\int_{-h}^{h}\left(1-\frac{|z|}{h}\right)dz = h$$

即长度为 $2h$ 电流不均匀分布的振子与长度为 h 电流均匀分布的振子，在最大辐射方向上的场强相等。

5.5 接收天线理论

5.5.1 物理过程

如图5-6所示，一长为 $2l$ 沿 z 轴放置的接收天线，假设接收天线上各点的波是均匀平面波。入射电场可分为两个分量：一个是垂直于射线与天线轴所构成平面的分量 E_1，另一个是在该平面内的分量 E_2。只有电场矢量沿天线导体表面的切线分量 $E_z = E_2\sin\theta$ 才能在天线上激起电流，在这个切向分量的作用下，天线元段 dz 上将产生感应电动势 $d\varepsilon = -E_z dz$。

同一个来波方向（相同的 θ 方向），由于波到达天线沿线各点存在波程差，则沿天线各点电场的切向分量 E_z 的相位不同，因此，接收电流 I 也是 θ 的函数，说明接收天线有了方向性。接收天线与发射天线的作用是可逆的，同一天线用作发射和接收时的性能是相同的。

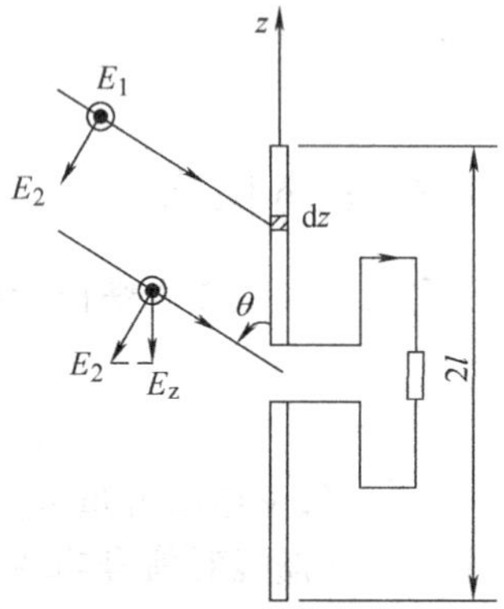

图5-6 接收天线

5.5.2 接收天线的电参数

1. 方向图

接收天线方向图描述了对不同方向电磁波的相对接收能力。对于同一天线，用于接收时与用于发射时的方向图相同。

2. 方向系数

接收天线方向系数的定义是：假定从各个方向传来的电波场强相同，天线在最大接收方向上接收时向匹配负载输出的功率 P_r 与在各个方向接收时它输入到负载中的功率的平均值 P_{av} 之比。即

$$D = \frac{P_r}{P_{av}}$$

对于同一副天线，在接收和发射两种情况下，其方向系数相同。

3. 效率

天线实际向匹配负载输出的最大功率与假定天线无耗时向匹配负载输出的最大功率之比，称为接收天线的效率。对于同一副天线，在接收和发射两种情况下，其效率相同。

4. 增益系数

接收天线增益系数的定义是：假定从各个方向传来的电波强度相同，天线在最大接收方向接收时向匹配负载输出的功率与该天线在所有方向接收且假定天线无耗时向匹配负载输出功率的平均值之比。对于同一副天线，接收和发射的增益系数相同。

5. 有效接收面积

当天线以最大接收方向对准来波方向进行接收时，且负载与天线匹配时，天线向负载的输出功率为 P_r，并假定此功率是由一块与来波方向相垂直的面积所截获，则这个面积就称为接收天线的有效接收面积，记为 S_e，可以证明天线的有效面积为

$$S_e = \frac{D\lambda^2}{4\pi}$$

式中，D 为接收天线的方向系数；λ 为工作波长。

5.6 对称振子天线

5.6.1 对称振子天线的辐射场

两段长度为 $2l$ 的直导线，从中间对称馈电，就构成对称振子天线。如图 5-7 所示，假设导线很细（$l/a\to\infty$）的理想导体，其电流分布与无耗开路传输线一致，即按正弦分布。

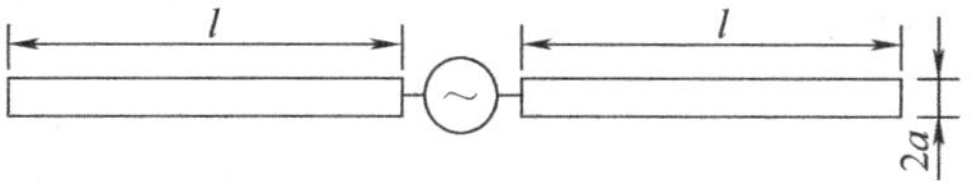

图 5-7 对称振子天线

设振子沿 z 轴放置如图 5-8a 所示，则振子上的电流分布为

$$I(z) = I_m \sin k(l - |z|) \tag{5-38}$$

式中，k 为自由空间的相移常数，$k = 2\pi/\lambda_0 = \omega/c$。

不同长度的对称振子上的电流分布如图 5-8b 所示。在振子上距对称原点 z 处取一长度元 dz，由于 dz 足够小，dz 上流动的电流看作均匀分布且相位相同，可视为一个电偶极子，由式（5-5）可知，其远区辐射电场为

$$dE_\theta = j\frac{60\pi}{\lambda} I_m \sin\theta \sin k(l - |z|)\frac{e^{-jkr'}}{r'}dz \tag{5-39}$$

在远区，由于 r' 和 r 的值差别极小，因此在式（5-39）的分母中，可令

$$\frac{1}{r} = \frac{1}{r'} \tag{5-40a}$$

但在相位项中 r' 与 r 的微小差距将会引起较大的相位差，因此给出的近似关系

$$r' \approx r - z\cos\theta \tag{5-40b}$$

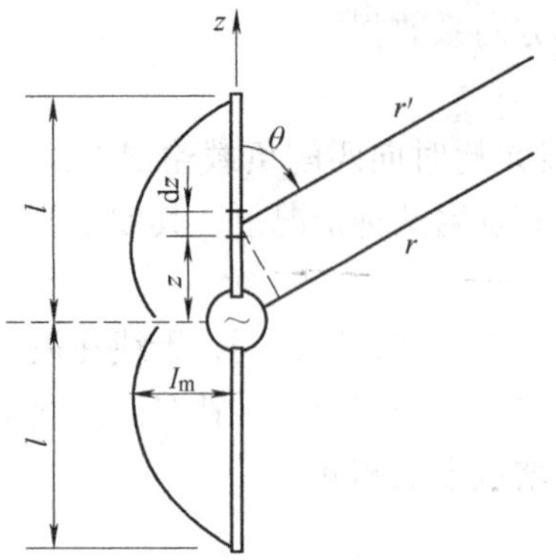

a) 振子的辐射

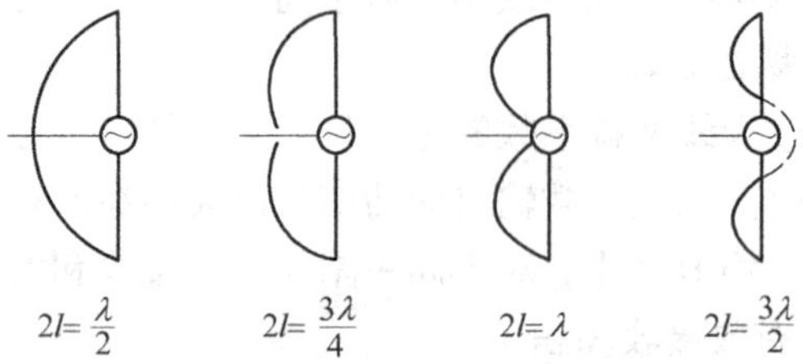

b) 振子的电流

图5-8 振子天线的辐射及电流分布

将式（5-40）代入式（5-39）得

$$
\begin{aligned}
E_\theta &= \mathrm{j}\frac{60\pi}{\lambda}I_\mathrm{m}\frac{\mathrm{e}^{-\mathrm{j}kr}}{r}\sin\theta\int_{-l}^{l}\sin k(l-|z|)\frac{\mathrm{e}^{\mathrm{j}kz\cos\theta}}{r}\mathrm{d}z \\
&= \mathrm{j}\frac{60\pi}{\lambda}I_\mathrm{m}\frac{\mathrm{e}^{-\mathrm{j}kr}}{r}2\sin\theta\int_{0}^{l}\sin k(l-z)\cos(kz\cos\theta)\mathrm{d}z \\
&= \mathrm{j}\frac{60}{r}I_\mathrm{m}\frac{\cos(kl\cos\theta)-\cos kl}{\sin\theta}\mathrm{e}^{-\mathrm{j}kr}
\end{aligned}
\tag{5-41}
$$

在自由空间，根据远区场的结论，磁场为

$$
H_\varphi=\frac{E_\theta}{120\pi}=\mathrm{j}\frac{I_\mathrm{m}}{2\pi r}\frac{\cos(kl\cos\theta)-\cos kl}{\sin\theta}\mathrm{e}^{-\mathrm{j}kr}
\tag{5-42}
$$

对称振子的方向函数

$$
F(\theta,\varphi)=\frac{|E_\theta|}{\dfrac{60|I_\mathrm{m}|}{r}}=\left|\frac{\cos(kl\cos\theta)-\cos kl}{\sin\theta}\right|
\tag{5-43}
$$

图5-9分别画出4种电长度的三维方向图，其电长度为：$2l/\lambda=\frac{1}{2}$，1，$\frac{3}{2}$，2，通常分别称电长度等于$2l/\lambda=\frac{1}{2}$和$2l/\lambda=1$的振子为半波对称振子和全波对称振子。由图5-9可以看出，当电长度等于3/2时，天线的最大辐射方向偏离了$\theta=90°$的平面，当电长度等于2时，天线在该平面已无辐射。

5.6.2 对称振子天线的辐射阻抗

由式（5-24），对称振子的辐射功率为

$$P_r = \frac{r^2 |E_{max}|^2}{240\pi}\int_0^{2\pi}\int_0^{\pi} |F(\theta)|^2 \sin\theta \mathrm{d}\theta \mathrm{d}\varphi$$

$$= \frac{r^2}{240\pi}\frac{60^2 I_m^2}{r^2}\int_0^{2\pi}\int_0^{\pi} |F(\theta)|^2 \sin\theta \mathrm{d}\theta \mathrm{d}\varphi$$

$$= \frac{15}{\pi} I_m^2 \int_0^{2\pi}\int_0^{\pi} |F(\theta)|^2 \sin\theta \mathrm{d}\theta \mathrm{d}\varphi \tag{5-44}$$

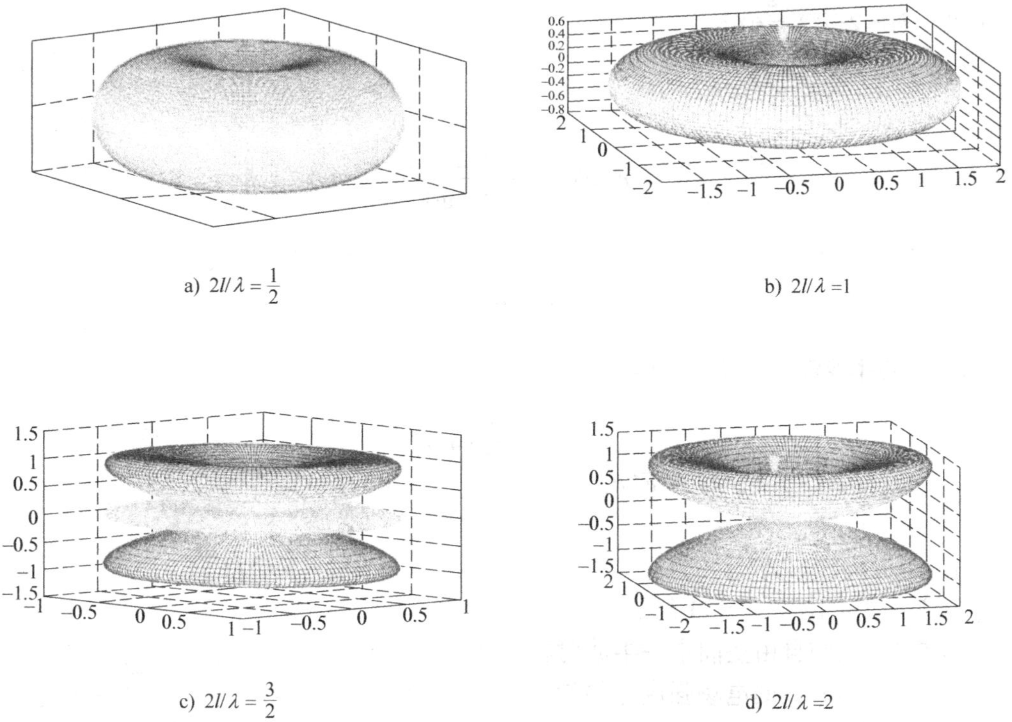

a) $2l/\lambda = \frac{1}{2}$　　b) $2l/\lambda = 1$

c) $2l/\lambda = \frac{3}{2}$　　d) $2l/\lambda = 2$

图 5-9　对称振子的三维方向图

利用天线辐射功率与辐射阻抗的关系得到辐射阻抗

$$R_r = \frac{2P_r}{|I_m|^2} = \frac{30}{\pi}\int_0^{2\pi}\int_0^{\pi} |F(\theta)|^2 \sin\theta \mathrm{d}\theta \mathrm{d}\varphi \tag{5-45a}$$

将式(5-43)代入式(5-45a)得

$$R_r = 60\int_0^{\pi} \frac{[\cos(kl\cos\theta) - \cos kl]^2}{\sin\theta}\mathrm{d}\theta \tag{5-45b}$$

图 5-10 是对称振子的辐射阻抗 R_r 与电长度 l/λ 的变换曲线。由图可以看出，当 l/λ 增大时，辐射电阻增大，l/λ 的值到达约 0.45 时有极大值；l/λ 再增大，辐射阻抗反

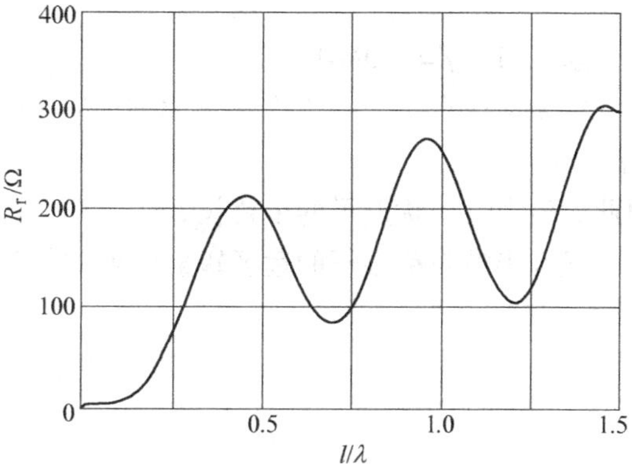

图 5-10　对称振子的辐射阻抗 R_r 与电长度 l/λ 的变换曲线

而减小，到约0.75时有极小值，随后又随 l/λ 的增加而增大。整个曲线呈现振荡性质。对于半波振子 $\left(2l/\lambda=\dfrac{1}{2}\right)$，在图中对应的辐射阻抗 $R_r=73.1\Omega$；而全波振子天线（$2l/\lambda=1$），辐射阻抗为 $R_r=200\Omega$。

例题5-5 计算半波振子天线的辐射阻抗、半功率波瓣宽度及画出 E 面方向图。

解 （1）利用半波振子 $2l/\lambda=\dfrac{1}{2}$

所以 $kl=2\pi l/\lambda=\pi/2$

将上式代入式（5-43）得

$$F(\theta)=\frac{\left|\cos\left(\frac{\pi}{2}\cos\theta\right)\right|}{|\sin\theta|}$$

将上式代入（5-45a）式得

$$R_r=73.1\Omega$$

（2）半功率波瓣宽度满足方程

$$F(\theta)=\frac{\left|\cos\left(\frac{\pi}{2}\cos\theta\right)\right|}{|\sin\theta|}=\frac{1}{\sqrt{2}}$$

得出半功率波瓣宽度为78°

（3）E 面方向图如图5-11所示。

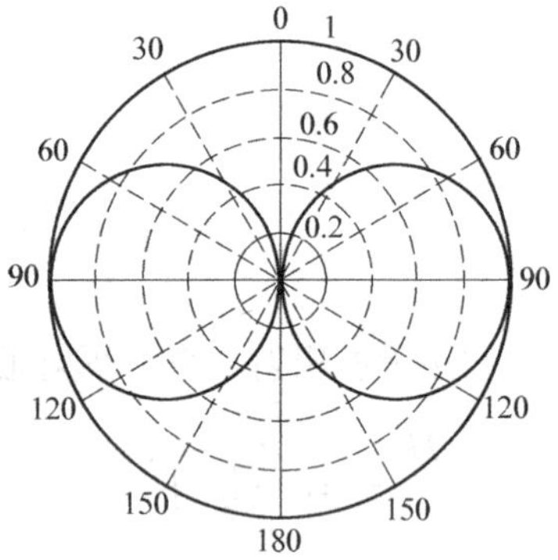

图5-11 例题5-5 E 面方向图

例题5-6 已知自由空间中一半波对称振子的远区最大辐射方向上10km处的电场强度振幅为0.01V/m，辐射电磁波的工作频率为300MHz。

（1）求该半波对称振子的单臂长度和辐射功率；

（2）写出该半波对称振子的远区辐射场量的瞬时表达式及平均功率密度矢量表达式。

解 （1）$f=300\text{MHz}$

得 $\omega=2\pi f=1.89\times10^9\text{rad/s}$，$k=\omega/c=6.3\text{rad/m}$，$\lambda=c/f=1\text{m}$

因此，该半波对称振子的单臂长 $l=0.25\text{m}$。

又因半波对称振子的远区辐射电场的复数表达式为

$$E_\theta=\mathrm{j}\frac{60I_m}{r}e^{-\mathrm{j}kr}\left[\frac{\cos\left(\frac{\pi}{2}\cos\theta\right)}{\sin\theta}\right]$$

而当 $\theta=90°$时，$|E_\theta|=|E_\theta|_{max}$

即
$$I_m = \frac{|E_\theta|_{max} r}{60} = \frac{0.01 \times 10^4}{60}\text{A} = \frac{5}{3}\text{A} = 1.667\text{A}$$

所以，半波对称振子的辐射功率为

$$P = I_e^2 R_r = \frac{1}{2} I_m^2 R_r = \frac{1}{2} \times \left(\frac{5}{3}\right)^2 \times 73.1\text{W} = 101.53\text{W}$$

其中，半波对称振子的辐射电阻 $R_r = 73.1\Omega$。

（2）半波对称振子的远区辐射电场的瞬时表达式为

$$E_\theta = \text{Re}[E_\theta e^{j\omega t}] = \text{Re}\left[j\frac{60I_m}{r} e^{jkr} \frac{\cos\left(\frac{\pi}{2}\cos\theta\right)}{\sin\theta} e^{j\omega t} \right]$$

$$= -\frac{60I_m}{r} \frac{\cos\left(\frac{\pi}{2}\cos\theta\right)}{\sin\theta} \sin(\omega t - kr)$$

$$= -\frac{100}{r} \frac{\cos\left(\frac{\pi}{2}\cos\theta\right)}{\sin\theta} \sin(1.89 \times 10^9 t - 6.3r)\ \text{V/m}$$

磁场强度瞬时式为

$$H_\varphi = \frac{E_\theta}{\eta} = -\frac{100}{r\eta} \frac{\cos\left(\frac{\pi}{2}\cos\theta\right)}{\sin\theta} \sin(\omega t - kr)$$

$$= -\frac{0.27}{r} \frac{\cos\left(\frac{\pi}{2}\cos\theta\right)}{\sin\theta} \sin(\omega t - 6.3r)\ \text{A/m}$$

平均功率密度为

$$\boldsymbol{S}_{av} = \frac{1}{2}\text{Re}(\boldsymbol{E} \times \boldsymbol{H}^*) = \boldsymbol{e}_r \frac{|E_\theta|^2}{2\eta}$$

$$= \frac{100^2}{2 \times 377} \left[\frac{\cos\left(\frac{\pi}{2}\cos\theta\right)}{r\sin\theta} \right]^2 \boldsymbol{e}_r$$

$$= \frac{13.26}{r^2} \left[\frac{\cos\left(\frac{\pi}{2}\cos\theta\right)}{\sin\theta} \right]^2 \boldsymbol{e}_r \text{W/m}^2$$

5.6.3 对称振子天线的输入阻抗

对称振子天线的输入阻抗普遍采用等效传输线法，该方法是将对称振子看作由一段开路双线张开而成，由传输线理论来近似计算其输入阻抗，经过近似处理后，公式简便且便于实际应用。但对称振子与传输线不能完全等效，即两者之间存在一定的差别，主要表现在：①传输线不是辐射系统，而对称振子是一个辐射系统，若把振子辐射功率看作是一种损耗，则对称振子应等效为一有耗传输线；②均匀传输线上对于线元之间的距离处处相等，而对称振子上的对应线元即对称分布中心轴两侧的线元，对应线元的距离随离轴心距离不同而不同，因此，对称振子的分布参数及特性阻抗沿线也是不均匀分布的。由于这些差别，由等效传输线法获得的对称振子的特性阻抗公式要做适当的修正。

根据传输线理论，长度为 l 的有耗开路线的输入阻抗为

$$Z_{\text{in}} = Z_0 \frac{\text{sh}(2\alpha l) - \dfrac{\alpha}{\beta}\sin(2\beta l)}{\text{ch}(2\alpha l) - \cos(2\beta l)} - \text{j}Z_0 \frac{-\dfrac{\alpha}{\beta}\text{sh}(2\alpha l) + \sin(2\beta l)}{\text{ch}(2\alpha l) - \cos(2\beta l)} \tag{5-46}$$

式中，Z_0 为无耗传输线的特性阻抗，$Z_0 = \sqrt{L/C}$；α 为衰减常数，$\alpha = R/2Z_0$；β 为相移常数，$\beta = 2\pi/\lambda_g$；L、C、R 和 λ_g 分别为单位长度的分布电感、分布电容、损耗阻抗和传输线上的波长。

利用式（5-46）可以求出对称振子天线的输入阻抗，但必须求出关于对称振子的 3 个物理量：特性阻抗、衰减常数和相移常数。

利用均匀双线已知的特性阻抗

$$Z_0 = 120\ln\frac{D}{a} \tag{5-47}$$

式中，D 是双线之间的距离；a 是导线半径。

由于振子特性阻抗是非均匀的，常常用平均值来表示振子的特性阻抗 Z_{c0}

$$Z_{c0} = \frac{1}{l}\int_0^l 120\ln\frac{2z}{a}\text{d}z = 120\left(\ln\frac{2l}{a} - 1\right) \tag{5-48}$$

振子的辐射功率也即损耗功率

$$P_r = \frac{1}{2}\int_0^l |I(z)|^2 R\text{d}z \tag{5-49}$$

由辐射阻抗表示的辐射功率

$$P_r = \frac{1}{2}|I_m|^2 R_r \tag{5-50}$$

式(5-49)与式(5-50)两式相等并利用 $I(z) = I_m \sin k(l-z)$ 得

$$R = \frac{R_r}{\left[1 - \dfrac{\sin(2\beta l)}{2\beta l}\right]} \tag{5-51}$$

则振子的衰减常数为

$$\alpha_c = R/2Z_{c0} = \frac{R_r}{Z_{c0}l\left(1 - \dfrac{\sin 2\beta l}{2\beta l}\right)} \tag{5-52}$$

由理论和实验可知，以 $\beta = nk$ 代入计算（其中 $k = 2\pi/\lambda$，λ 为自由空间的波长），获得的结果与实际比较符合。则振子的输入阻抗为

$$
\begin{aligned}
Z_{in} &= Z_{c0}\frac{\operatorname{sh}(2\alpha_c l)-\dfrac{\alpha_c}{nk}\sin(2nkl)}{\operatorname{ch}(2\alpha_c l)-\cos(2nkl)} - jZ_0\frac{-\dfrac{\alpha_c}{nk}\operatorname{sh}(2\alpha_c l)+\sin(2nkl)}{\operatorname{ch}(2\alpha_c l)-\cos(2nkl)} \\
&= R_{in}+jX_{in}
\end{aligned}
\tag{5-53}
$$

$n=\beta/k=\lambda/\lambda_g$ 表示振子上的波长缩短系数。图 5-12 所示，给出了不同 l/a 时的 n 随 l/λ 的变化曲线。

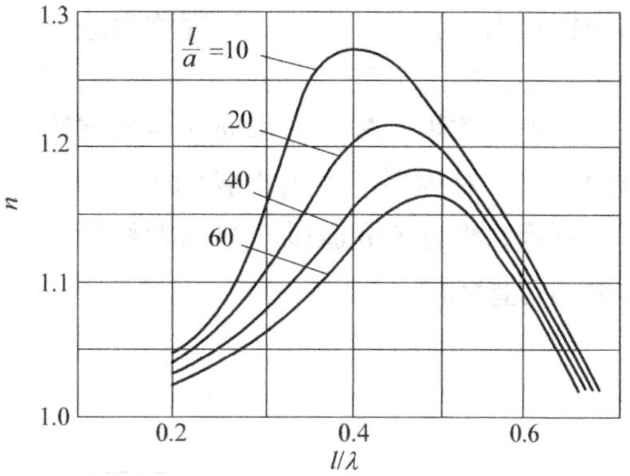

图 5-12　对称振子波长缩短系数

以 Z_{c0}为参量，由式（5-53）算得的输入阻抗随 l/λ 的变化曲线如图 5-13 所示，由图 5-13 可见，无论输入阻抗的实部与虚部均随 Z_{c0}的减小，曲线均趋于平缓，这一特点，易于与馈线实现阻抗匹配，天线的工作阻抗带宽也较大。

利用式（5-53）计算得出振子的输入阻抗较为复杂，对于半波振子工程上常用下列式子近似计算：

$$
Z_{in}=\frac{R_r}{\sin^2\beta l}-jZ_{c0}\cot\beta l \tag{5-54}
$$

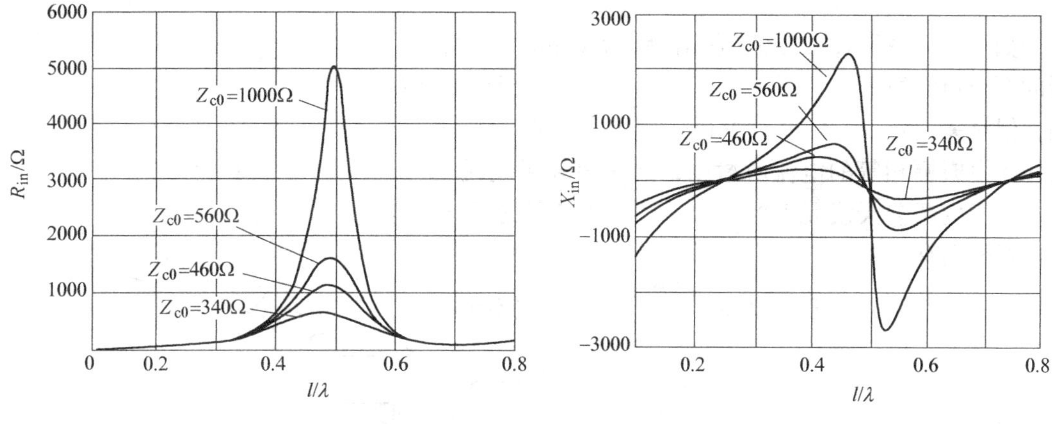

a) R_{in} 与 l/λ 的曲线　　b) X_{in} 与 l/λ 的曲线

图 5-13　对称振子的输入阻抗随 l/λ 的变化曲线

若振子长度比波长小很多（通常 $l<\lambda/8$），可近似为

$$
Z_{in}\approx 20(kl)^2-j\frac{120}{kl}\ln\left(\frac{2l}{a}-1\right) \tag{5-55}
$$

5.7　天线阵

为了增强天线的方向性，提高天线的增益系数，或者为了得到所需要的辐射特性，可以把若干个相同的天线按一定的规律排列起来，并给予适当激励，这样组成的天线系统称为天

线阵。组成天线阵的独立单元称为天线单元或阵元。

天线阵的辐射特性取决于阵元的类型、数目、排列方式、阵元间距以及阵元上的电流的振幅和相位分布等。若已知阵元的上述诸参数来推求天线阵的方向性的过程称为天线阵的分析；反之，给定所需的方向性，寻求能形成这种方向性的天线阵的各结构参数以及各电流元的振幅和相位分布等规律的过程称为综合。分析和综合是相互联系的，本文对天线阵的讨论仅仅限于分析的内容。

在天线阵中，各阵元排列在一条直线上就构成直线天线阵。各阵元取向一致，可以任意方向。如：对称振子天线构成的天线阵，通常有同轴排列和平行排列两种排放方式，如图5-14所示。当各阵元激励电流幅度相等，相邻元相位差与间距均相等的相同元组成的直线阵称为均匀直线阵。

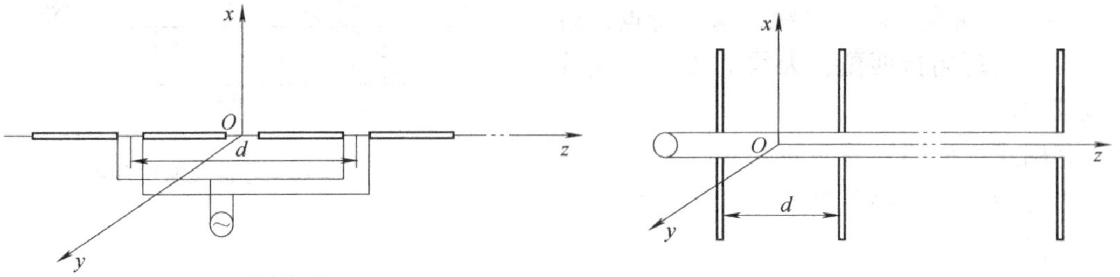

a) 同轴排列 b) 平行排列

图5-14 对称振子组成的直线阵

如图5-15所示，二元阵是由间距为 d 并沿 x 轴排列的两个相同的天线元所组成，它是最简单的天线阵列，但是关于其方向性的讨论也适用于多元阵。假设天线元由振幅相等的电流所激励，同时假设天线元2的电流相位超前天线元1的角度为 ξ，则它们的远区的电场分别有

$$E_1 = E_m F(\theta,\varphi)\frac{e^{-jkr_1}}{r_1} \tag{5-56}$$

$$E_2 = E_m F(\theta,\varphi)e^{j\xi}\frac{e^{-jkr_2}}{r_2} \tag{5-57}$$

式中，$F(\theta,\varphi)$ 是天线元自身的方向图函数；E_m 是电场强度振幅。

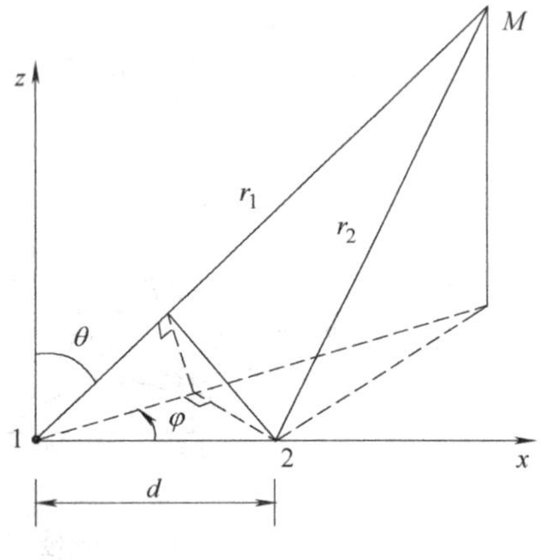

图5-15 二元阵

将以上两式相加得二元阵的辐射场为

$$E = E_1 + E_2 = E_m F(\theta,\varphi)\left[\frac{e^{-jkr_1}}{r_1} + e^{j\xi}\frac{e^{-jkr_2}}{r_2}\right] \tag{5-58}$$

r_1 与 r_2 之间的关系为

$$r_2 = r_1 - d\sin\theta\cos\varphi \tag{5-59}$$

近似考虑

$$\frac{1}{r_1} \approx \frac{1}{r_2} \tag{5-60}$$

将以上两式代入式（5-58）得

$$E = E_m F(\theta,\varphi)\left[1+e^{j(kd\sin\theta\cos\varphi+\xi)}\right]\frac{e^{-jkr_1}}{r_1} = E_m F(\theta,\varphi)\left[1+e^{j\psi}\right]\frac{e^{-jkr_1}}{r_1} \tag{5-61}$$

式中

$$\psi = kd\sin\theta\cos\varphi + \xi \tag{5-62}$$

则二元阵辐射场的电场强度模值为

$$|E| = \frac{2E_m}{r_1}|F(\theta,\varphi)|\left|\cos\frac{\psi}{2}\right| \tag{5-63}$$

式中，$|F(\theta,\varphi)|$称为元因子，其值取决于天线元本身的性质；$\left|\cos\frac{\psi}{2}\right|$称为阵因子，其值仅取决于天线阵的布局结构及其阵元上激励电流的相对振幅和相位，与天线阵元本身性质无关。

由式（5-63）可以得出结论如下：相同或相似阵元组成的天线阵，其方向函数等于单个天线元的方向函数和阵方向函数的乘积，这种特性称为方向图乘积定理。

若天线阵由两个沿 x 轴排列且平行于 z 轴放置的半波振子天线组成。首先，利用半波振子 $2l/\lambda=\frac{1}{2}$ 得 $kl=2\pi l/\lambda=\pi/2$，将其代入式（5-43）得出半波振子的方向图函数

$$F(\theta) = \frac{\left|\cos\left(\frac{\pi}{2}\cos\theta\right)\right|}{|\sin\theta|} \tag{5-64}$$

将式（5-64）代入式（5-63），可得到电场强度的模值

$$|E| = \frac{2E_m}{r_1}\left|\frac{\cos\left(\frac{\pi}{2}\cos\theta\right)}{\sin\theta}\right|\left|\cos\frac{\psi}{2}\right| = \frac{2E_m}{r_1}\left|\frac{\cos\left(\frac{\pi}{2}\cos\theta\right)}{\sin\theta}\right|\left|\cos\frac{1}{2}(kd\sin\theta\cos\varphi+\xi)\right| \tag{5-65}$$

E 面方向图函数：由 $\varphi=0$，可得二元半波振子阵的 E 面方向图函数

$$|F_E(\theta)| = \left|\frac{\cos\left(\frac{\pi}{2}\cos\theta\right)}{\sin\theta}\right|\left|\cos\frac{1}{2}(kd\sin\theta+\xi)\right| \tag{5-66}$$

H 面方向图函数：由 $\theta=\pi/2$，可得二元半波振子阵的 H 面方向图函数

$$|F_H(\theta)| = \left|\cos\frac{1}{2}(kd\cos\varphi+\xi)\right| \tag{5-67}$$

由上两式可以看出，二元半波振子阵的 E 面方向图函数取决于阵元因子和阵因子，而 H 面方向图函数只取决于阵因子，这是由于 H 面的阵元方向函数无方向性。如图 5-16 所示的

是当 $d=\lambda/2$ 及 $\xi=0$ 时的方向图，H 面上的最大辐射方向在垂直于天线阵轴上，即 $\varphi=\pm\pi/2$ 方向上；E 面图在 $\pm\theta=\pi/4$，$\theta=\pm3\pi/4$ 有最大辐射。

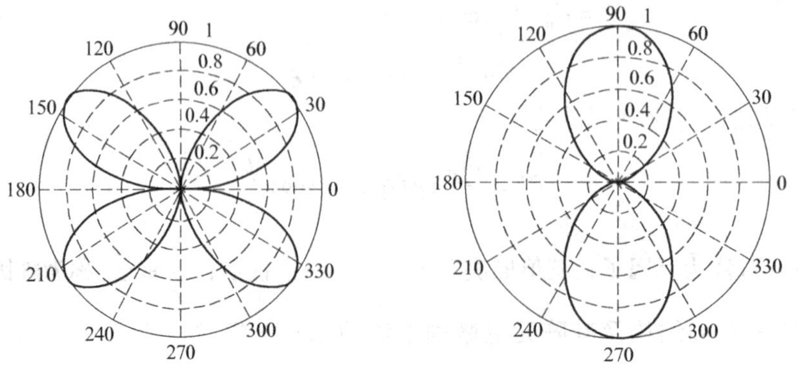

a) E面方向图　　　　b) H面方向图

图 5-16　$d=\lambda/2$，$\xi=0$ 时的方向图

E 面图比 H 面图稍复杂，原因是 E 面图含有元因子项和阵因子项，由两部分的乘积组成，如图 5-17 所示，利用方向图乘积定理，画出了 E 面方向图的形成过程。

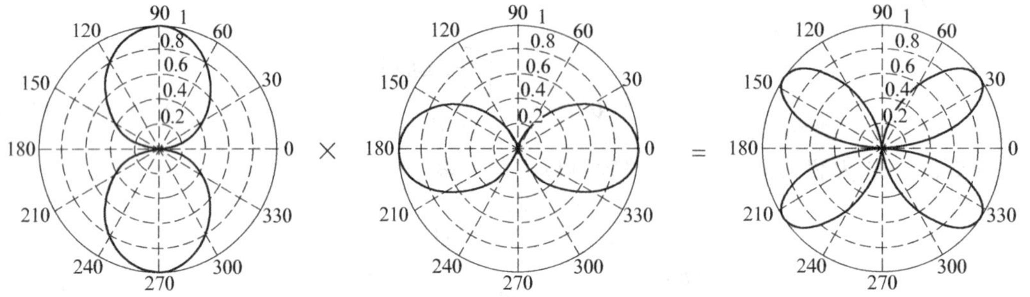

元因子　　　　阵因子　　　　天线阵方向图

图 5-17　$d=\lambda/2$，$\xi=0$ 时的 E 面图

例题 5-7　画出两个平行 z 轴放置且沿 x 方向排列的半波振子，在 $d=\lambda/4$、$\xi=\pi/2$ 时的 E 面及 H 面方向图。

解　将 $d=\lambda/4$、$\xi=\pi/2$ 代入式(5-66)，得出 E 面方向函数

$$|F_{\mathrm{E}}(\theta)|=\left|\frac{\cos\left(\dfrac{\pi}{2}\cos\theta\right)}{\sin\theta}\right|\left|\cos\frac{\pi}{4}(\sin\theta+1)\right|$$

将 $d=\lambda/4$、$\xi=\pi/2$ 代入式(5-67)，得出 H 面方向函数

$$|F_{\mathrm{H}}(\theta)|=\left|\cos\frac{\pi}{4}(\cos\varphi+1)\right|$$

用 MATLAB 绘出，如图 5-18 所示。由图可见，对于 E 面，阵方向图有一个主瓣、两个旁瓣。

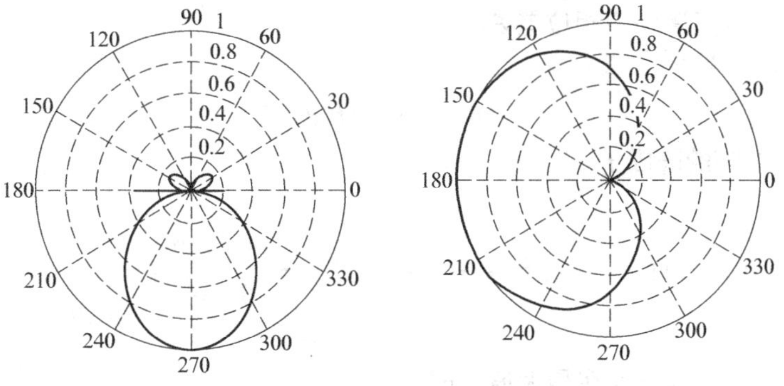

a)E面图　　b)H面图

图 5-18　例题 5-7 图

最大辐射方向在 $\theta=3\pi/2$，且有 3 个零值方向，分别在 $\theta=0$，π、$\pi/2$ 处；对于 H 面，在 $\varphi=\pi$ 时辐射最大，而在 $\varphi=0$ 时辐射为零。

5.8　均匀直线天线阵的方向性

5.8.1　均匀直线天线阵

假定 N 元均匀直线天线阵的阵元间距为 d，电流振幅相等，相邻元相位差均为 ξ，如图 5-19 所示，各阵元排列在 z 轴上。则有

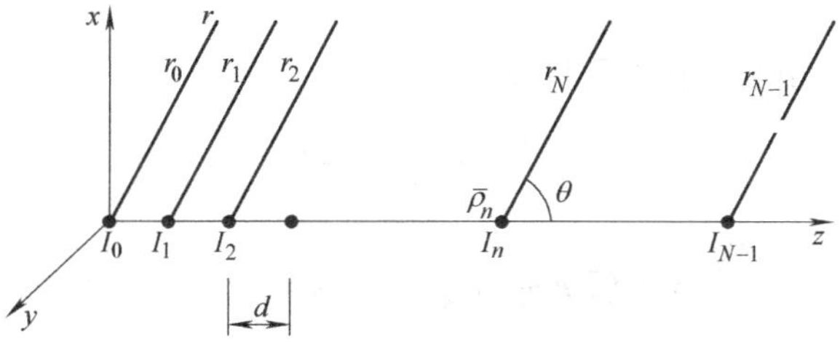

图 5-19　均匀直线阵

$$I_0=I_0;\ I_1=I_0\mathrm{e}^{\mathrm{j}\xi};$$
$$I_2=I_0\mathrm{e}^{\mathrm{j}2\xi};\ \cdots;\ I_{N-1}=I_0\mathrm{e}^{\mathrm{j}(N-1)\xi} \tag{5-68}$$

由叠加原理，整个阵列在 θ 方向上产生的场为

$$\boldsymbol{E}=\boldsymbol{E}_1+\boldsymbol{E}_2+\cdots+\boldsymbol{E}_N \tag{5-69}$$

由于各阵元排列方向一致，因此产生的场方向相同，上式可简写为

$$\boldsymbol{E}=\boldsymbol{E}_1+\boldsymbol{E}_2+\cdots+\boldsymbol{E}_N \tag{5-70}$$

考虑到等幅激励

$$\boldsymbol{E}=\boldsymbol{E}_1[1+\mathrm{e}^{\mathrm{j}\psi}+\mathrm{e}^{\mathrm{j}2\psi}+\cdots+\mathrm{e}^{\mathrm{j}(N-1)\psi}] \tag{5-71}$$

式中，$\psi=kd\cos\theta+\xi$。

ψ 的含义是：在与阵轴夹角为 θ 的方向上的远区观察点处第（$k+1$）个阵元产生的场比第 k 个阵元产生的场所超前的相位。ψ 包含两个相位因数：一个空间程差引起的相位差为

$kd\cos\theta$，另一个是电流激励的相位差 ξ。

由式（5-71）得

$$|E| = |E_1||f(\theta)| \tag{5-72}$$

式中，$|f(\theta)|$ 为线阵的阵因子。

$$|f(\theta)| = |1 + e^{j\psi} + e^{j2\psi} + \cdots + e^{j(N-1)\psi}| = \left|\frac{1 - e^{jN\psi}}{1 - e^{j\psi}}\right| = \left|\frac{\sin\left(\frac{N\psi}{2}\right)}{\sin\left(\frac{\psi}{2}\right)}\right| \tag{5-73}$$

显然，当 $\psi = 0$ 时，阵因子存在最大值，即

$$\lim_{\psi\to 0}|f(\theta)| = N$$

因此，归一化的阵因子

$$F(\psi) = \frac{|f(\theta)|}{N} = \left|\frac{\sin\left(\frac{N\psi}{2}\right)}{N\sin\left(\frac{\psi}{2}\right)}\right| \tag{5-74}$$

直线阵天线的几个主要结论：

（1）主瓣方向

均匀直线天线阵的最大值发生在 $\psi = 0$ 或 $kd\cos\theta + \xi = 0$ 处，即

$$\cos\theta = -\frac{\xi}{kd} \tag{5-75}$$

（2）旁瓣方向

旁瓣是次极大值，由归一化的阵因子可得

$$\left|\sin\left(\frac{N\psi}{2}\right)\right| = 1 \tag{5-76}$$

即

$$\frac{N\psi}{2} = \pm(2m+1)\frac{\pi}{2} \qquad (m = 1,2,3,\cdots) \tag{5-77}$$

如，第一旁瓣在 $m = 1$ 处，在 $\psi = \pm 3\pi/N$ 方向。

（3）零辐射方向

阵方向图的零辐射方向，由 $|F(\psi)| = 0$ 得

$$\frac{N\psi}{2} = \pm m\pi \qquad m = 1,2,3,\cdots \tag{5-78}$$

5.8.2 均匀直线阵的应用

根据天线方向图的指向，均匀直线阵可分为边射阵、端射阵两种情况，下面分别描述。

1. 边射式天线阵

边射式天线阵是指最大辐射方向在垂直于阵轴方向上的直线阵。此时，$\theta = \pm\frac{\pi}{2}$，$\cos\theta = 0$，根据式（5-75）得 $\xi = 0$，也就是说，各阵元上不需要有电流激励的相位差，当直线阵的各单元天线的馈电电流等幅同相时，阵因子方向图最大值出现在侧向，即垂直于阵轴的方

向。对四元边射阵（$N=4$），可画出间距为 $d=\dfrac{\lambda}{2}$ 和 $d=\lambda$ 时的阵因子方向图，如图 5-20 所示。

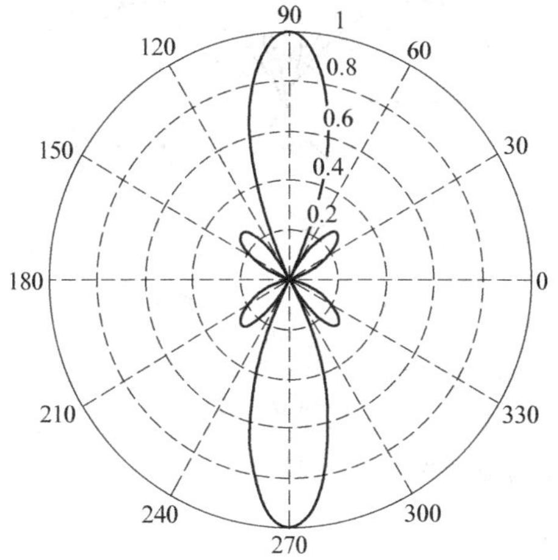

a) $d=\lambda/2$

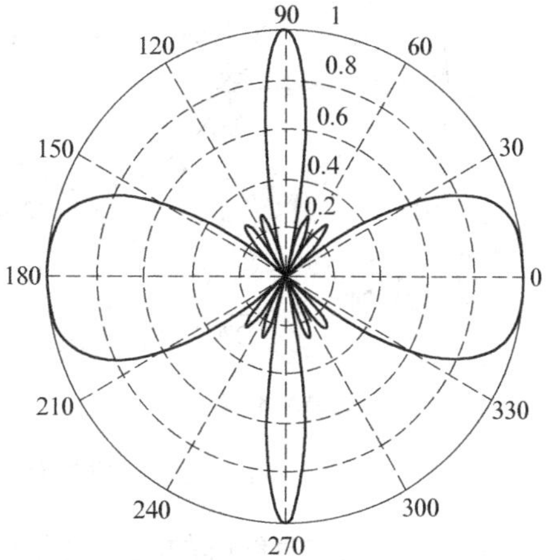

b) $d=\lambda$

图 5-20　四元边射阵方向图

由图可见，当 $d=\lambda/2$ 时，最大辐射方向为 $\theta=\pi/2$，即在阵轴的边向出现最大值，而在阵轴方向辐射场为零。若单元数增加，方向图主瓣将变窄，副瓣数将增加。阵因子方向图是关于阵轴旋转对称的。当单元间距增加到 $d=\lambda$ 时，不仅在阵轴侧向，而且在阵轴方向均出现最大值，即出现多个主瓣，多余的主瓣称为栅瓣。通常不希望有栅瓣出现，因此，在边射阵的设计中单元间距应满足 $d<\lambda$。

2. 端射阵

端射阵的最大辐射方向在阵轴方向上，即 $\theta=0$ 或 π，由式（5-75）得出两种情况：

1）当 $\theta=0$ 时 $\xi=-kd$。

2）当 $\theta=\pi$ 时 $\xi=kd$。

显然，两种情况都要求各阵元的电流激励的相位沿阵轴方向依次递变。

如图 5-21 所示，当 $\xi=-kd$ 时，$N=8$，$d=\lambda/4$；$N=4$，$d=\lambda/2$ 两种情况的端射阵方向图。

由方向图可以看出，当间距为 $d=\lambda/4$ 时，端射阵的方向图只有一个指向阵轴方向（$\theta=0$）的主瓣；当间距为 $d=\lambda/2$ 时，端射阵的方向图在阵轴的两个方向均出现最大值，说明出现了栅瓣。为了抑制栅瓣的出现，端射阵的间距应满足 $d<\lambda/2$。与边射阵方向图一样，端射阵方向图也是关于阵轴旋转对称的，且当单元数增加时，方向图主瓣将变窄，副瓣数将增加。

例题 5-8　间距为 $d=\lambda/2$ 的五元均匀直线阵，求：

（1）归一化阵方向函数；

（2）求边射阵的主瓣零功率波瓣宽度和第一旁瓣电平，并画出方向图；

（3）求此天线为端射阵时，主瓣零功率波瓣宽度和第一旁瓣电平，并画出方向图。

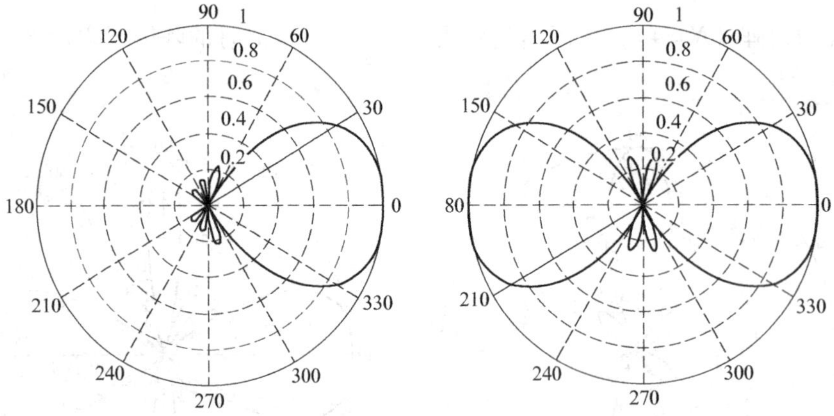

a) N=8 $d=\lambda/4$ b) N=8 $d=\lambda/2$

图5-21 端射阵方向图

解 （1）五元均匀直线阵的归一化方向函数

$$F(\psi)=\frac{\sin\left(\dfrac{5}{2}\psi\right)}{5\sin\left(\dfrac{1}{2}\psi\right)}$$

式中，$\psi=kd\cos\theta+\xi$。

将 $d=\lambda/2$ 代入得 $\psi=\pi\cos\theta+\xi$

（2）边射阵。满足 $\xi=0$，因此，$\psi=\pi\cos\theta$。

第一个零点位置

利用$\dfrac{N\psi}{2}=\pm m\pi$ 当 $m=1$ 时

$\pi\cos\theta=\dfrac{2}{5}\pi$，$\theta=\arccos\dfrac{2}{5}$

主瓣零功率波瓣宽度

$$\Delta\theta=2\left(90°-\arccos\frac{2}{5}\right)=2(90°-66.42°)=47.16°$$

第一旁瓣电平。利用旁瓣方向公式$\dfrac{N\psi}{2}=\pm(2m+1)\dfrac{\pi}{2}$，$m=1$ 处为第一旁瓣位置。再将 $N=5$ 代入得 $\psi=\pm3\pi/5$

$$F(\psi)=\frac{|f(\theta)|}{N}=\frac{1}{\left|5\sin\left(\dfrac{\psi}{2}\right)\right|}=0.2472$$

第一旁瓣电平为

$$20\lg0.2472=-12.139\text{dB}$$

方向图如图5-22a 所示。

（3）端射阵

令 $\xi=-kd=-\pi$ 的情况，则 $\psi=kd\cos\theta+\xi=\pi\cos\theta-\pi$

第一个零点位置

利用 $\frac{N\psi}{2}=\pm m\pi$　　当 $m=1$ 时

再利用 $\psi=\pi\cos\theta-\pi$ 及 $N=5$ 代入上式得

$$\pi\cos\theta-\pi=-\frac{2}{5}\pi$$

主瓣零功率波瓣宽度

$$\Delta\theta=2\arccos\frac{3}{5}=2\times53.13°=106.26°$$

第一旁瓣电平为

$$20\lg0.2472=-12.139\text{dB}$$

方向图如图 5-22b 所示。

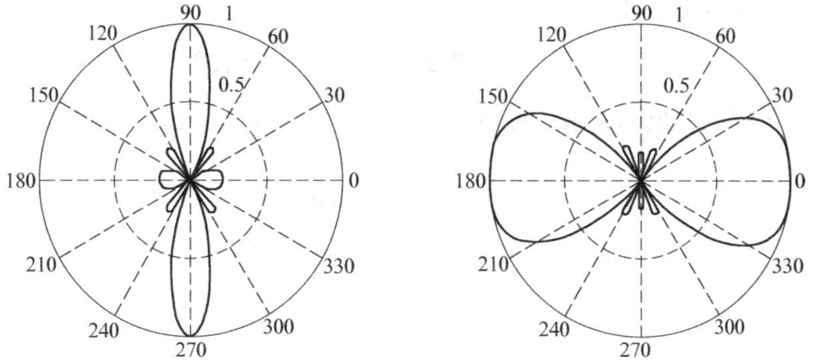

a)边射阵　　b)端射阵

图 5-22　五元均匀直线阵方向图

5.8.3　均匀平面天线阵

直线天线阵只能在通过阵轴的平面内控制波瓣形状，在与阵轴垂直的平面内却不能控制其形状。为了在两个主平面内都能控制波瓣形状，以便形成所谓的笔形波束，需把阵元按一定间距排列在同一平面上构成离散元平面阵。如图 5-23 所示为典型的矩形平面阵，坐标原点取在平面阵的几何中心上，它由 $N=N_xN_y$ 个阵元组成，N_x 为沿 x 方向排列的阵元数，N_y 为沿 y 方向排列的阵元数，d_x、d_y 分别为沿 x、y 方向的间距。为了方便，设阵元电流振幅相等。

图 5-23 中阵元由相同类型的天线组成，空间取向一致，图中黑点代表各阵元几何中心，亦即相位参考点。如果把沿 y 方向排列的 N_y 个阵元用 y 方向的直线阵代替，则该阵是间距为 d_y，阵元数为 N_y 的均匀直线阵，其阵的总方向性函数为 $f_1(\theta,\varphi)f_{2y}(\theta,\varphi)$。$f_1(\theta,\varphi)$ 为阵元方向性函数；$f_{2y}(\theta,\varphi)$ 为 y 方向线阵因子，其相位参考点选在直线阵的几何中心上；同理，在 x 方向上也构成一个新的均匀直线阵，该阵间距为 d_x，阵元数为 N_x，阵元方向性函数均为 $f_1(\theta,\varphi)$，而 x 方向的线阵因子为 $f_{2x}(\theta,\varphi)$，如图 5-23b 所示。于是根据方向图乘法

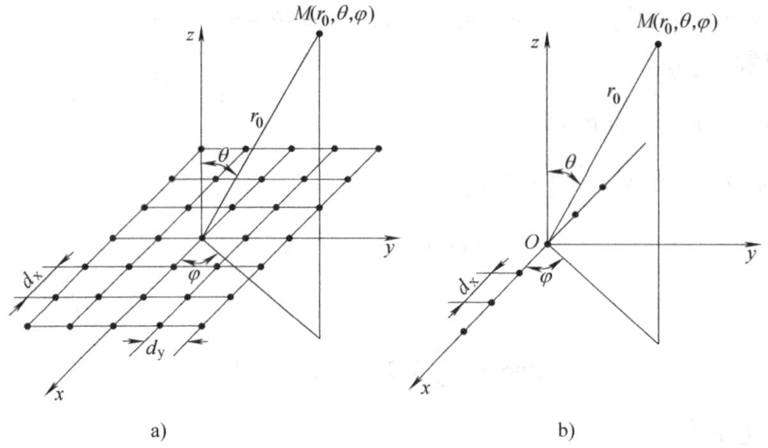

图5-23 典型的矩形平面阵

原理，可得平面天线阵的方向性函数为

$$f(\theta,\varphi)=f_1(\theta,\varphi)f_{2y}(\theta,\varphi)f_{2x}(\theta,\varphi) \tag{5-79}$$

根据图5-23所示的坐标关系，再结合均匀直线阵的阵因子公式，可得

$$f_{2y}(\theta,\varphi)=\frac{\sin\left[\frac{N_y}{2}(kd_y\sin\theta\sin\varphi+\xi_y)\right]}{\sin\left[\frac{1}{2}(kd_y\sin\theta\sin\varphi+\xi_y)\right]} \tag{5-80}$$

$$f_{2x}(\theta,\varphi)=\frac{\sin\left[\frac{N_x}{2}(kd_x\sin\theta\cos\varphi+\xi_x)\right]}{\sin\left[\frac{1}{2}(kd_x\sin\theta\cos\varphi+\xi_x)\right]} \tag{5-81}$$

平面阵总的阵因子为$f_{2x}(\theta,\varphi)f_{2y}(\theta,\varphi)$，可进一步得到平面阵的归一化阵因子为

$$F(\theta,\varphi)=F_{2x}F_{2y}=\left|\frac{f_{2x}(\theta,\varphi)}{N_x}\right|\left|\frac{f_{2y}(\theta,\varphi)}{N_y}\right| \tag{5-82}$$

式（5-82）表明，平面阵的阵函数为F_{2x}与F_{2y}的积，而F_{2x}和F_{2y}分别代表沿x轴和沿y轴排列的均匀直线阵因子，对应的主瓣分别为绕x轴和绕y轴旋转对称的“盘状”波束。

以5×5平面阵，$d_x=d_y=\frac{\lambda}{2}$的平面天线阵为例，当天线的$\theta=\frac{\pi}{2}$；$\xi_x=\xi_y=0$时，其二维、三维方向图如图5-24所示；当天线的$\theta=0$，$\xi_x=-\pi$，$\xi_y=0$时，其二维、三维方向图如图5-25所示；当天线的$\theta=\frac{\pi}{3}$，方位角为$\frac{\pi}{4}$，$\xi_x=\xi_y=-\frac{\pi}{2}$时，其方向图如图5-26所示。

以下几幅图是仿真了矩形平面阵天线的扫描过程，矩形平面阵不仅能在通过阵轴的平面内控制波瓣形状，在与阵轴垂直的平面内也能控制波瓣形状。

5.8.4 理想地面对天线方向性的影响

前面提到的天线都是假设位于无限大的自由空间，而实际上的天线是架设在地面或置于载体

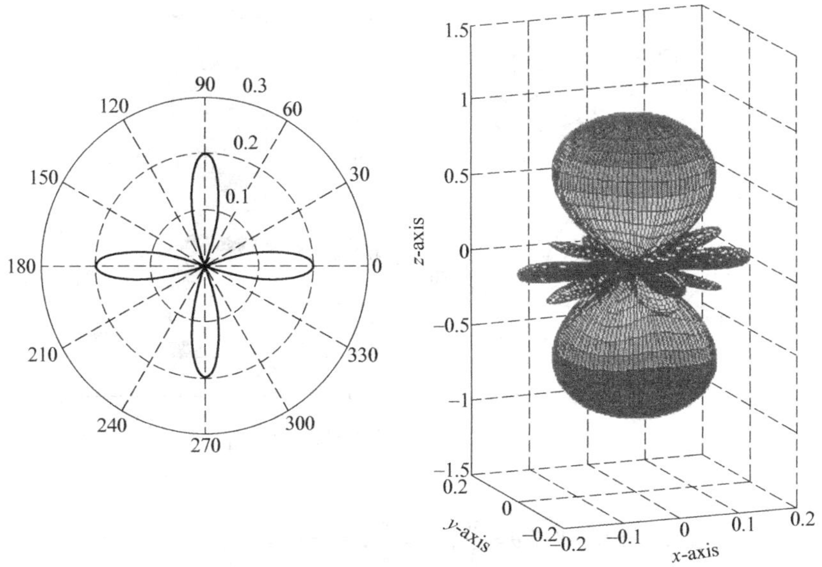

图 5-24　5×5 平面 $\theta=\frac{\pi}{2}$，$\xi_x=\xi_y=0$ 时的方向图

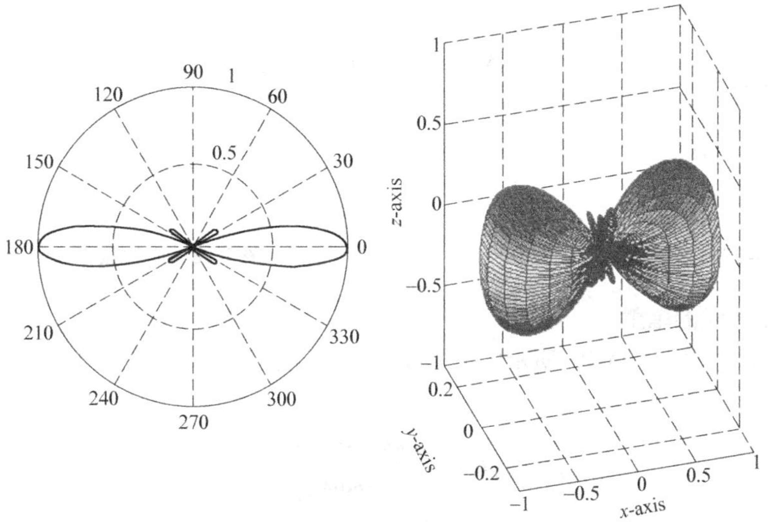

图 5-25　5×5 平面 $\theta=0$，$\xi_x=-\pi$，$\xi_y=0$ 时的方向图

表面，地面或载体表面(多数情况下)都是导体，在天线的电磁场的作用下感应起电流，电流又激起电磁场，从而影响了天线的电性能。只有在短波和微波波段，地面对天线影响较小，可以忽略不计。严格计算地面对天线影响比较复杂，通常用一种近似方法——镜像法来分析。

1. 镜像法

镜像法处理方法是：地面或载体表面看作是无限大的理想导体平面，在天线的电磁场的作用下，地面电流激起的电磁场可以看作是由位于地面下的天线的镜像所辐射的。这样单极子天线可等效为对称振子，如图 5-27 所示。而对称振子可等效为二元阵，如图 5-28 所示。

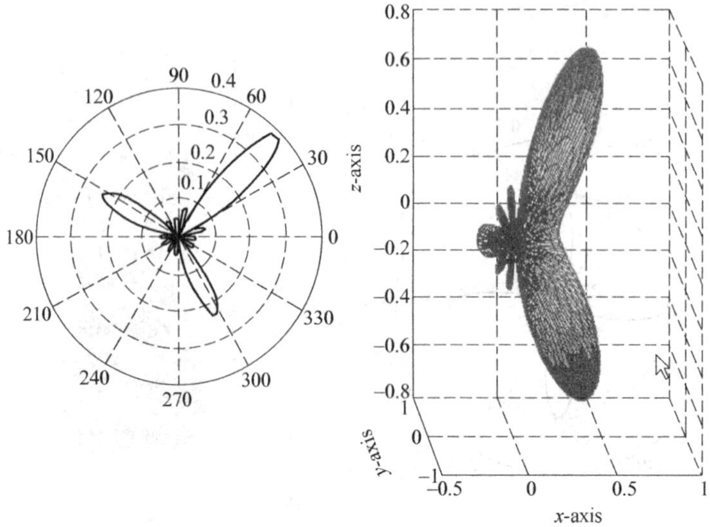

图 5-26 5×5 平面 $\theta=\frac{\pi}{3}$，$\varphi=\frac{\pi}{4}$，$\xi_x=\xi_y=-\frac{\pi}{2}$时的方向图

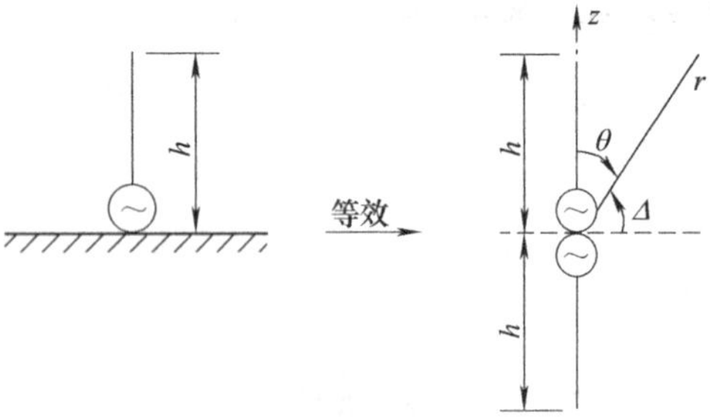

图 5-27 单极子及等效图

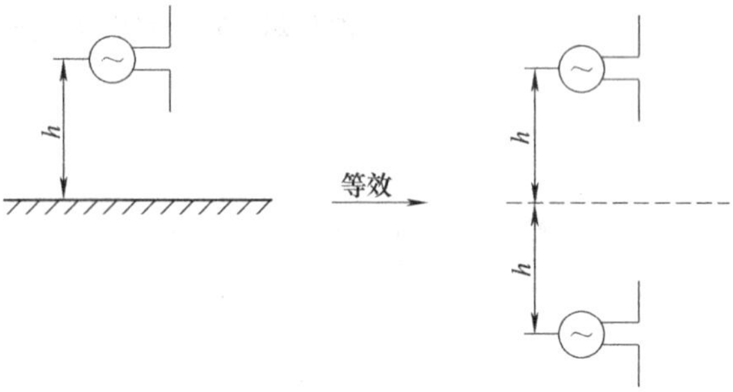

图 5-28 对称振子及等效图

2. 单极子天线的辐射

根据镜像法，采用图 5-27 所示的坐标系，单极子天线的辐射场可近似为由自由空间对称振子公式获得，即

$$E_\theta = \mathrm{j}\frac{60}{r}I_\mathrm{m}\frac{\cos(kh\cos\theta)-\cos kh}{\sin\theta}\mathrm{e}^{-\mathrm{j}kr} \tag{5-83}$$

式中，$k=2\pi/\lambda$。

前面讲了天线的方向图有 E 面方向图和 H 面方向图，但在地面上架设的天线，其方向图常用两个互相垂直的面——水平面和铅垂面来表示。如图 5-29 所示。

(1) 水平面

当仰角 Δ 及距离 r 为常数时，电场强度随方位角 φ 的变化曲线。

(2) 铅垂面

当 φ 及 r 为常数时，电场强度随仰角 Δ 的变化曲线。

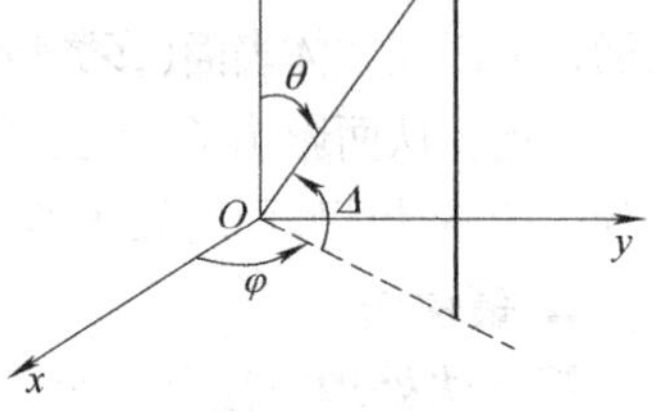

图 5-29 坐标系参考图

将 $\theta = \Delta - 90°$ 代入式（5-83）可以计算出单极子天线架设在理想地面上的方向函数

$$F(\Delta) = \left| \frac{\cos(kh\sin\Delta) - \cos kh}{\cos\Delta} \right| \tag{5-84}$$

由上式可以看出，方向函数与 φ 无关，因此单极子天线水平面方向图应该是圆。而对于铅垂面，方向函数随仰角 Δ 变化而变化，如图 5-30 所示，绘出了关于 h/λ 的三种取值铅垂面图。

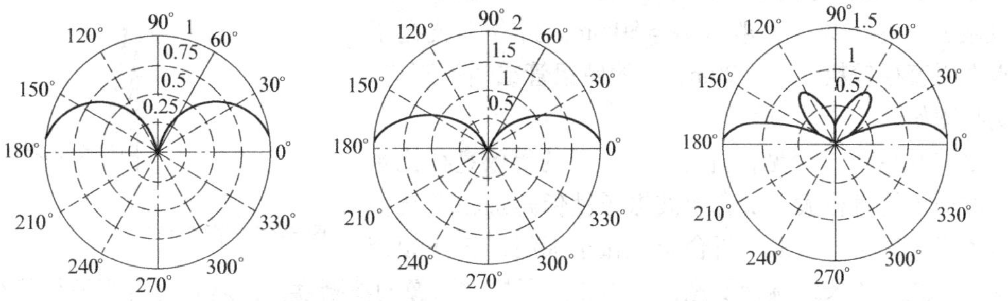

h/λ=1/4　　h/λ=1/2　　h/λ=2/3

图 5-30　单极子天线铅垂平面方向图

由图 5-30 可知，当 h/λ 逐渐增大时，波瓣变尖；当 $h/\lambda = 2/3$，出现旁瓣，实际应用中一般取 h/λ 为 0.53 左右。

5.9　电视天线

5.9.1　折合半波振子天线

折合半波振子天线可以看成是将两个基本半波振子天线的尾部相连而成，即两个半波振子天线的并联，如图 5-31 所示。

折合半波振子天线虽然在结构上和基本半波振子天线不相同，但是它们的基本电特性是基本相同的，但折合半波振子天线还有其独特的特性。

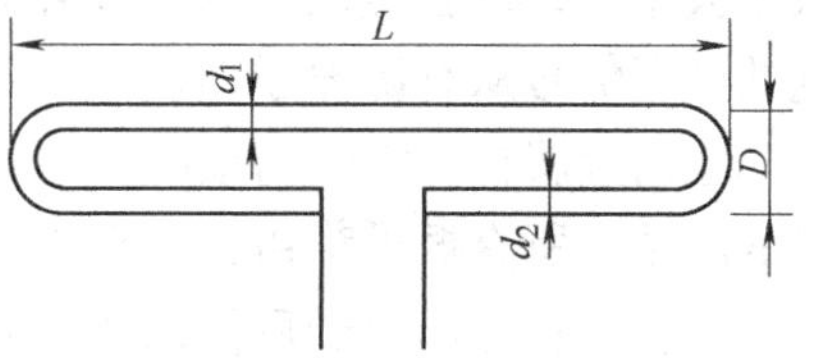

图 5-31　折合半波振子天线

折合半波振子天线是两个半波振子天线的并联，如果基本半波振子天线的电流为 I，则折合半波振子天线的电流为 $I/2$，在两种振子输入功率相同的情况下，可导出折合半波振子天线的输入阻抗是基本半波振子天线的输入阻抗的 4 倍，即近似为 300Ω。简要证明如下：

设基本半波振子天线的输入阻抗为 R_1，输入功率为 P_1，折合半波振子天线的输入阻抗为 R_2，输入功率为 P_2，当两种天线馈以同样的功率时，则有

$$P_1 = \left(\frac{I_m}{\sqrt{2}}\right)^2 R_1 \qquad P_2 = \left(\frac{I_m}{2\sqrt{2}}\right)^2 R_2 \tag{5-85}$$

$$\because P_1 = P_2 \qquad \therefore R_2 = 4R_1$$

由于折合半波振子天线的输入阻抗高，当天线工作频率变化或接收的电视频道改变时，天线输入阻抗的相对变化少，易于与馈线匹配。

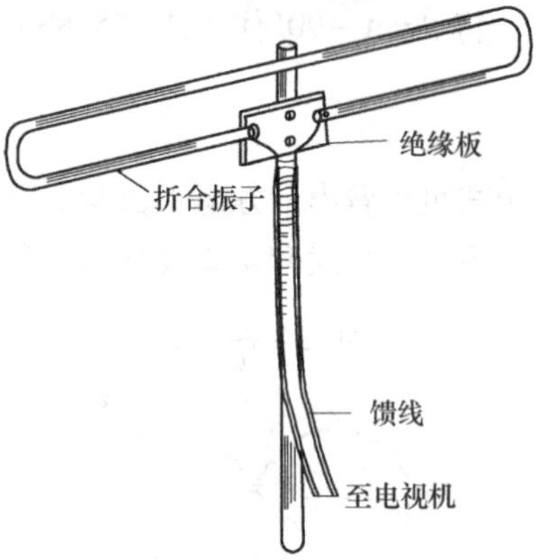

图5-32 折合半波振子天线实物图

在制作材料上，振子天线直径越粗，天线通频带就越宽。折合半波振子的等效直径可由下式计算：

$$d=\sqrt{(d_1+d_2)D} \tag{5-86}$$

式中，d_1 是折合半波振子天线上振子的直径；d_2 是折合半波振子天线下振子的直径；D 是折合半波振子天线两根振子间的距离，一般取 $D=80\text{mm}$。折合半波振子通常选用直径较粗（10~20mm）的硬铝管或铜管制成，其实物图如图5-32所示。

由式（5-86）可见，折合半波振子的等效直径比基本半波振子的直径大，折合半波振子就像是加粗了直径的基本半波振子。所以，折合半波振子天线的工作频带比基本半波振子天线频带要宽，因而提高了接收图像的清晰度。这就是折合半波振子被广泛使用的原因。

5.9.2 引向天线

1. 天线的结构

引向天线是日本学者八木和宇田共同研究发明的，因此也叫做“八木-宇田”天线，简称八木天线。它具有高灵敏度、强方向性等优点。引向天线是由一个有源折合半波振子和多个无源辅助振子组成的定向天线。它具有结构简单，馈电方便，易于制作和外形美观等特点，因而成为普遍采用的一种电视接收天线。图5-33表示了引向天线的构造示意图。

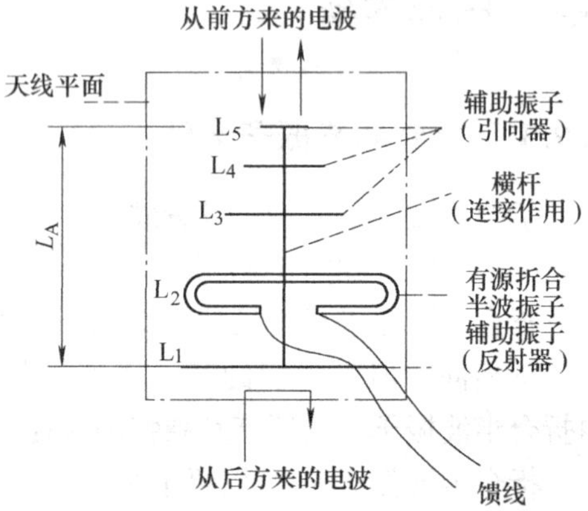

图5-33 引向天线的构造示意图

引向天线的有源振子（主振子）可以是基本半波振子，也可以是折合式振子。一般常用折合式半波振子，以获得足够的天线输入阻抗，接收到的电视信号从有源振子馈出。无源振子是若干个孤立的金属杆，它们与馈线及有源振子没有直接的联系。所有振子都由天线横杆固定在同一个平面内。装在有源振子后面的无源振子叫做反射器，装在有源振子前面的无源振子叫做引向器。只有一个反射器，而没有引向器时称为二单元引向天线；有一个引向器和一个反射器时称为三单元引向天线；有一个反射器和两个引向器就叫做四单元引向天线；等等以此类推。

2. 引向天线的原理

引向天线的工作原理及计算比较复杂，在这里只对引向天线的基本工作原理作定性的说明。在引向天线中，因为不直接馈电的无源振子在有源振子作用下产生感应电流，其感应电流的大小和相位取决于无源振子与有源振子之间的距离和无源振子的长度，因此，适当地选择无源振子的长度和它们与有源振子的距离，可以使引向器和有源振子在最大辐射（或接收）方向上产生的电场相加。由有源振子辐射（或接收）的电磁波，经反射器反射和引向器引导后，将沿着引向器所在的方向上形成单方向的辐射（或接收）。

以图 5-33 所示的五单元八木天线为例，当有源振子 L_2（折合半波振子）谐振时其阻抗为纯电阻，反射器 L_1 大于 $\lambda/2$（大概 5% ~20%），因此呈感性；引向器 L_3、L_4、L_5，均小于 $\lambda/2$（大概 5% ~15%），因此呈容性，电流的相位比有源振子落后，有源振子和无源振子产生的电磁场在空间叠加，由于路程差和电流相位差的补偿关系，在前方为同相叠加，使前方能量增大，就是等于把接收的能量引向前方。因此把前方的无源振子称为引向器。由于后方的 L_1 呈感性，电流的相位超前于有源振子上的电流，产生的电磁场在空间叠加，仍使前方能量增大，从形式上看，相当于把接收的能量反射到前方，因此称为反射器。

实验证明，在有源振子后方多加几个反射器，对提高天线的增益作用不大，但是在有源振子前面多加几个引向器，天线的增益却能显著提高，所以，一般多单元引向天线是由一个有源振子、一个无源反射器和若干个引向器组成。但是，当八木天线的引向器数目达到一定数量时，再继续增加引向器对天线的增益的增加作用不大，反而使天线的通频带变窄，输入阻抗降低，造成匹配困难。所以在一般的情况下，VHF 频段接收天线为 10 单元以内的八木天线，UHF 频段天线可以做到 20 个单元左右。

5.10　螺旋天线

金属导线绕制成螺旋状结构的天线称为螺旋天线。通常有两种结构形式：圆柱螺旋天线（见图 5-34a）和圆锥螺旋天线（见图 5-34b）。由同轴线馈电，同轴线的内导体与螺旋线相接，外导体与接地板相连。

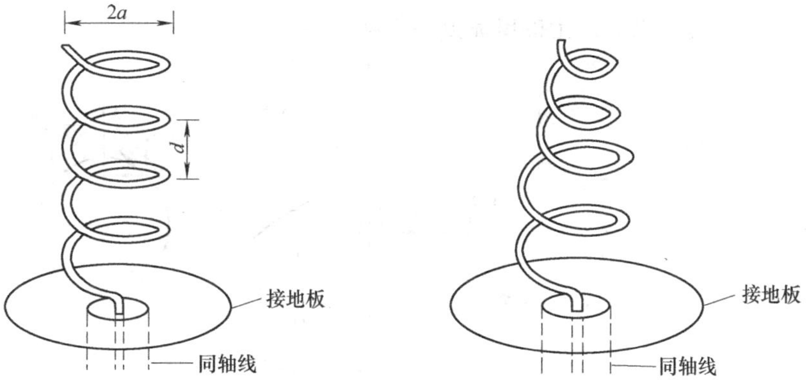

a) 圆柱螺旋天线　　b) 圆锥螺旋天线

图 5-34　螺旋天线

螺旋天线的参数有：螺旋直径 $2a$、螺距 d、螺旋一周的长度 l_0 和螺距角 α_0。通常 α_0 为 12° ~16°；天线的轴向长度为 L_a。螺旋天线主要用于米波及分米波波段的遥控遥测、卫星通信和气象雷达等无线电技术设备中。它有以下几个特点：沿天线轴方向辐射最大，辐射圆极化波，且工作频带宽，圆柱螺旋天线能将带宽展宽到 1.7 : 1，圆锥螺旋天线能展宽到 4: 1。

螺旋天线的辐射特性与螺旋的半径有密切关系，图 5-35a 所示的是螺旋半径与波长比值 $a/\lambda < 0.1$ 的情况，天线的最大辐射方向在与螺旋轴线垂直的平面内，称为法向模式，此时天线称为法向模式天线；图 5-35c 是螺旋半径与波长比值 $a/\lambda > 0.25$ 的情况，天线的最大辐射方向偏离轴线分裂成两个方向，方向图呈圆锥形状；图 5-35b 是螺旋半径与波长比值 a/λ

≈0.13～0.21 的情况，天线的辐射方向位于天线轴向，此时天线称为轴向模式天线。这也是本节要讨论的一种状态。

1. 轴向辐射圆极化波

当 $a/\lambda \approx 0.13 \sim 0.21$ 时，即螺旋天线一周的长度近似等于一个波长的情况。由于螺旋天线的螺距角较小，螺旋天线可近似看作由 N 个平面圆环串联而成，即看作是用环天线组成的天线阵。若圆环周长为 $l_0 \approx \lambda$，此时螺旋天线的电流呈行波分布，则天线的辐射场呈圆极化，其最大辐射方向沿轴线方向。

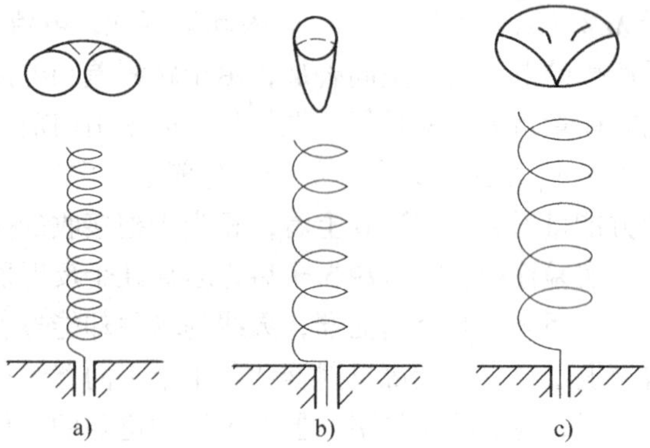

图 5-35 螺旋天线的辐射特性

假设在 t_1 时刻环上的电流分布如图 5-36a 所示，A、B、C、D 是圆环上的 4 个对称点，它们的电流幅度相等，方向沿圆环的切线方向。因此每点的电流均可分解为 x 和 y 两分量，由图 5-36a 可以得到

$$\begin{cases} I_{Ax} = -I_{Bx} \\ I_{Cx} = -I_{Dx} \end{cases} \tag{5-87}$$

式（5-87）对于任何两个关于 y 轴对称的点都是成立的，在 t_1 时刻，x 方向的电流在轴向的辐射相互抵消，而 y 方向的电流在轴向的辐射同相叠加，且它们产生的场方向是同向的，即 $E = E_y$，由于线上载有行波，线上的电流分布将随时间沿线移动。

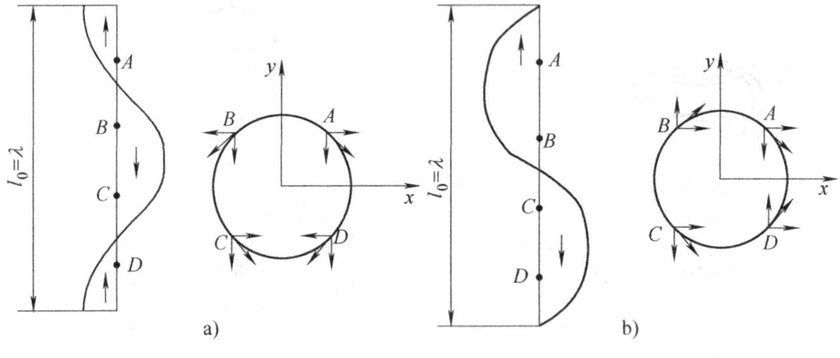

图 5-36 平面圆环的电流分布

而在 $t_2 = t_1 + T/4$ 时刻环上的电流分布如图 5-36b 所示，A、B、C、D 四个对称点上的电流发生了变化，每点的电流仍可分解为两分量，且有

$$\begin{cases} I_{Ay} = -I_{By} \\ I_{Cy} = -I_{Dy} \end{cases} \tag{5-88}$$

显然，在 t_2 时刻的轴向辐射场为 $E = E_x$，这说明经过四分之一周期后，轴向辐射场由 y 方向变为 x 方向，即在空间绕轴旋转了 90°，经过一个周期的时间，电场矢量将连续地旋转 360°，从而形成了圆极化波。所以周长为一个波长的平面圆环沿轴向辐射圆极化波。由于实际的螺旋天线不是由严格的平面环构成，而且在一定的工作频带内，环的周长与波长之比有一定范围的变动，一般情况下不是圆极化波，而是椭圆极化波，是一种近似的圆极化波。

2. 轴向辐射最大方向系数条件的自动满足

要使整个螺旋天线在轴向获得最大辐射，则必须使相邻两圈上对应点的电流在轴向产生的场同相叠加，即要求对应点处的电流在轴向产生的场之间的相位差为

$$\psi = \alpha l_0 - kd = 2\pi \tag{5-89}$$

式中，αl_0 为相邻两圈上对应点的电流的相位差；$\alpha = 2\pi/\lambda'$，$\lambda' = \lambda/n_1$，n_1 为螺旋线上波长缩短系数；kd 为相邻两圈上对应点在轴向的波程差，d 是螺距，$k = 2\pi/\lambda$。

由式(5-89)可得

$$l_0 = \frac{1}{n_1}(\lambda + d) \tag{5-90}$$

这样天线各圈的场在轴向同相叠加，因而在此方向有最大辐射，但此时方向系数不是最大。要使螺旋天线在轴向获得最大辐射且方向系数最大，根据强方向性端射阵条件，天线的第一个螺旋圈与最末一个螺旋圈沿轴向产生的辐射场的相位差为

$$\psi = \alpha l_0 - kd = 2\pi + \frac{\pi}{N} \tag{5-91}$$

则有

$$l_0 = \frac{1}{n_1}\left(\lambda + d + \frac{\lambda}{2N}\right) \tag{5-92}$$

由式(5-92)可以看出：当工作波长 λ 增大或变短时，由于波长缩短系数也随之增大或变小，结果使等式的右边几乎不变，从而使螺旋天线在一定的带宽内自动调整来满足获得最大方向系数的条件。

3. 螺旋天线电参数估计

当螺距角 $\alpha_0 = 12° \sim 16°$，螺旋线一周长度为 $l_0 = (3/4 \sim 4/3)\lambda$ 时，给出下列经验公式：

天线方向系数

$$D = 15\left(\frac{l_0}{\lambda}\right)^2 \frac{Nd}{\lambda} \tag{5-93}$$

主瓣半功率宽度

$$2\theta_{3\text{dB}} = \frac{52°}{\dfrac{l_0}{\lambda}\sqrt{\dfrac{Nd}{\lambda}}} \tag{5-94}$$

输入阻抗

$$Z_{\text{in}} = R_{\text{in}} = 140\frac{l_0}{\lambda} \tag{5-95}$$

5.11　行波天线

前面讲的对称振子天线上的电流分布为

$$I(z) = I_{\text{m}}\sin[\beta(l - |z|)] = \frac{I_{\text{m}}}{2\text{j}}\text{e}^{\text{j}\beta l}(\text{e}^{-\text{j}\beta|z|} - \text{e}^{\text{j}\beta|z|}) \tag{5-96a}$$

式中，右边括号内第一项是从馈点向导线末端传输的行波；第二项是反射波，负号表示反射系数是 -1。

当天线上第二项反射波很小时，可以看成是行波天线。行波天线的作用类似于导波结构，而谐振天线支持驻波，类似于谐振回路。在天线末端加上匹配负载吸收剩余电磁能量，可以防止反射波的产生。对于很长的线天线，由于电流沿着天线流动时不断地辐射，能量不断地消耗掉，仅仅有很少的电磁能量到达天线末端，也可以看成是行波天线。行波天线是宽带天线的一种类型。最简单的行波天线是仅仅传输行波的单根长线，如图5-37所示。

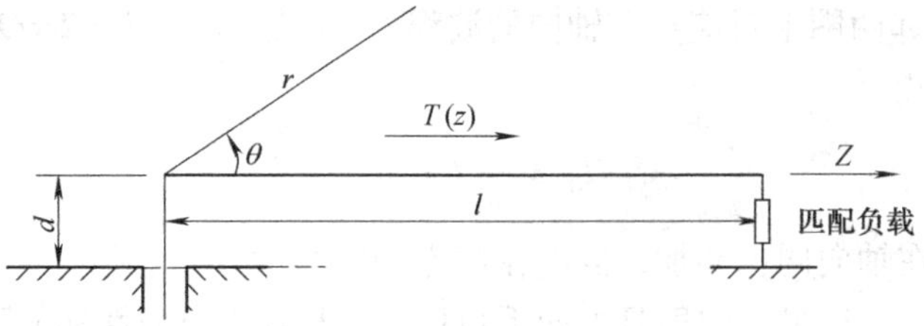

图5-37 行波天线

5.11.1 行波单导线天线的方向图

为了简化分析，首先假设地平面的作用可以忽略，即天线是在自由空间之中。如图5-37所示，用同轴线对长线天线馈电。当 $d \ll l$ 时垂直段的辐射作用可以忽略，并假设沿着长线辐射损耗和欧姆损耗比较小，衰减可以忽略。线上的电流幅值不变，相速等于自由空间的相速，电流可写为

$$I(z) = I_0 e^{-j\beta z} \tag{5-96b}$$

则沿 z 轴的线电流源的远区辐射电场强度为

$$E_\theta = \frac{j60\pi}{\lambda r} e^{-j\beta r} \sin\theta \int_0^l I(z) e^{j\beta z\cos\theta} dz \tag{5-97}$$

即

$$E_\theta = \frac{j60\pi I_0}{\lambda r} \frac{\sin\theta}{1-\cos\theta} \sin\left[\frac{\beta l}{2}(1-\cos\theta)\right] e^{-j\beta\left[r+\frac{l}{2}(1-\cos\theta)\right]} \tag{5-98}$$

天线的方向函数为

$$F(\theta) = \sin\theta \frac{\sin[(\beta l/2)(1-\cos\theta)]}{(1-\cos\theta)} \tag{5-99}$$

由于单元方向图因子 $\sin\theta$ 迫使端射方向为零点，主波束是以 z 轴为对称的旋转对称圆锥。如图5-38是 $l=6\lambda$ 时行波天线极坐标方向图。

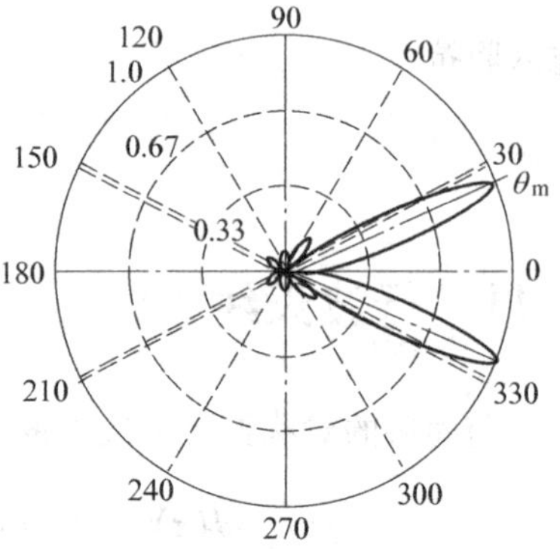

图5-38 $l=6\lambda$ 时行波天线极坐标方向图

当天线较长时，行波天线最大辐射方向可近似由下式确定：

$$\sin[(\beta l/2)(1-\cos\theta)] = 1 \tag{5-100a}$$

由式(5-100a)可以求出最大辐射角 θ_m，它是天线长度 l 的函数。最大辐射角 θ_m 的近似表达式

$$\theta_m = \cos^{-1}\left(1-\frac{\lambda}{2l}\right) \tag{5-100b}$$

由式(5-100b)可知，当 l/λ 较大，工作波长改变时，最

大辐射方向 θ_m 变化不大。

行波天线的输入阻抗基本上是电阻性的。可以这样理解，无耗传输线上的行波阻抗等于传输线的特征阻抗（实数）。行波天线的辐射电阻约为200～300Ω。

5.11.2 V形天线和菱形天线

在V形天线末端接上匹配负载，可以把谐振V形天线变成行波天线。对于V形天线也可看作由两根行波单导线组成，选择适当张角 2θ，可以在张角的平分线方向获得最大辐射，如图5-39所示，该图是在 $l=6\lambda$、$\theta=16.2°$ 时的辐射图，图中出现高电平副瓣，这主要是由于V形天线每一个臂的主波束有一部分与轴（平分线方向）不平行所至。V平面之外的方向图比较复杂，它是V形天线每一个臂的圆锥形方向图叠加的结果。

由于 l/λ 较大时，改变工作波长而最大辐射方向 θ_m 变化不大，因此V形天线具有较好的宽频特性。

把行波V形天线的思想扩展一下，就得到菱形天线，如图5-40所示。菱形天线的工作原理易于理解，直观地看成是平行传输线被拉开一定距离而形成的。因此，它的特性阻抗将增加。选择合适的负载电阻以匹配传输线特性阻抗。天线上载有外向行波，剩余能量由匹配负载吸收。因为线间距离比波长大，所以天线有辐射作用。如果设计得好，可以在对角线方向获得最大辐射。

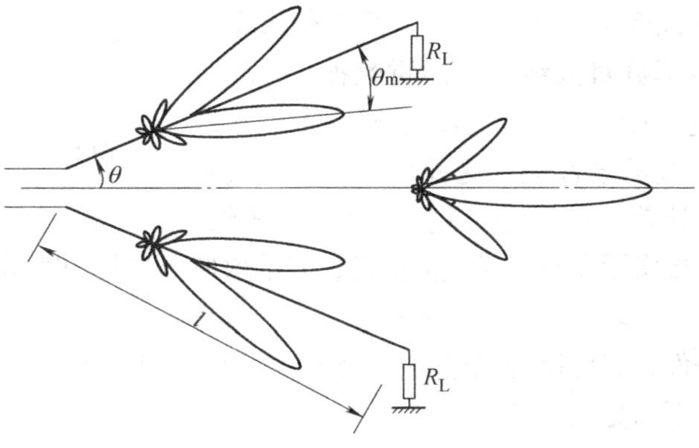

图5-39 V形天线（$l=6\lambda$，$\theta=16.2°$）

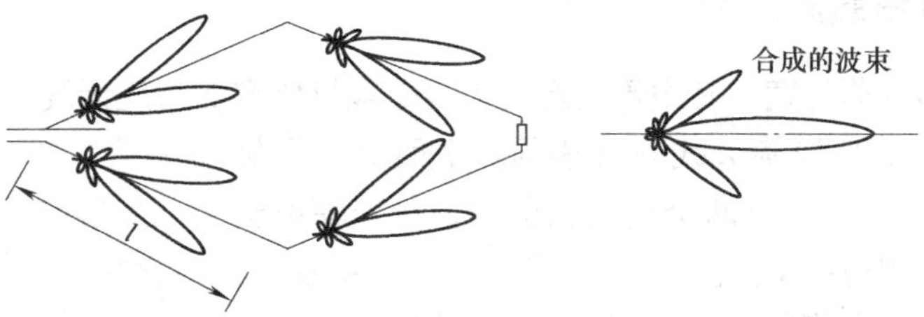

图5-40 菱形天线及平面方向图

5.12 非频变天线

若天线的阻抗、方向图特性在一倍频程（$f_{max}/f_{min}=2$）或几倍频程范围内无明显变化，则称为宽频带天线；若天线频程在更大的范围（$f_{max}/f_{min}\geq 10$）内，它的阻抗、方向图等电特性基本不变化，则称为非频变天线，也称为与频率无关天线。非频变天线概念是由拉姆西（V. H. Rumsey）于1957年提出的，使天线的发展产生了一个突破，可将带宽扩展到超过40∶1，在此之前，具有宽频带方向性和阻抗特性的天线其带宽不超过2∶1。我们已经知道，天线的电性能取决于它的电尺寸，所以当几何尺寸一定时，频率的变化导致电尺寸的变化，因而天线的性能也将随之变化。非频变天线的导出基于相似原理。相似原理是说：若天线的所有尺寸和工作频率（或波长）按相同比例变化，则天线的特性保持不变。对于实际的天线，要实现非频变特性必须满足以下两个条件。

1. 角度条件

天线的形状仅取决于角度，而与其他尺度无关，即

$$r = r_0 e^{a\varphi} \tag{5-101}$$

式中，r_0 是 $\varphi=0$ 的矢径；a 是常数，它控制了螺旋线张开的速度。$a>0$ 表示右旋螺旋线，$a<0$ 表示左旋螺旋线。

这样的天线，当工作频率变化时，其形状、尺度与波长的相对关系不变，如图5-41所示。

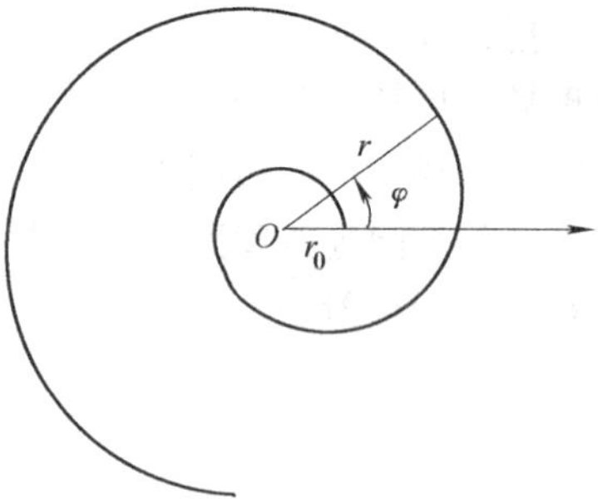

图5-41 平面等角螺旋天线

2. 终端效应弱

实际天线的尺寸总是有限的，与无限长天线的区别就在于它有一个终端的限制。若天线上的电流沿其长度衰减很快，则决定天线辐射特性主要来自载有较大电流的那部分导线，其他部分对天线辐射的贡献很小，若将其截去，对天线的电性能影响也很小，这样有限长天线就具有近似无限长天线的电性能，这种现象称为终端效应弱，反之则称为终端效应强。具有无限（或近似无限）长特性的天线，是构成实际非频变天线的关键，终端效应弱也是判断是否为非频变天线的条件之一。终端效应的强弱取决于天线的结构。

满足以上两个条件，就可以构成非频变天线。与频率无关天线大体分为两类：角螺旋天线和对数周期振子。下面分别讨论这两种天线。

5.12.1 平面等角螺旋天线

螺旋天线的频带非常宽，其中等角螺旋天线是最早研究的螺旋天线，多数文献中基本分析方法都是用平面等角螺旋天线来表述的。平面等角螺旋天线结构如图5-42所示。有两个金属辐射臂，每个辐射臂有两个边缘，分别用边缘1、边缘2、边缘3、边缘4表示。边缘1是严格的等角螺旋线，由式（5-101）给出。则只要将边缘1旋转 δ 角，就可得边缘线2，即

$$r_2 = r_0 e^{a(\varphi-\delta)} \tag{5-102}$$

另一臂相当于该臂旋转180°而构成，则两个边缘线分别是

$$r_3 = r_0 e^{a(\varphi-\pi)};\quad r_4 = r_0 e^{a(\varphi-\pi-\delta)} \tag{5-103}$$

图5-42 平面等角螺旋天线结构

平面等角螺旋天线的辐射方向图、输入阻抗和极化特性，在很宽的频带内保持几乎为常数。馈电点在天线的中

心。各个半径 r_i 和张开速度 a 决定了天线的性能。用展开比 ε 表示张开速度 a 更为方便，ε 表示螺旋线变化一圈半径的增加因子

$$\varepsilon = \frac{r_0 e^{a(\varphi+2\pi)}}{r_0 e^{a\varphi}} = e^{2a\pi} \tag{5-104}$$

ε 的典型值是 4，由此可以算出 $a=0.221$。天线工作频带的上限 f_{max} 受馈电点结构的限制，当展开比 $\varepsilon=4$ 时，最小半径 r_0 大约是 f_{max} 的四分之一波长。一个等效标准就是馈电区域的周长 $2\pi r_0 = c/f_{max} = \lambda_{min}$。天线工作频带的下限取决于天线总的半径 R，差不多是 f_{min} 的四分之一波长。也就是说，紧紧包围整个天线的圆周长 L 决定了最低频率的波长 $L=2\pi R=\lambda_1$。最大半径和最小半径之比即是天线的频带宽度。

5.12.2　对数周期振子阵

对数周期天线（Log Periodic Antenna）于 1957 年提出，是非频变天线的另一类型，对数周期天线有多种型式。按其结构分有平面型和立体型；按辐射器形状分有线状振子和片状振子。图 5-43 表示一个由线振子组成的对数周期振子阵，因具有极宽的频带特性，而且结构比较简单，所以很快在短波、超短波和微波波段得到了广泛应用。

对数周期振子阵的所有振子尺寸以及振子之间的距离等都有确定的比例关系

$$\frac{l_{n+1}}{l_n} = \frac{r_{n+1}}{r_n} = \tau \tag{5-105a}$$

$$d_n = r_n - r_{n+1} = r_n(1-\tau) \tag{5-105b}$$

式中，τ 表示相似系数或称为比例因子。

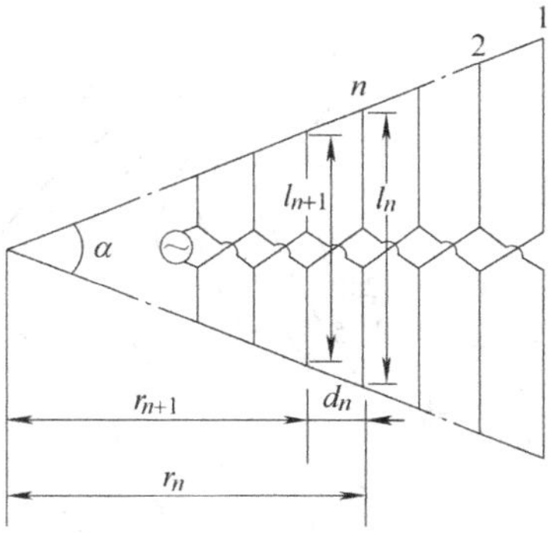

图 5-43　对数周期振子阵

根据对数周期振子阵天线上各部分对称振子的工作情况，通常把整个天线分成三个工作区域，分别为：传输区、辐射区和非激励区。从电源到辐射区之间的一段，称为传输区；辐射区以后的部分为非激励区，又称非谐振区。下面分别介绍这三个区域的工作情况。

在传输区，各对称振子的电长度很短，振子的输入阻抗（容抗）很大，因而激励电流很小，所以它们的辐射很弱，主要起传输线的作用。在非激励区，由于辐射区的对称振子处于谐振状态，振子的激励电流很大，已将传输线送来的大部分能量辐射出去，能够传送到非激励区的能量剩下很少，所以非激励区的对称振子激励电流也就变得很小，由于振子的激励电流很小，对外辐射自然也很弱。

实验证实对数周期振子阵天线上确实存在着类似于一个振子工作的一个电尺寸一定的辐射区或有效区，这个区域内的振子长度在 $\lambda/2$ 附近，具有较强的激励，对辐射将作出主要贡献。当工作频率变化时，该区域会在天线上前后移动（例如，频率增加时向短振子一端移动），使天线的电性能保持不变。另外，实验还证实，对数周期振子阵天线上存在着终端效应弱，即“辐射区”后面的较长振子激励电流呈现迅速下降的现象，正因为对数周期振子阵天线具有这一特点，才有可能从无限大结构上截去长振子那边无用的部分以后，还能在一定的频率范围内近似保持理想的无限大结构时的电特性。

设计这种天线时常用间隔因子 σ 来表示相邻振子间的距离，它定义为

$$\sigma = \frac{d_n}{2l_n} \tag{5-106}$$

对数周期振子阵天线的顶角 α、τ 及 σ 之间具有如下关系：

$$\tan\frac{\alpha}{2} = \frac{l_n}{2r_n} = \frac{l_n(1-\tau)}{2d_n} = \frac{1-\tau}{4\sigma} \tag{5-107}$$

对数周期振子阵天线的馈电点选在最短振子处。天线的最大辐射方向将由最长振子端朝向最短振子的这一边。天线的几何结构参数 α、τ 及 σ 对天线电性能有着重要的影响，是设计对数周期振子阵天线的主要参数。图 5-44 给出了 τ 和 σ 变化时，对数周期振子天线方向性系数的等值线。由图可以看出，比例因子 τ 越接近 1，天线的方向系数越大。虚线是最佳设计曲线，对于给定的增益值，最佳增益给出了最小的比例因子，即最紧凑的天线结构。

图 5-45 表示一平面对数周期天线，相邻两个齿的间隔满足如下关系：

$$\frac{r_{n+1}}{r_n} = \frac{r_0 e^{a(\varphi-\delta)}}{r_0 e^{a(\varphi+2\pi-\delta)}} = e^{-2a\pi} = \tau \tag{5-108}$$

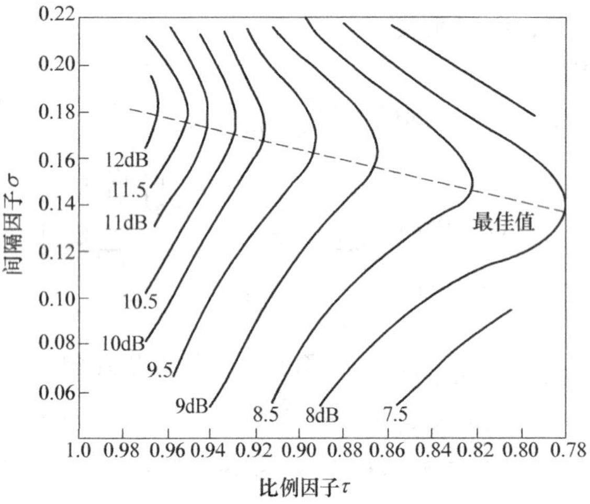

图 5-44 对数周期振子阵的增益

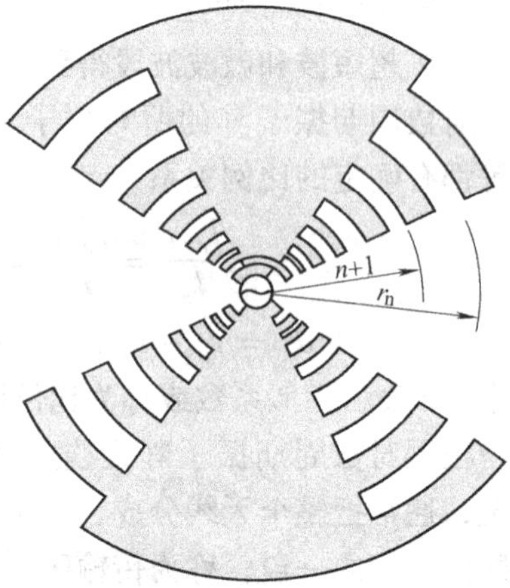

图 5-45 平面对数周期天线

每片两边分布许多圆弧状的锯齿，这些锯齿的作用类似于对数周期振子阵中的振子，而齿的主要作用是阻碍径向电流。当齿长恰等于谐振长度（即齿的一臂约等于 $\lambda/4$）时，该齿具有最大的横向电流，其辐射最为明显，且附近的几个齿上也具有一定幅度的横向电流，而那些齿长远大于谐振长度的各齿，其电流迅速衰减，这说明天线的终端效应很弱，因此有限长的天线近似具有无限长天线的特性。

5.13 面天线

前面讨论了常用于米波波段的线型天线，而现代雷达和通信设备不少是工作于厘米波或更高的波段的，由于这个波段的波传播类似于光波，因此天线设备类似于光学系统，常常使用面状结构，故称为面状天线，简称面天线。该类天线在雷达、导航、微波中继、卫星通信、卫星电视广播及射电天文等方面已有广泛的应用，如图 5-46 所示的分别是常见的抛物面天线和卡塞格伦天线。

面天线可以理解为由两部分组成：①用来将高频电流能量转换为电磁波能量部分，称为初级馈源；②用以产生辐射的口径面（简称口面），如抛物面、双曲面和透镜等。由初级馈源计算口径面上的场称为内场问题，由口径面的场求远区辐射场称为外场问题。面天线基本理论解决的首要问题是确定它的远区辐射场，即确定外场问题，原则上可以根据特定边界条件求解麦克斯韦方程组，但由于数学方程极为复杂，只有少数情况才能获得解析解。在天线设计中，一般根据波动光学法即惠更斯-菲涅耳原理求解远区辐射场。它是在已知口径面上场分布的条件下，将口径面上的每一个面元视为新的波源，这些新波源在空间某点产生的次辐射叠加起来，便构成了空间辐射场。

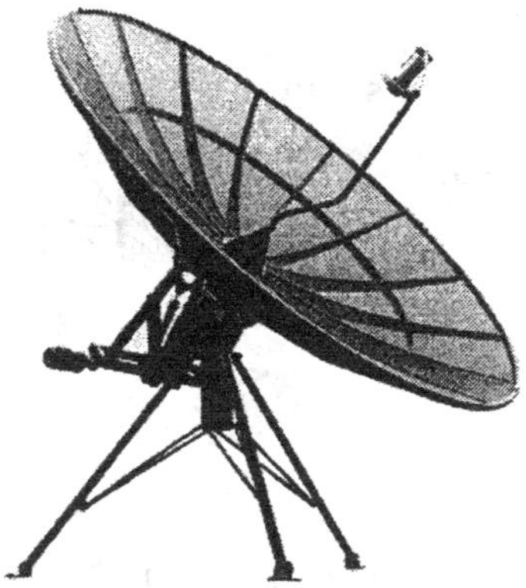

a)抛物面天线

b)卡塞格伦天线

图 5-46　面状天线

5.13.1　等效原理

面元上的新波源可由场等效原理求得，即将面元上的磁场和电场分别用等效电流元和磁流元来替代，口径面辐射就由这些电基本振子和磁基本振子产生的场对整个口径面进行积分求得。

图 5-47 所示，设包围全部场源的封闭曲面是由 S'（导体面）和 S 面两部分构成，封闭曲面以外是外场区。由于 S' 是导体面，所以其上的场为零，这样面天线辐射场求解问题就转化为口径面 S 上的辐射问题，根据惠更斯-菲涅耳原理，只要知道口径面 S 上的场分布 E_S、H_S，则外场就可求出。

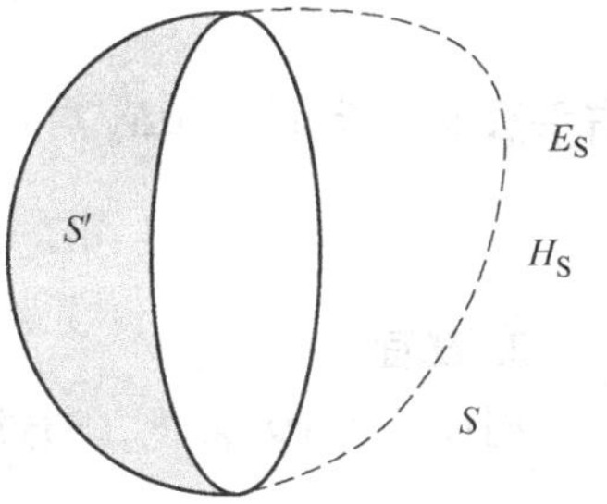

图 5-47　等效原理

由电磁场理论可知，界面 S 上的电流密度和磁流密度分别为

$$\begin{cases} \boldsymbol{J}_{\mathrm{e}} = \boldsymbol{n} \times \boldsymbol{H}_{\mathrm{S}} \\ \boldsymbol{J}_{\mathrm{m}} = -\boldsymbol{n} \times \boldsymbol{E}_{\mathrm{S}} \end{cases} \tag{5-109}$$

式中，$\boldsymbol{J}_{\mathrm{e}}$、$\boldsymbol{J}_{\mathrm{m}}$ 分别表示电流密度和磁流密度，它们是实际面天线的等效场源。

5.13.2 面元的辐射场

设平面口径上的一个小面元为 $\mathrm{d}s = \mathrm{d}x\mathrm{d}y$，若面元上的切向电场为 E_{y}，切向磁场为 H_{x}，利用式（5-109）分别求出沿 x 轴方向的磁流大小和沿 y 轴方向的电流大小

$$I_{\mathrm{m}} \to J_{\mathrm{m}}\mathrm{d}y \quad \text{和} \quad I_{\mathrm{e}} \to J_{\mathrm{e}}\mathrm{d}x \tag{5-110}$$

流过 I_{m}、I_{e} 的长度分别为 $\mathrm{d}x$ 和 $\mathrm{d}y$，故对应的磁流元和电流元分别为

$$I_{\mathrm{m}}\mathrm{d}x \to J_{\mathrm{m}}\mathrm{d}x\mathrm{d}y = E_{\mathrm{y}}\mathrm{d}s \tag{5-111a}$$

$$I_{\mathrm{e}}\mathrm{d}y \to J_{\mathrm{e}}\mathrm{d}x\mathrm{d}y = H_{\mathrm{x}}\mathrm{d}s \tag{5-111b}$$

图5-48是面元等效图，根据式（5-5）沿 z 轴放置的电基本振子的辐射场，可得沿 y 轴放置的电基本振子辐射场为

$$\mathrm{d}E_{\mathrm{e}} = \mathrm{j}\frac{60\pi H_{\mathrm{x}}\mathrm{d}s}{\lambda r}\mathrm{e}^{-\mathrm{j}kr}\sin\alpha_1 \tag{5-112}$$

由式（5-12），可得沿 x 轴放置的磁基本振子辐射场为

$$\mathrm{d}E_{\mathrm{m}} = -\mathrm{j}\frac{E_{\mathrm{y}}\mathrm{d}s}{2\lambda r}\mathrm{e}^{-\mathrm{j}kr}\sin\alpha_2 \tag{5-113}$$

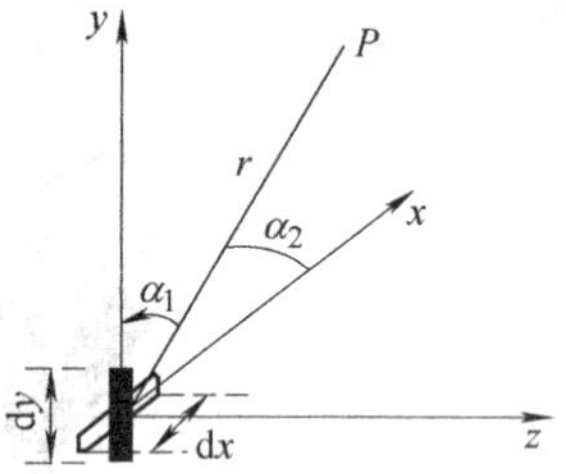

图5-48 面元等效图

式中，α_1、α_2 分别为矢径 r 与 y 轴及 x 轴的夹角。

下面分别讨论面元在两个主平面上的辐射。

1. *E* 面（yz 面）

在 yOz 面上，由于矢径 r 与 z 轴的夹角为 θ，则 $\alpha_1 = \pi/2 - \theta$，而此时 $\alpha_2 = \pi/2$，并利用关系式 $H_{\mathrm{x}} = -\frac{E_{\mathrm{y}}}{120\pi}$，所以式（5-112）与式（5-113）分别为

$$\mathrm{d}E_{\mathrm{e}} = -\mathrm{j}\frac{E_{\mathrm{y}}\mathrm{d}s}{2\lambda r}\mathrm{e}^{-\mathrm{j}kr}\cos\theta \tag{5-114}$$

$$\mathrm{d}E_{\mathrm{m}} = -\mathrm{j}\frac{E_{\mathrm{y}}\mathrm{d}s}{2\lambda r}\mathrm{e}^{-\mathrm{j}kr} \tag{5-115}$$

在空间任一点的总场为两分量的矢量和，即

$$\mathrm{d}\boldsymbol{E} = \mathrm{d}\boldsymbol{E}_{\mathrm{e}} + \mathrm{d}\boldsymbol{E}_{\mathrm{m}} \tag{5-116}$$

右手法则判断可知，$\mathrm{d}\boldsymbol{E}_{\mathrm{e}}$ 与 $\mathrm{d}\boldsymbol{E}_{\mathrm{m}}$ 的方向相同，故上式可简化为

$$\mathrm{d}\boldsymbol{E} = \mathrm{d}\boldsymbol{E}_{\mathrm{e}} + \mathrm{d}\boldsymbol{E}_{\mathrm{m}} = -\mathrm{j}\frac{E_{\mathrm{y}}\mathrm{d}s}{2\lambda r}\mathrm{e}^{-\mathrm{j}kr}(1 + \cos\theta) \tag{5-117}$$

2. *H* 面（xz 面）

同理，在 xOz 面上，通过式（5-112）与式（5-113）分别求得

$$\mathrm{d}E_{\mathrm{e}} = -\mathrm{j}\frac{E_{\mathrm{y}}\mathrm{d}s}{2\lambda r}\mathrm{e}^{-\mathrm{j}kr} \tag{5-118}$$

$$\mathrm{d}E_{\mathrm{m}} = -\mathrm{j}\frac{E_{\mathrm{y}}\mathrm{d}s}{2\lambda r}\mathrm{e}^{-\mathrm{j}kr}\cos\theta \tag{5-119}$$

由于两者方向相同，在空间任一点的总场为

$$dE = dE_e + dE_m = -j\frac{E_y ds}{2\lambda r}e^{-jkr}(1+\cos\theta) \tag{5-120}$$

比较式（5-117）与式（5-120），两式右边相同，因此，面元在 E 面和 H 面上的辐射场可统一表示为

$$dE = -j\frac{E_y ds}{2\lambda r}e^{-jkr}(1+\cos\theta) \tag{5-121}$$

则面元的方向函数为

$$f(\theta) = \left|\frac{1}{2}(1+\cos\theta)\right| \tag{5-122}$$

图 5-49 为面元的 E 面和 H 面的方向图，图中看出，在 $\theta=0°$方向为最大辐射方向，即与面元垂直，因此，若由这样的面元构成的一个平面阵，且使各面元同相激励，则平面阵的最大辐射方向与该阵平面垂直。

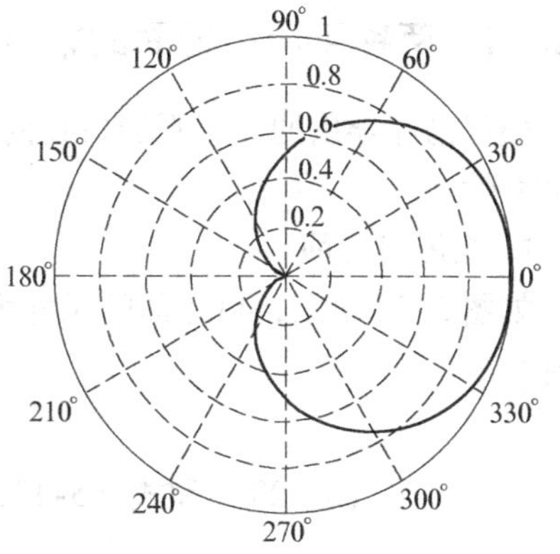

图 5-49　面元的 E 面和 H 面的方向图

5.13.3　平面口径的辐射场

设平面口径面位于 xOy 平面上，坐标原点到观察点 P 的距离为 r，面元 dS 到观察点 P 的距离为 R，如图 5-50 所示。P'为 P 在口径面所在平面上的投影，r 与 z 轴的夹角为 θ，OP'与 x 轴间的夹角为 φ。利用式（5-121），将面元 dS 在两个主平面上的辐射场沿整个口径面积分，即得口径面辐射场的一般表达式

$$E = -j\frac{1}{2\lambda R}(1+\cos\theta)\int_S E_y e^{-jkR} dS \tag{5-123}$$

式中，

$$R = [(x-x_s)^2 + (y-y_s)^2 + z^2]^{\frac{1}{2}} \tag{5-124}$$

P 点坐标可用球坐标表示为

$$\begin{cases} x = r\sin\theta\cos\varphi \\ y = r\sin\theta\sin\varphi \\ z = r\cos\theta \end{cases} \tag{5-125}$$

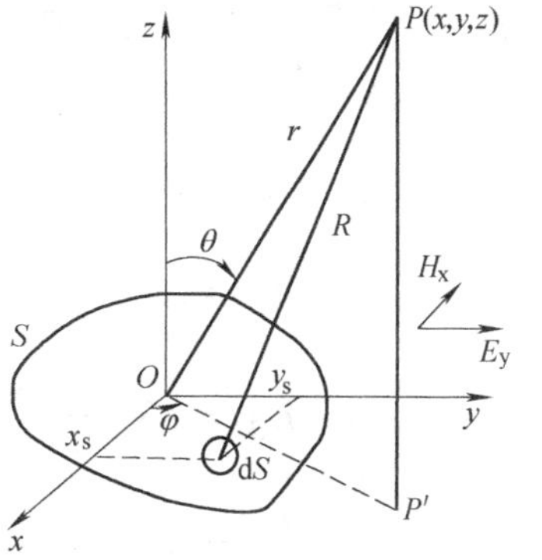

图 5-50　面元的 E 面与 H 面方向图

代入式（5-124），并展开

$$\begin{aligned} R &= [r^2 + (-2rx_s\sin\theta\cos\varphi - 2ry_s\sin\theta\sin\varphi) + x_s^2 + y_s^2]^{\frac{1}{2}} \\ &= r\left[1 + \left(-2\frac{x_s}{r}\sin\theta\cos\varphi - 2\frac{y_s}{r}\sin\theta\sin\varphi\right) + \left(\frac{x_s}{r}\right)^2 + \left(\frac{y_s}{r}\right)^2\right]^{\frac{1}{2}} \end{aligned} \tag{5-126}$$

略去高阶小量，上式近似为

$$R \approx r - (x_s\sin\theta\cos\varphi + y_s\sin\theta\sin\varphi) \tag{5-127}$$

将式（5-127）代入式（5-123）得

$$E = -j\frac{e^{-jkr}}{2\lambda r}(1+\cos\theta)\int_S E_y e^{jk(x_s\sin\theta\cos\varphi + y_s\sin\theta\sin\varphi)} dS \tag{5-128}$$

（1）E 面（yz 平面）$\varphi=90°$，式（5-128）简化为

$$E_{\mathrm{E}} = -\mathrm{j}\frac{\mathrm{e}^{-\mathrm{j}kr}}{2\lambda r}(1+\cos\theta)\int_S E_y \mathrm{e}^{\mathrm{j}ky_s\sin\theta}\mathrm{d}S \tag{5-129}$$

（2）H 面（xz 平面）$\varphi=0°$，得

$$E_{\mathrm{H}} = -\mathrm{j}\frac{\mathrm{e}^{-\mathrm{j}kr}}{2\lambda r}(1+\cos\theta)\int_S E_y \mathrm{e}^{\mathrm{j}kx_s\sin\theta}\mathrm{d}S \tag{5-130}$$

5.13.4 两种平面口径面的辐射特性

根据已经导出的任意平面口径的辐射场公式，下面分别讨论矩形口径面和圆形口径面的辐射特性。

1. 矩形口径面

如图5-51所示，口径面的尺寸为 $D_1 \times D_2$，且面上的场振幅与相位处处相同，场沿 y 轴线极化，即

$$E_y = E_0(\text{常量})$$

将上式代入式（5-129）和式（5-130）得

$$E_{\mathrm{E}} = -\mathrm{j}\frac{\mathrm{e}^{-\mathrm{j}kr}}{2\lambda r}(1+\cos\theta)E_0\int_{-\frac{D_1}{2}}^{\frac{D_1}{2}}\mathrm{d}x_s\int_{-\frac{D_2}{2}}^{\frac{D_2}{2}}\mathrm{e}^{\mathrm{j}ky_s\sin\theta}\mathrm{d}y_s \tag{5-131}$$

$$E_{\mathrm{H}} = -\mathrm{j}\frac{\mathrm{e}^{-\mathrm{j}kr}}{2\lambda r}(1+\cos\theta)E_0\int_{-\frac{D_2}{2}}^{\frac{D_2}{2}}\mathrm{d}y_s\int_{-\frac{D_1}{2}}^{\frac{D_1}{2}}\mathrm{e}^{\mathrm{j}kx_s\sin\theta}\mathrm{d}x_s \tag{5-132}$$

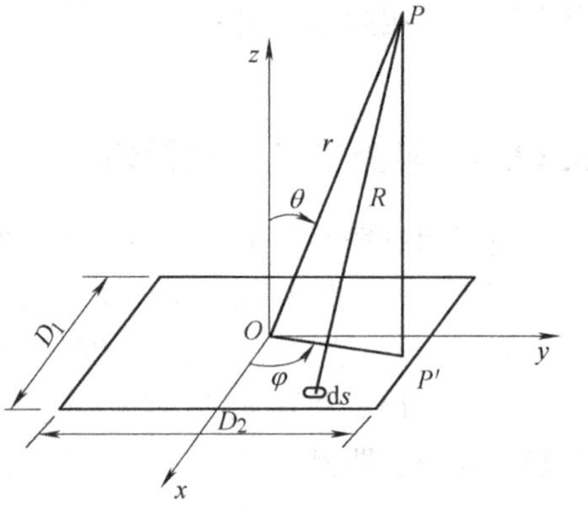

图5-51 矩形口径面辐射

积分结果分别为

$$E_{\mathrm{E}} = AS\frac{1+\cos\theta}{2}\frac{\sin\psi_2}{\psi_2} \tag{5-133}$$

$$E_{\mathrm{H}} = AS\frac{1+\cos\theta}{2}\frac{\sin\psi_1}{\psi_1} \tag{5-134}$$

式中，$A=-\mathrm{j}\frac{\mathrm{e}^{-\mathrm{j}kr}}{2\lambda r}E_0$；$S=D_1D_2$；$\psi_1=\frac{kD_1}{2}\sin\theta$；$\psi_2=\frac{kD_2}{2}\sin\theta$。

（1）方向函数

由式（5-133）和式（5-134）可得口径面的方向函数为

$$|F_{\mathrm{E}}(\theta)| = \left|\frac{1+\cos\theta}{2}\right|\left|\frac{\sin\psi_2}{\psi_2}\right| \tag{5-135a}$$

$$|F_{\mathrm{H}}(\theta)| = \left|\frac{1+\cos\theta}{2}\right|\left|\frac{\sin\psi_1}{\psi_1}\right| \tag{5-135b}$$

图5-52给出了 $D_1=3\lambda$，$D_2=2\lambda$ 时的方向图，显然，在 $\theta=0°$方向上有最大辐射，且当电尺寸 D_1/λ 和 D_2/λ 较大时，辐射场的能量主要分布在 z 轴附近，θ 角较小，此时$(1+\cos\theta)/2\approx1$。因此，方向函数分别为

$$|F_{\mathrm{E}}(\theta)| = \left|\frac{\sin\psi_2}{\psi_2}\right| \tag{5-136a}$$

$$|F_H(\theta)| = \left|\frac{\sin\psi_1}{\psi_1}\right| \tag{5-136b}$$

(2) 半功率波瓣宽度

令$\frac{\sin\psi}{\psi}=\frac{1}{\sqrt{2}}$，可分别求得半功率宽度

$$\begin{cases} BW_E \approx 0.89\frac{\lambda}{D_2} = 51°\frac{\lambda}{D_2} \\ BW_H \approx 0.89\frac{\lambda}{D_1} = 51°\frac{\lambda}{D_1} \end{cases} \tag{5-137}$$

(3) 方向系数

将$\theta=0°$代入式（5-133）或式（5-134），即可得到最大辐射方向的场强值

$$|E_{max}| = \frac{E_0 S}{r\lambda} \tag{5-138}$$

口径面的辐射功率

$$P_r = \int_S \frac{E_0^2}{240\pi}dS = \frac{E_0^2 S}{240\pi} \tag{5-139}$$

方向系数

$$D = \frac{r^2|E_{max}|^2}{60P_r} = 4\pi\frac{S}{\lambda^2} \tag{5-140}$$

2. 圆形口径面

如图5-53所示是半径为a的圆形口面，在其上建立以圆心为原点的极坐标系（ρ_s，φ_s），则面元的坐标为

$$\begin{cases} x_s = \rho_s\cos\varphi_s \\ y_s = \rho_s\sin\varphi_s \end{cases}$$

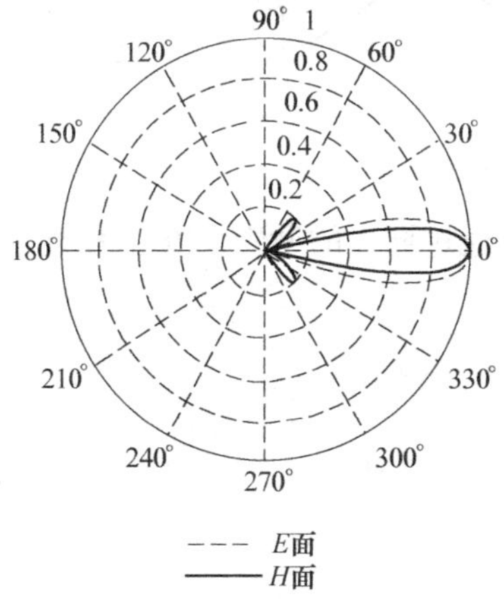

图5-52　$D_1=3\lambda$，$D_2=2\lambda$时的方向图

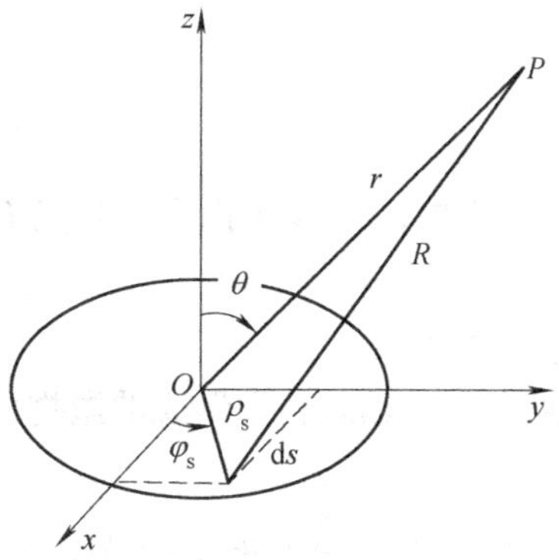

图5-53　圆形口径面的辐射

面元的面积为

$$ds = \rho_s d\varphi_s d\rho_s$$

口面上的场均匀分布，且场沿y轴线极化，即$E_y=E_0$（常量）则

$$E_{\mathrm{E}} = -\mathrm{j}\frac{\mathrm{e}^{-\mathrm{j}kr}}{2\lambda r}(1+\cos\theta)E_0\int_0^a \rho_{\mathrm{s}}\mathrm{d}\rho_{\mathrm{s}}\int_0^{2\pi}\mathrm{e}^{\mathrm{j}k\rho_{\mathrm{s}}\sin\varphi_{\mathrm{s}}\sin\theta}\mathrm{d}\varphi_{\mathrm{s}} \tag{5-141}$$

$$E_{\mathrm{H}} = -\mathrm{j}\frac{\mathrm{e}^{-\mathrm{j}kr}}{2\lambda r}(1+\cos\theta)E_0\int_0^a \rho_{\mathrm{s}}\mathrm{d}\rho_{\mathrm{s}}\int_0^{2\pi}\mathrm{e}^{\mathrm{j}k\rho_{\mathrm{s}}\cos\varphi_{\mathrm{s}}\sin\theta}\mathrm{d}\varphi_{\mathrm{s}} \tag{5-142}$$

以上积分较复杂，本节不做讨论。

5.13.5 抛物面天线

抛物面天线已在卫星通信、雷达和射电天文等系统中广泛使用，它是由两部分组成的：①抛物反射面，反射面一般采用导电性能良好的合金板构成；②置于抛物面焦点处的馈源（也称照射器）。馈源把高频导波能量转变成电磁波能量并射向抛物反射面，而抛物反射面电波沿抛物面的轴向反射出去，从而获得很强的方向性。

1. 抛物面天线的工作原理

抛物面天线通常是以剖面图5-54中的 z 轴为中心轴呈旋转对称结构，以点 O 作为抛物面的顶点，F 为焦点，ψ_0 为抛物面的张角，是从焦点 F 到口面边沿射线与 OF 轴线的夹角。$D=2a$ 为抛物面口面直径，ρ 为从焦点 F 到反射面上任意点的距离。在下面的数学推导中，要用到旋转抛物面具有的两个重要光学性质：①由焦点发出的光线经抛物面反射后，反射线平行于 z 轴；②由焦点 F 发出并经抛物面反射的各条射线到达口径面（或垂直于 z 轴的任一平面）所经历的光程相等。

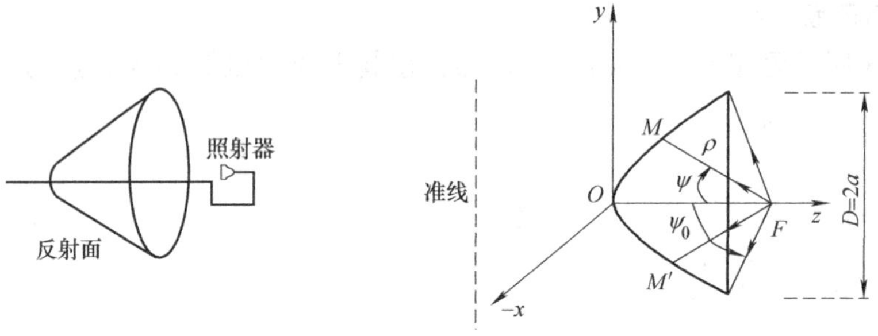

图5-54 抛物面结构及坐标

图5-54中，在 yz 平面上，焦点 F 在 z 轴且其顶点通过原点的抛物线方程为

$$y^2 = 4fz \tag{5-143}$$

式中，f 为焦距。

抛物线绕 z 轴旋转而形成的抛物面方程为

$$x^2 + y^2 = 4fz \tag{5-144}$$

在原点与焦点 F 重合的极坐标（ρ，ψ）中，利用性质②得

$$2f = \rho + \rho\cos\psi = \rho(1+\cos\psi) \tag{5-145}$$

即

$$\rho = \frac{2f}{1+\cos\psi} \tag{5-146}$$

由图5-54还可以得出 M 点的 y 坐标

$$y = \rho\sin\psi = \frac{2f}{1+\cos\psi}\sin\psi = 2f\tan\frac{\psi}{2} \tag{5-147}$$

把抛物面的张角 ψ_0 及其对应的坐标 $y=\frac{D}{2}$代入式（5-147）得

$$\frac{D}{f} = 4\tan\frac{\psi_0}{2} \tag{5-148}$$

式中，f/D 称为抛物面天线的焦直比，是该类天线的一个重要参数。

f/D 与 ψ_0 的关系可用图 5-55 表示。

当 $\psi_0=\pi/2$ 时，$f/D=0.25$，此时焦点 F 落在口径面中心点上，把这种抛物面天线称为等焦距抛物面天线；当 $\psi_0>\pi/2$（或 $f/D<0.25$）时，此时焦点 F 落在口径面内部，称为短焦距天线；当 $\psi_0<\pi/2$（或 $f/D>0.25$）时，此时焦点 F 落在口径面外部，称为长焦距天线。

由于当 $f/D>0.25$ 的长焦距抛物面天线辐射性能较好，实际的抛物面天线的焦直比一般在 0.25 ~ 0.5 之间。

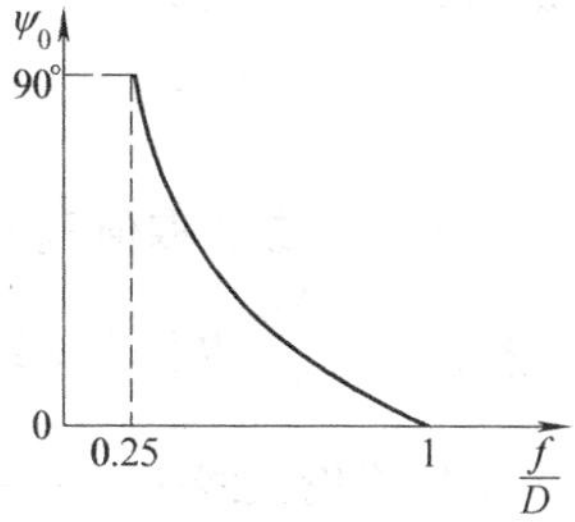

图 5-55　f/D 与 ψ_0 的关系

2. 抛物面天线的辐射特性

（1）口径面场分布

若要分析面状天线的辐射特性，首先求解口径面场分布，即内场分析。在计算前，先作几个假设：①馈源辐射理想的球面波，即它有一个确定的相位中心并与抛物面的焦点重合；②馈源的后向辐射为零；③抛物面位于馈源辐射场的远区，即不考虑抛物面与馈源之间的耦合。由于抛物面是旋转对称的，所以要求馈源的方向图也是旋转对称的，即仅是 ψ 的函数，图 5-56a 所示。

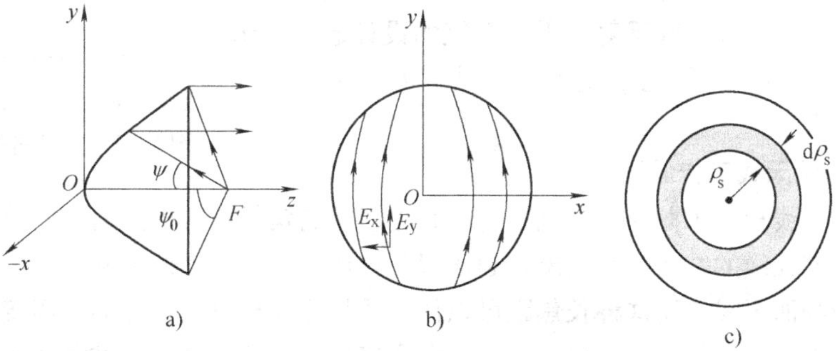

图 5-56　抛物面天线口径面场分布

抛物面天线口径面场分布情况，直接决定着整个抛物面天线辐射场的方向性。而口径面场分布情况又由照射器、反射面共同来决定。对于实际使用的长焦距抛物面天线，无论采用振子型照射器，还是喇叭天线照射器，造成抛物面天线口径面场分布都具有图 5-56b 所示的分布特征。由图 5-56 可见，实际抛物面口面上，场的分布不是严格的单一方向的线极化波，而是含有 E_{sy} 和 E_{sx} 两个场分量，只是 E_{sy} 分量远大于 E_{sx} 分量，E_{sy} 称为主极化分量，E_{sx} 称为交叉极化分量。设馈源的辐射功率为 P_r，方向函数为 D_1，口面场主极化分量为

$$E_{sy} = \sqrt{60P_rD_1}\,\frac{\cos^2\frac{\psi}{2}}{f} = \frac{\sqrt{60P_rD_1}}{\rho} \tag{5-149}$$

由式（5-149）可知，若照射器是一个无方向性的点源，即 D_1 = 常数，口面场的大小与 ρ 成反比，所以口面场的大小由口面中心沿径向 ρ_s（见图5-56c）作渐降分布，越靠近口面边缘场越弱，也就是说，实际抛物面天线口面场并非是一个真正的均匀分布结构。

（2）半功率宽度

当已知抛物面的主极化分量 E_{sy} 后，将其代入面天线辐射场式(5-129)和式(5-130)中，并对抛物面口面进行积分，就可以得到抛物面天线的辐射场和方向函数。一般来说，照射器方向图主瓣越宽，抛物面天线口面面积越小，其口面场 E_{sy} 分布越均匀，天线辐射场的方向性就越好。对于长焦直比的抛物面天线，主瓣的半功率宽度在如下范围内：

$$2\theta_{0.5} = K\frac{\lambda}{2a} \qquad (K = 65° \sim 80°) \tag{5-150}$$

式中，K 为参数，取值范围在（65°~80°）；a 为抛物面口面半径。

5.13.6 卡塞格伦天线

卡塞格伦天线是另一种在微波通信中常用的天线，如图5-46b所示。其工作原理与抛物面天线相似，利用了抛物面的反射特性，使得由其焦点处的馈源发出的球面波前，经抛物面反射后转变为在抛物面口径上的平面波前，从而使抛物面天线具有锐波束、高增益的性能。利用同样的原理，卡塞格伦天线只是比抛物面天线多了一个反射面，这一设计的小的改动，却带来了许多优点。

卡塞格伦天线由三部分组成，即主反射面、副反射面和馈源。其中主反射面为旋转抛物面，副反射面为旋转双曲面。采用双反射面天线，可方便地控制口径场分布。既可以使反射面的焦距较短，又可保证得到所需的天线方向图，而且使设计增加了灵活性。双反射面天线系统的设计起源于卡塞格伦光学望远镜。这种光学望远镜以其发明人卡塞格伦（Cassegrain）命名。

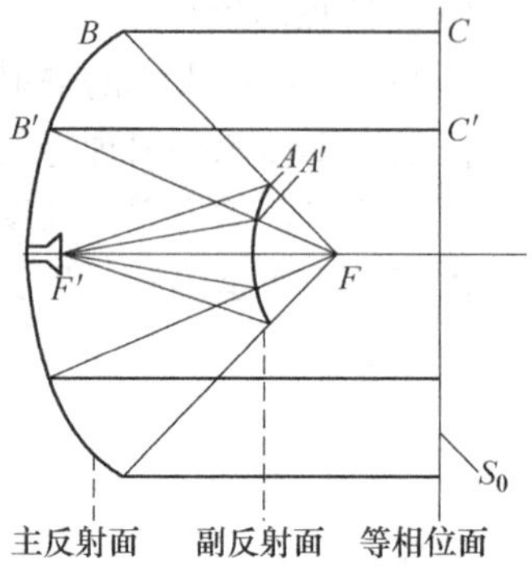

图5-57 卡塞格伦天线原理图

1. 卡塞格伦天线工作原理

卡塞格伦天线相对于抛物面天线来讲，它将馈源的辐射方式由抛物面的前馈方式改变为后馈方式，这使天线的结构较为紧凑，制作起来也比较方便。另外卡塞格伦天线可等效为具有长焦距的抛物面天线，而这种长焦距可以使天线从焦点至口面各点的距离接近于常数，因而空间衰耗对馈电器辐射的影响要小，使得卡塞格伦天线的效率比标准抛物面天线要高。如图5-57所示，在结构上，副反射面的一个焦点（虚焦点）与主反射面的焦点 F 重合，且两反射面的焦轴重合，而馈源位于副反射面的另一焦点 F' 上，它是由副反射面对馈源发出的电磁波进行的一次反射，将电磁波反射到主反射面上，然后再经主反射面反射而形成相应方向的平面波波束，以实现定向发射。天线作接收时的过程正好相反，外来平面波前经主、副反射面反射之后，各射线都将汇聚到馈源所在点 F'。

根据双曲面和抛物面的性质，由 F' 发出的任意一条射线到达某一口径面 S_0 的波程相等，即

$$F'A + AB + BC = F'A' + A'B' + BC'$$

则相位中心在 F' 处的馈源辐射的球面波前，必将在主反射面的口径上变为平面波前，呈现

同相场，即 S_0 面为等相位面。

2. 卡塞格伦天线的几何参数

卡式天线的几何参数关系如图 5-58 所示，其中双曲面有 4 个参量：d、$2c$、φ_0 及 L_2，抛物面有 3 个参量：D、f 和 ψ_0。有如下关系：

$$\frac{D}{f} = 4\tan\left(\frac{\psi_0}{2}\right) \tag{5-151}$$

$$\cot\psi_0 + \cot\varphi_0 = \frac{4c}{d} \tag{5-152}$$

利用双曲线性质，双曲线上的任一点到两焦点距离之差等于常数，可得

$$\frac{d}{2\sin\varphi_0} - \frac{d}{2\sin\psi_0} = 2c - 2L_2 \tag{5-153}$$

化简得

$$\frac{L_2}{c} = 1 - \frac{1}{e} \tag{5-154}$$

式中，离心率

$$e = \frac{\sin[(\psi_0 + \varphi_0)/2]}{\sin[(\psi_0 - \varphi_0)/2]} \tag{5-155}$$

3. 等效抛物面法

等效方法是：用等效抛物面（虚抛物面）取代卡式天线的主、副反射面，从而把卡式天线的问题简化为馈源相同、抛物面口径直径相同但焦距增大了 M 倍的单反射面来进行定量分析。卡式天线等效为抛物面天线如图 5-59 所示。

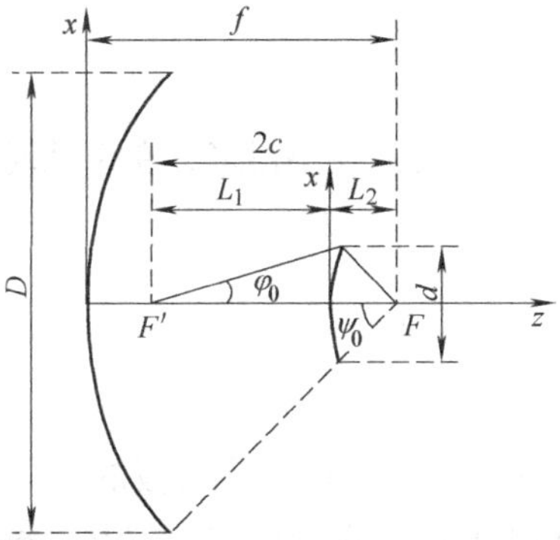

图 5-58　卡塞格伦天线的几何参数图

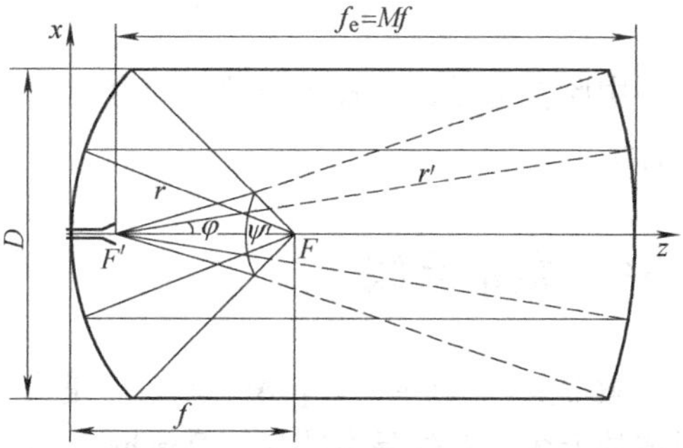

图 5-59　卡塞格伦天线的等效抛物面法

该方法是将卡塞格伦天线等效为一个具有同样馈源和主反射面口径尺寸，但焦距变为主反射面焦距的 M 倍的普通抛物面天线。此时的等效抛物面天线焦径比公式变为

$$\begin{cases} f_e = Mf \\ \dfrac{D}{f_e} = 4\tan\dfrac{\varphi_0}{2} \end{cases} \tag{5-156}$$

式中，M 为放大系数，其表示式为

$$M = \frac{L_1}{L_2} = \frac{\tan\dfrac{\psi_0}{2}}{\tan\dfrac{\varphi_0}{2}} = \frac{e+1}{e-1} \tag{5-157}$$

空间衰减因子：普通抛物面天线的空间衰减因子为

$$SA = 20\lg\left(\frac{1+\cos\psi_0}{2}\right) \tag{5-158}$$

由等效抛物面法同样可得卡式天线的空间衰减因子为

$$SA = 20\lg\left(\frac{1+\cos\psi_0}{2}\right) = 20\lg\left(\frac{2f_e\sin\varphi_0}{D}\right) \tag{5-159}$$

应用等效抛物面法，标准卡氏天线的电性能就相当于一个口径不变，但焦距为$f_e = Mf$的等效抛物面天线的电性能。这时就可用前面的抛物面天线的分析方法了。

例题5-9 设抛物面的焦径比为$\frac{f}{D}=0.3$，当其用作普通抛物面天线和卡式天线$M=5$时，比较两者的空间衰减因子SA。

解 （1）对普通抛物面天线，由$\frac{D}{f}=4\tan\left(\frac{\psi_0}{2}\right)$，可得

$$\psi_0 = 2\tan^{-1}\left(\frac{D}{4f}\right) = 79.6°$$

$$SA = 20\lg\left(\frac{1+\cos\psi_0}{2}\right) = -4.58\text{dB}$$

（2）卡式天线，由$\frac{D}{f_e}=4\tan\frac{\varphi_0}{2}$，$f_e = Mf$可得

$$\varphi_0 = 2\tan^{-1}\left(\frac{D}{4Mf}\right) = 2\tan^{-1}\left(\frac{1}{6}\right) = 18.9°$$

$$SA = 20\lg\left(\frac{1+\cos\varphi_0}{2}\right) = -0.24\text{dB}$$

由此例可见，卡式天线的空间衰减比普通抛物面天线的衰减要小得多，在设计时可忽略不计。

5.14 微带天线

微带天线（Microstrip Antennas）是由导体薄片粘贴在背面有导体接地板的介质基片上形成的天线。首先是由德尚（Deschamps）于1953年提出来的。但当时并未引起工程界的重视，直到1972年，由于微波集成技术的发展和空间技术对低剖面的迫切需求，忙森（R. E. Munson）和豪威尔（J. Q. Howell）等研究者制成了第一批实用微带天线，随之国际上展开了对微带天线的广泛研究和应用。1979年在美国新墨西哥州大学举行了微带天线的专题会议，1981年IEEE天线与传播会刊刊载了微带天线专辑。至此，微带天线已形成天线领域中的一个专门分支，微带天线的研究有了迅猛的发展，新形式和新性能的微带天线不断涌现，该领域的研究人员发表了大量的学术论文和研究报告，这表明微带天线已成为了天线研究中的一个重要课题。

微带天线有很多优点：①剖面薄，体积小，重量轻；②具有平面结构，并可制成与导弹、卫星等载体表面相共形的结构；③馈电网络可与天线结构一起制成，适合于用印制电路技术大批量生产；④能与有源器件和电路集成为一体；⑤便于获得圆极化，容易实现双频

段、双极化等多功能工作；⑥不需要背腔，适合于组合式设计，易于制作成印制电路、馈线和匹配网络可以和天线结构同时制作。

微带天线的主要缺点有：①频带窄；②有导体和介质损耗，并且会激励表面波，导致辐射效率降低；③功率容量较小，一般用于中、小功率场合；微带天线最初作为火箭和导弹上的共形天线获得了应用。现在已被广泛应用于大量无线电设备中，特别是在飞行器上和地面便携式设备中。已应用微带天线的系统有：卫星通信、雷达、遥感、导弹遥测遥控、电子对抗、武器引信、飞机高度表、环境检测仪表、医用微波辐射计等。特别在可移动卫星通信中已有广泛地应用。

5.14.1　微带天线的基本类型

微带天线可以分为 3 种基本类型：微带贴片天线、微带行波天线和微带缝隙天线。

1. 微带贴片天线

微带贴片天线是由介质基片、在基片一面上有任意平面几何形状的导电贴片和基片另一面上的地板所构成，图 5-60 所示。

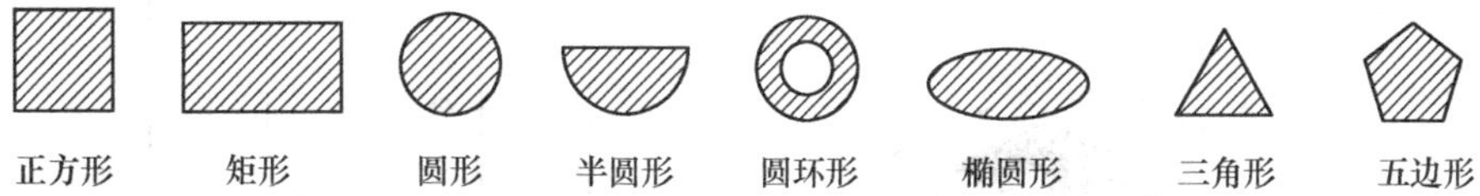

图 5-60　各种微带天线图形

2. 微带行波天线

微带行波天线是由基片、在基片一面上的链形周期结构或普通的长 TEM 波传输线和基片另一面上的地板组成。TEM 波传输线的末端接匹配负载。图 5-61 所示。

3. 微带缝隙天线

微带缝隙天线由微带馈线和开在地板上的缝隙组成。缝隙可以是矩形（宽的或窄的），圆形或环形，图 5-62 所示。

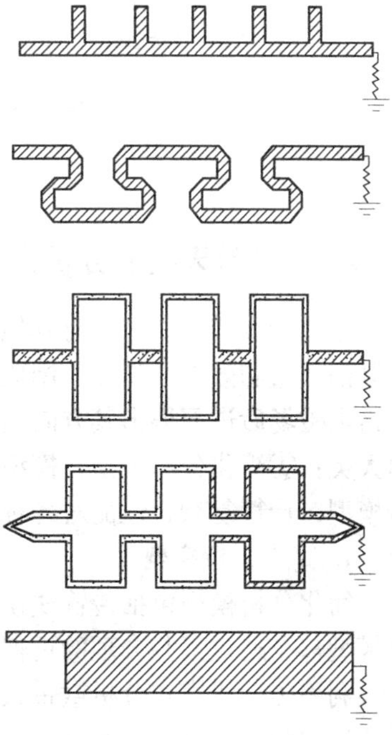

图 5-61　微带行波天线

5.14.2　微带天线的馈电方式

馈线的设计对于天线来说至关重要，因为从发射机到天线以及天线到接收机都是靠馈线来实现的。微带天线通常采用微带线馈电和同轴线馈电两种馈电方式，如图 5-63 所示。

图 5-63a 所示的是微带馈线的天线，微带馈线与贴片的一条辐射边接触，它具有其他的馈电技术不具有的几个优点。因为馈电单元和贴片可以蚀刻在同一块板上，故一个主要优点是制造工艺简单，因此大多数平面阵都采用边馈技术。

图 5-63b 所示的是微带贴片天线，另一种最早的激励方法是 20 世纪 70 年代中期提出的

探针馈电。探针或馈电针通常是同轴线的内导体，因此探针馈电一般是指同轴线馈电。将探针插入到底层与贴片导体相连。通过探针的位置来控制阻抗。因为传输线与贴片天线直接接触，探针馈电被认为是直接接触激励的一种。

同轴线馈电有两个主要的优点：①馈电网络通过一个接地面与辐射部分分离，这个特性使得它可以分别对每一层进行优化；②在所有的激励方法中，探针馈电有可能是最有效的，因为馈电机制直接与天线接触，并且馈电部分与贴片隔离，从而使虚假辐射最小。

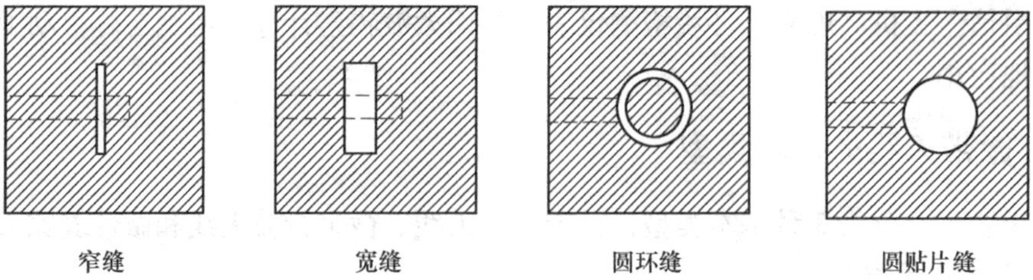

图5-62　微带缝隙天线

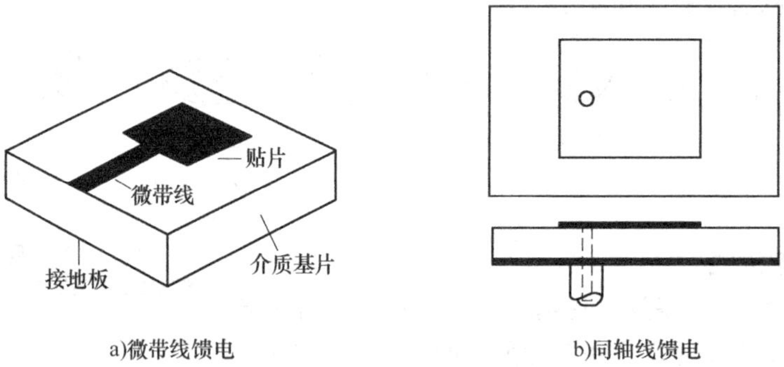

图5-63　微带天线馈电方式

5.14.3　微带天线的分析方法

在设计微带天线时，与其他天线一样需要对天线性能参数预先估算，这将大大提高天线研制的质量和效率，降低研制成本。天线分析的基本问题是求解天线在周围空间的电磁场，求得电磁场后进而得出其方向图、增益和输入阻抗等特性指标。微带天线的分析方法可分为两大类：①简化分析模型，模型简单，但不够准确，且不适用于复杂结构的天线；②全波分析模型，计算复杂，但能对各种结构微带天线进行分析。

1. 简化分析模型

简化分析模型包括传输线模型、空腔模型及由空腔模型发展而来的多端口网络模型。这些模型都是通过某些合理的近似来简化问题的分析。

利用传输线模式分析微带天线是比较早期的方法，也是最简单的方法。它将一矩形贴片天线等效为一段微带传输线，两端由辐射隙缝的等效导纳加载，本法对分析薄矩形贴片天线特别有效，该方法的基本假设是：

1）微带片和接地板构成一段微带传输线，传输准TEM波，波的传输方向决定于馈电点。线段长度 $l \approx \lambda_g/2$，λ_g 为微带传输线中的波长。场在传输方向（长度方向）是驻波分布，而在宽度方向是常数。

2）传输线的两个开口端（始端和末端）等效为两个辐射缝，缝口径场即为传输线开口端场强。在计算上半空间辐射场时，就可以按自由空间处理，这是这种方法的方便之处。在各种分析方法中，传输线法最为简单，也最为直观。利用端缝辐射的概念清楚地说明了辐射的机理。

空腔模型理论是由罗远芷（Y. T. Lo）等人于 1979 年提出来的。腔模理论是在微带谐振腔分析的基础上发展起来的。该模型是将微带贴片与接地板之间的空腔看成四周为磁壁、上下为电壁的谐振腔，可用于各种规则贴片，但基本上限于天线厚度远小于波长的情况。一般分析方法是：规定腔的边界条件，找出腔中的一个主模，从而计算出谐振频率、品质因素、输入阻抗等。把这种方法移植到微带天线中来，称为单模理论。但是这种方法在一些情况下不能得到满意的结果。作为此法的改进，发展了多模理论，它把腔内场用无限正交模表示，因此，就能得到比较准确的腔内场。这种方法得到的结果比较满意，计算也不很复杂，腔模理论特别是多模理论是对传输线法的发展，它能应用于范围更广泛的微带天线，比较适合工程设计的需要，因此，为工程界广泛采用。

多端口网络模型是把贴片表示为四周带一些端口的二维平面电路，再把贴片外部场（边缘场、表面波场和辐射场）用等效的集总参数网络来模拟。这些模型，因其分析简单，在天线的实际设计中得到了广泛的应用，但是由于这些模型忽略了场在与贴片垂直方向上的变化，对于电厚度微带天线，得到的谐振频率与输入阻抗的解就不够准确了。为了克服简化分析模型的缺点，许多人在模型的精度、应用范围方面做了大量的研究工作。

2. 全波分析模型

全波分析即通常所说的积分方程法，这种方法能处理任意结构、任意厚度的微带天线，通常的做法是根据介质和空气分界面处的边界条件，利用合适的并矢格林函数，建立贴片表面未知电流满足的积分方程，应用矩量法解此方程，得到贴片表面的电流分布，从而计算出天线的各种参数。根据对积分方程积分变量处理方法的不同，又可将其分为空间域矩量法及谱域矩量法。近年来，一种时域全波分析方法——时域有限差分（FDTD）法在对微带天线进行仿真分析方面崭露头角，它能直接获得时域解，并可通过傅里叶变换得到所需频率范围内的频率响应特性；能灵活地处理不规则形状贴片以及分层、不均匀、有耗、色散媒质等问题。FDTD 法是直接对时域麦克斯韦两个旋度方程进行空间、时间离散，得到二阶中心差分方程组，电磁波的传播和耦合可通过迭代每一空间网络的电磁场差分方程完成，非常适合计算机编程。

最后，有限元法作为一种数值方法值得注意，它和分域基函数矩量法一样，不受天线形状的限制。它和矩量法一样，也应用了变分原理，并且形式更为直接。但是，有限元法所设计的场量、单元和基函数的选择乃至表达式都和矩量法不同。由于它的选择，得到的代数方程矩阵是稀疏矩阵，并且矩阵元素易于计算，这是有限元法的突出优点。对于绝大多数工程应用来说，简单的传输线法和腔模理论得出的结果已经令人满意。

5.14.4　微带贴片天线的辐射原理

为了简单起见，以矩形微带贴片天线为例，用传输线法分析它的辐射机理。微带贴片天线的辐射可以由金属贴片和接地平面之间的场分布来确定，也就是说辐射可以由金属贴片上的表面电流分布来描述。典型的微带贴片天线结构如图 5-64a 所示。这是一片矩形微带贴片天线，它由三层构成，最上层的是一片长为 l，宽为 w 的矩形金属片，下面是相对介电常数为 ε_r 的基板，厚度为 h，最下层的是无限大的导体接地板。

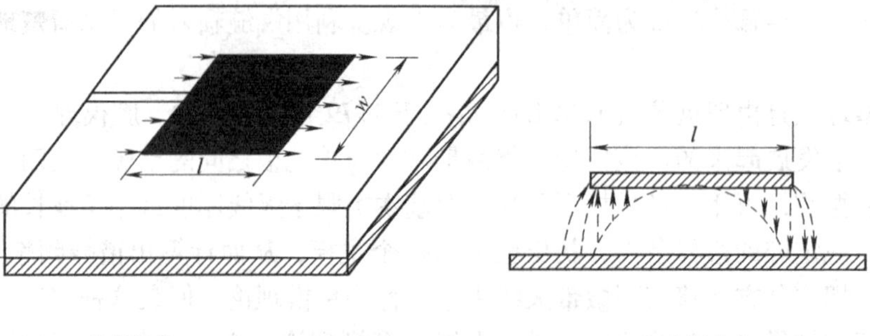

a)物理结构 b)电场分布

图 5-64 微带天线结构与场分布

由于基片厚度 $h \ll \lambda$，场沿长度方向（$l \approx \lambda/2$ 方向）是变化的，图 5-64b 所示。场沿宽度方向（w 方向）不变化，如图 5-65 所示。

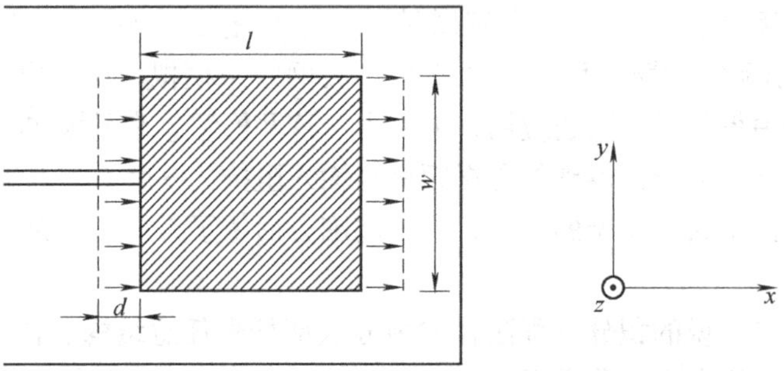

图 5-65 辐射等效缝隙

在两开路端的电场可分解成相对于接地板的垂直分量和平行分量，两垂直分量电场方向相反，平行分量电场方向相同，两水平分量电场产生的远场同相叠加，形成最大辐射方向。因此，两开路端的水平分量电场可以看作是无限大平面上同相激励的两个缝隙，缝隙宽度为 $d \approx h$，两缝隙间距为 $l \approx \lambda/2$，也就是说，微带天线的辐射可以等效为由两个缝隙所组成的二元阵列。

对于单个缝隙等效的面磁流密度为

$$\boldsymbol{J}_{\mathrm{m}} = -\boldsymbol{n} \times \boldsymbol{E}_{\mathrm{x}} \tag{5-160}$$

式中，$\boldsymbol{E}_{\mathrm{x}} = \boldsymbol{a}_{\mathrm{x}} E$，$\boldsymbol{a}_{\mathrm{x}}$ 是 x 方向的单位矢量；$\boldsymbol{n}$ 是缝隙表面外法线方向的单位矢量，$\boldsymbol{n} = \boldsymbol{a}_{\mathrm{z}}$。

由于金属地板的作用，对于上半空间，相当于有 2 倍磁流向外辐射，缝隙上的等效面磁流密度为

$$\boldsymbol{J}_{\mathrm{m}} = \boldsymbol{a}_{\mathrm{y}} 2U/h \tag{5-161}$$

式中，U 为传输线开口端电压。

单个缝隙的辐射场为

$$E = -\mathrm{j}2Ukw \frac{\mathrm{e}^{-\mathrm{j}kr}}{4\pi r} F_1(\theta,\varphi) \tag{5-162}$$

式中，$F_1(\theta,\varphi) = \dfrac{\sin\left(kw\cos\dfrac{\theta}{2}\right)}{kw\cos\dfrac{\theta}{2}}$

微带天线的辐射等效为二元缝隙阵，间距为 $l \approx \lambda/2$ 的二元阵因子为

$$F_2(\theta,\varphi) = \cos\left(\frac{1}{2}kl\sin\theta\cos\varphi\right) = \cos\left(\frac{\pi}{2}\sin\theta\cos\varphi\right) \tag{5-163}$$

由方向图乘积定理，得出矩形天线的方向函数

$$F(\theta,\varphi) = F_1(\theta,\varphi)F_2(\theta,\varphi) \tag{5-164}$$

由式（5-162）矩形微带天线的辐射场及方向函数，就可以分析该天线的其他电参数，本节不作讨论。

我们可以根据一些微带天线的重要结论，设计一定频率的矩形微带天线。假设已知频率、介质基板的电介常数和厚度，可由如下公式确定天线贴片的长度和宽度：

天线长度

$$l = \frac{\lambda}{2\sqrt{\varepsilon_e}} - 2\Delta l \tag{5-165a}$$

式中，Δl 为边缘效应的一侧延伸长度，其表达式为

$$\Delta l = 0.142h\left(\frac{\varepsilon_e + 0.3}{\varepsilon_e - 0.258}\right)\left(\frac{w/h + 0.262}{w/h + 0.813}\right) \tag{5-165b}$$

式中，ε_e 为等效介电常数。

根据

$$\varepsilon_e = \frac{1}{2}\left[\varepsilon + 1 + (\varepsilon - 1)\left(1 + \frac{10h}{w}\right)^{-\frac{1}{2}}\right] \tag{5-165c}$$

天线的宽度

$$w = \frac{c}{2f}\left(\frac{\varepsilon_r + 1}{2}\right)^{\frac{1}{2}} \tag{5-165d}$$

5.14.5　矩形微带天线的设计实例

设计一个以同轴馈电、中心频率为 2.35GHz 的矩形微带天线，以此例来说明简单结构微带天线的一般设计过程。首先选取相对介电常数 $\varepsilon_r = 2.2$，厚度 $h = 3.2$mm。通过式（5-165）的理论计算，得到矩形微带贴片天线的一组尺寸，但计算出来的长度与宽度一般不是最优的结果，为了获得最佳的尺寸，我们借助于 HFSS 对天线进行优化，HFSS 是分析电磁场工程的有力工具，是一种基于有限元法且功能比较完备的三维场仿真软件，HFSS 可为天线及其系统设计提供全面的仿真功能，精确仿真计算天线的各种性能，包括二维、三维远场/近场辐射方向图、天线增益、轴比、半功率波瓣宽度、内部电磁场分布、天线阻抗、电压驻波比、S 参数等。可以计算和仿真单层和多层微带天线、多种微带电路以及多种阵列天线等。

HFSS 的优化结果为：$l = 30$mm，$w = 40$mm，馈点位置（$x = -0.5$mm，$y = -0.5$mm），其模型如图 5-66 所示。

图 5-67 所示的是仿真的回波损耗，即 s_{11} 参数随频率的变化曲线，显然，在中心频率 2.35GHz 处，达到了最佳匹配。

图 5-68 仿真出了 $\varphi = 0°$ 和 $\varphi = 90°$ 的远场增益方向图，最大增益达到 7.12dB。

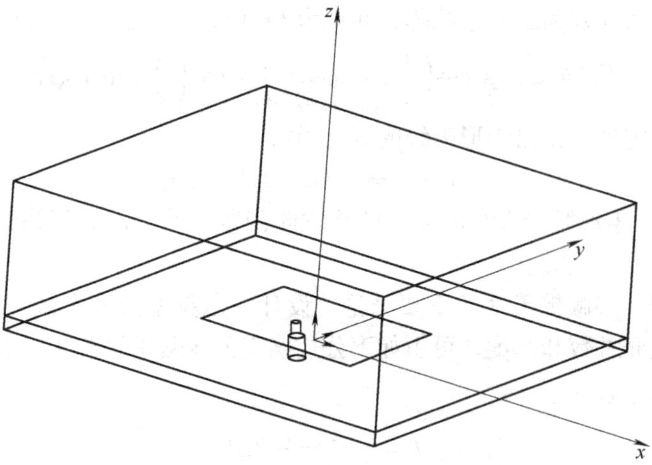

图5-66 矩形微带天线模型

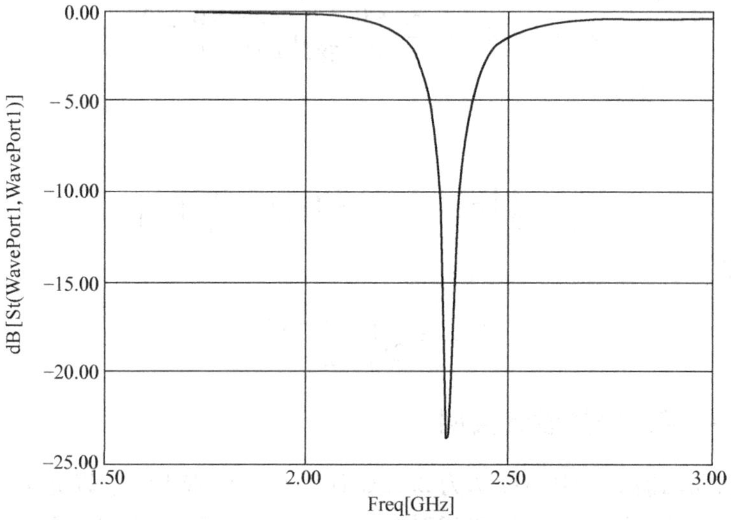

图5-67 天线的 s_{11} 参数曲线

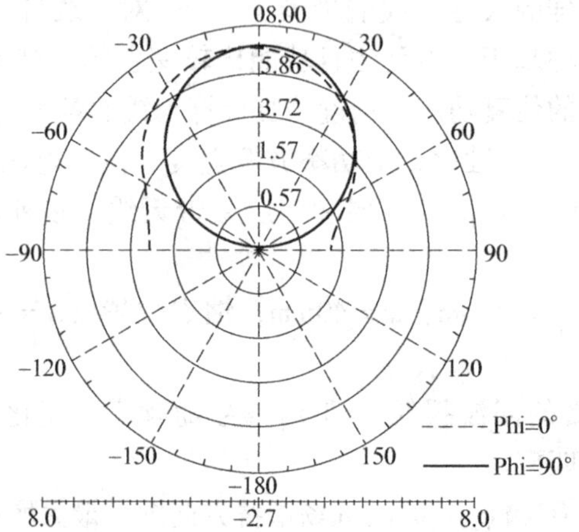

图5-68 天线方向图

微带天线应用多样，除了单频率工作外，还有多频、圆极化，宽频带、小型化、组阵等。随着对微带天线的理论分析的不断深入，微带天线将获得更广泛的应用。

5.15　智能天线

随着全球通信业务的迅速发展，作为未来个人通信主要手段的无线移动通信技术引起了人们极大关注。如何消除同信道干扰（CCI）、多址干扰（MAI）与多径衰落的影响成为人们在提高无线移动通信系统性能时考虑的主要因素。智能天线利用数字信号处理技术，产生空间定向波束，使天线主波束对准用户信号到达方向，旁瓣或零陷对准干扰信号到达方向，达到充分高效利用移动用户信号并删除或抑制干扰信号的目的。与其他日渐深入和成熟的干扰对消技术相比，智能天线技术在移动通信中的应用研究更显的方兴未艾并显示出巨大潜力。

5.15.1　智能天线技术的起源和发展

智能天线通常包括多波束智能天线和自适应阵天线。智能天线最初广泛应用于雷达、声纳及军事通信领域，由于成本等因素一直未能普及到其他通信领域。近年来，现代数字信号处理技术发展迅速，数字信号处理芯片能力不断提高，芯片价格已经可以为现代通信系统所接受。智能天线技术因此开始在移动通信中得到应用。另一方面移动通信用户数目增加迅速，人们对移动通话质量的要求也不断提高，这要求蜂窝小区在大容量下仍要有高的语音质量。使用智能天线可以在不显著增加系统复杂度情况下满足扩充容量的需要。不同于常规的扇区天线和天线分集方法，通过在基站使用全向收发智能天线，可以为每个用户提供一个窄的定向波束，使信号在有限的方向区域发送和接收，充分利用了信号发射功率，降低了信号全向发射带来的电磁污染与相互干扰。

智能天线的核心技术是算法，常用的算法主要有最小均方算法（LMS）、递归最小平方算法（RLS）和恒模算法（CMA）。其中 LMS 算法、RLS 算法需要系统提供与用户信号相关的参考信号，用以计算误差，控制阵列加权。CMA 算法利用阵列输出信号恒包络原理，不需要参考信号，属于盲算法。从通信系统整体考虑，智能天线技术独立于传统的多址方式和调制类型，可以应用于 TDMA、FDMA 或 CDMA 多址系统。但在具体实现过程中，天线接收效果是有差别的。

5.15.2　智能天线模型

智能天线由一列低增益天线元组成，一般来说，构成阵列的阵元可按任意方式排列；但通常这些相似的低增益阵元是按直线等距（Linear Equally Spaced，LES）、圆周等距或平面等距排列的，并且取向相同。为了简化天线阵列的分析，我们作如下假设：

1）阵元间距较小，不同阵元接收到的信号幅值相同。

2）忽略阵元间互耦。

3）所有入射场都可分解为一系列离散的平面波，即信号数目有限。

4）入射到阵列上的信号带宽远小于载频。

图 5-69 给出了一个 M 元直线等距天线阵列，沿 x 轴排列，阵元间距为 d。阵列的每条

支路有一个具有幅值和相位权因子 w_m，是一个复数权因子。

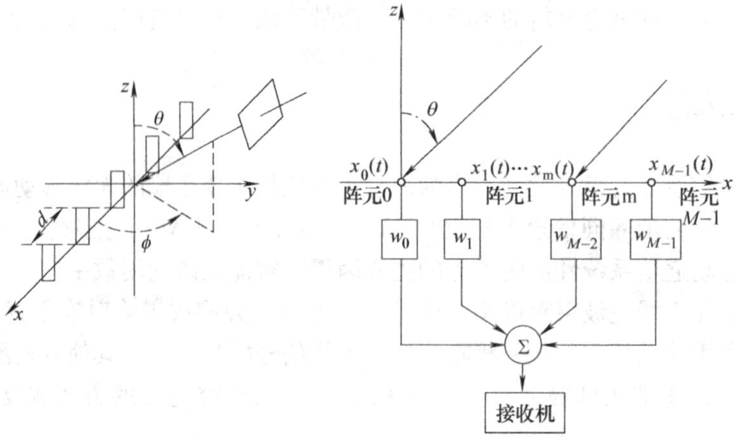

图 5-69 *M* 元直线等距天线阵列

考察一个入射到阵列上的平面波，我们用基带复包络 $s(t)$ 表示平面调制波。假设所有阵元都是无噪声的各向同性天线，在各个方向具有相同的增益。则 LES 阵元 m 上接收到的信号为

$$\boldsymbol{x}_m(t) = \boldsymbol{s}(t)\mathrm{e}^{\mathrm{j}\beta md\sin\theta\cos\phi} \tag{5-166}$$

式中，β 是相位传播因子，$\beta=2\pi/\lambda$。

阵列输出端的信号 $y(t)$ 为

$$\boldsymbol{y}(t) = \sum_{m=0}^{M-1} w_m \boldsymbol{x}_m(t) = \boldsymbol{s}(t)\sum_{m=0}^{M-1} w_m \mathrm{e}^{\mathrm{j}\beta md\sin\theta\cos\phi} = \boldsymbol{s}(t)f(\theta,\phi) \tag{5-167}$$

式中，$f(\theta,\phi)$ 称为阵列因子。

通过调整权集 $\{w_m\}$，可以将阵列因子的最大主瓣对准任意方向 (θ_0,ϕ_0)。在阵列输出端接收到的功率为

$$P_r = \frac{1}{2}|y(t)|^2 = \frac{1}{2}|s(t)|^2|f(\theta,\phi)|^2 \tag{5-168}$$

为说明权集 $\{w_m\}$ 能改变天线阵列的方向图，令第 m 个权因子为

$$\boldsymbol{w}_m = \mathrm{e}^{-\mathrm{j}\beta md\sin\theta_0} \tag{5-169}$$

于是阵列因子为

$$\begin{aligned} f(\theta,\phi) &= \sum_{m=0}^{M-1}\mathrm{e}^{\mathrm{j}\beta md(\sin\theta\cos\phi-\sin\theta_0)} \\ &= \frac{\sin\left[\dfrac{M\beta d}{2}(\sin\theta\cos\phi-\sin\theta_0)\right]}{\sin\left[\dfrac{\beta d}{2}(\sin\theta\cos\phi-\sin\theta_0)\right]}\mathrm{e}^{\mathrm{j}\frac{(M-1)\beta d}{2}(\sin\theta\cos\phi-\sin\theta_0)} \end{aligned} \tag{5-170}$$

为了方便用向量形式表示,定义权向量为

$$\boldsymbol{w} = [w_0\cdots w_{M-1}]^{\mathrm{H}} \tag{5-171}$$

式中,上标 H 表示厄密转置。

各个天线阵元的信号组成一个数据向量

$$x = [x_0(t) \cdots x_{M-1}(t)]^{\mathrm{H}} \tag{5-172}$$

阵列输出 $y(t)$ 可以表示成阵列权向量 w 和数据向量 $x(t)$ 的内积

$$y(t) = w^{\mathrm{H}} x(t) \tag{5-173}$$

(θ,ϕ) 方向的阵列因子为

$$f(\theta,\phi) = w^{\mathrm{H}} a(\theta,\phi) \tag{5-174}$$

向量 $a(\theta,\phi)$ 称为（θ，ϕ）方向的导引向量。在图 5-69 中，当平面波从 (θ,ϕ) 方向入射时，导引向量 $a(\theta,\phi)$ 表示各个阵元信号与参考阵元（阵元 0）信号间的相位差。

$$a(\theta,\phi) = (1 \quad a_1(\theta,\phi) \quad \cdots a_m(\theta,\phi) \quad a_{M-1}(\theta,\phi))^{\mathrm{T}} \tag{5-175}$$

式中，$a_m(\theta,\phi) = \mathrm{e}^{\mathrm{j}\beta(x_m \sin(\theta)\cos(\phi) + y_m \sin(\theta)\sin(\phi) + z_m \cos(\theta))}$。

无论这些向量是由测量还是估计得到、包含所有 θ 和 ϕ 值的一组导引向量称为阵列流形，阵列流形不仅有助于阵列分析，在定向、下行波束形成以及阵列操作的其他方面都起着十分重要的作用。

为了说明智能天线的作用，举一例说明，在图 5-69 中，选天线元数最小的情况，即 $M=2$，假设有一个期望信号和一个干扰信号，方向 θ 分别为 0°和 30°，到达天线的相对延迟为

$$\tau = \frac{d\sin\theta}{v}$$

则对应的相位延迟为

$$\frac{2\pi d}{\lambda}\sin\theta$$

阵元间隔取 $d=\lambda/2$，则上述期望信号 $s(t)$ 和干扰信号 $I(t)$ 到达两个阵元的相对相位延迟分别为 0 和 $\pi/2$。

我们采用复数权 $w_1 = w_{1,1} + \mathrm{j}w_{1,2}$ 和 $w_2 = w_{2,1} + \mathrm{j}w_{2,2}$ 分别表示两阵元上的加权。则智能天线输出期望信号为 $s(t)\{[w_{1,1} + w_{2,1}] + \mathrm{j}[w_{2,1} + w_{2,2}]\}$。

输出的干扰信号为

$$I(t)\exp(\mathrm{j}\pi/4)[w_{1,1} + \mathrm{j}w_{1,2}] + I(t)\exp(-\mathrm{j}\pi/4)[w_{2,1} + \mathrm{j}w_{2,2}]$$

$$w_{1,1} + w_{2,1} = 1$$

$$w_{2,1} + w_{2,2} = 0$$

$$w_{1,1} - w_{1,2} + w_{2,1} + w_{2,2} = 0$$

$$w_{1,1} + w_{1,2} - w_{2,1} + w_{2,2} = 0$$

以上四式联立求解得

$$w_{1,1} = 0.5;\ w_{1,2} = 0.5;$$

$$w_{2,1} = 0.5;\ w_{2,2} = -0.5;$$

获得如图 5-70 所示二元直线阵方向图。由图可以看出，在期望信号方向上没有衰减，而在干扰信号方向上有近 50dB 的抑制！有效地将期望信号与干扰信号分离。

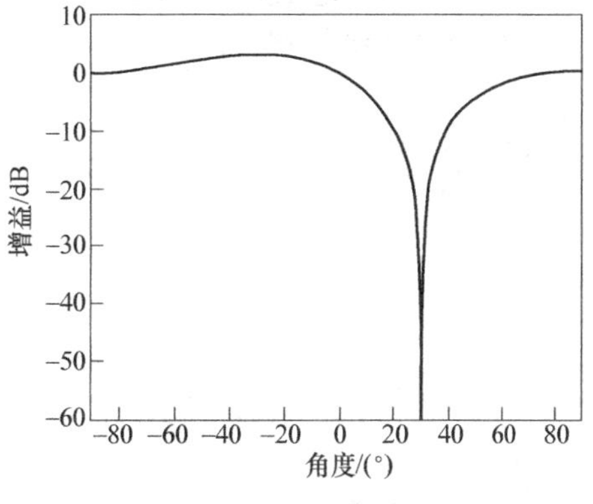

图 5-70　二元直线阵方向图

智能天线与传统天线概念有本质的区别，其理论支撑是信号统计检测理论、信号处理及最优控制理论。其技术基础是自适应天线和高分

辨阵列信号处理。应用于移动通信中具有以下优点：

1）可以大大减小电波传播中的多经衰减，由于无线通信系统的性能很大程度上取决于衰减的深度和速度，因此，降低信号在传播中的变化可以提高通信系统的性能。

2）增加系统容量。

3）延长移动台电池的使用寿命。

4）与全向天线相比具有更大的覆盖区。

5）降低辐射功率，减小电磁污染。

习 题 5

5.1 简述天线的功能。

5.2 什么是方向图乘积定理？

5.3 什么是边射天线阵、端射天线阵？

5.4 计算电流元的半功率波瓣宽度。

5.5 已知某天线归一化方向函数为 $F(\theta) = \cos\left(\pi\cos\theta - \frac{\pi}{4}\right)$，求半功率波瓣宽度，画出 E 面方向函数。

5.6 已知天线方向函数为 $f(\theta) = \sin^2\theta + 0.6$，求半功率波瓣宽度和归一化方向函数。

5.7 已知某天线的归一化方向函数为 $F(\theta) = \cos^2\theta$,$0<\theta<\pi$,求其方向系数。

5.8 一长度为 $h=10\text{m}$ 的直立振子,其电流分布为 $I(z) = I_0\sin\beta(h-z)$，当工作波长为 $\lambda=460\text{m}$ 时，求振子有效长度。

5.9 五元直线阵，其中心连线单元边射阵，天线元间距为 $\lambda/2$，各天线元上的电流振幅按 1:2:3:2:1 的比例分布。试确定阵因子和归一化方向图。

5.10 六元均匀直线阵的阵元间距为 $\lambda/2$，分别计算边射阵和端射阵的方向函数、主瓣半功率宽度。

5.11 利用方向图乘积定理，计算半波振子组成的三元边射阵，在垂直于半波振子轴平面内的方向函数。

5.12 在 $\theta=\pm30°$ 的范围内，计算电基本振子的辐射功率占总辐射功率的百分比。

5.13 长度为 L 的行波天线，电流分布为 $I(z) = I_0 e^{-j\beta z}$，分别求 $L=2\lambda$ 和 $L=3\lambda$ 的方向函数。

5.14 已知某电流元的 $\Delta z=10\text{m}$，$I_0=35\text{A}$，$f=10^6\text{Hz}$，求它的辐射功率和辐射电阻。

5.15 一卡塞格伦天线，其抛物面焦距 $f=2\text{m}$，离心率 $e=2.4$，求等效抛物面的焦距。

5.16 智能天线有哪些优点？

附　　录

附录 A　微波波段划分

波段	频率范围/GHz	波段	频率范围/GHz
UHF	0.3 ~ 1.12	Ka	26.5 ~ 40.0
L	1.12 ~ 1.7	Q	33.0 ~ 50.0
LS	1.7 ~ 2.5	U	40.0 ~ 60.0
S	2.5 ~ 3.95	M	50.0 ~ 75.0
C	3.95 ~ 5.85	E	60.0 ~ 90.0
XC	5.85 ~ 8.2	F	90.0 ~ 140.0
X	8.2 ~ 12.4	G	140.0 ~ 220.0
Ku	12.4 ~ 18.0	R	220.0 ~ 325.0
K	18.0 ~ 26.5		

附录 B　电磁波频谱划分

名称	习惯名称	符号	频率范围	波长范围
甚低频	长波	VLF	3 ~ 30kHz	10 ~ 100km
低频		LF	30 ~ 300kHz	1 ~ 10km
中频	中波	MF	300 ~ 3000kHz	100 ~ 1000m
高频	短波	HF	3 ~ 30MHz	10 ~ 100m
甚高频	超短波	VHF	30 ~ 300MHz	1 ~ 10m
特高频	微波	UHF	300 ~ 3000MHz	10 ~ 100cm
超高频		SHF	3 ~ 30GHz	1 ~ 10cm
极高频		EHF	30 ~ 300GHz	1 ~ 10mm

附录 C　数学公式

1. 矢量运算公式

设 ϕ 和 φ 表示标量函数，$\boldsymbol{A}$、$\boldsymbol{B}$ 和 $\boldsymbol{C}$ 表示矢量函数，∇为哈密顿（Hamilton）算子。

（1）矢量代数运算

$$\boldsymbol{A}\cdot(\boldsymbol{B}\times\boldsymbol{C})=\boldsymbol{B}\cdot(\boldsymbol{C}\times\boldsymbol{A})=\boldsymbol{C}\cdot(\boldsymbol{A}\times\boldsymbol{B})$$

$$\boldsymbol{A}\times(\boldsymbol{B}\times\boldsymbol{C})=(\boldsymbol{A}\cdot\boldsymbol{C})\boldsymbol{B}-(\boldsymbol{A}\cdot\boldsymbol{B})\boldsymbol{C}$$

（2）微分公式

$\nabla(\phi \pm \varphi) = \nabla\phi \pm \nabla\varphi$

$\nabla(k\phi) = k\,\nabla\phi$，（$k$ 为常数）

$\nabla \cdot (\phi \boldsymbol{k}) = \nabla\phi \cdot \boldsymbol{k}$，（$\boldsymbol{k}$ 为常矢量）

$\nabla(\phi\varphi) = \varphi\,\nabla\phi + \phi\,\nabla\varphi$

$\nabla \cdot \nabla\phi = \nabla^2\phi$

$\nabla \cdot (\nabla \times \boldsymbol{A}) = 0$

$\nabla \times \nabla\phi = 0$

$\nabla \cdot (\phi\boldsymbol{A}) = \phi\,\nabla \cdot \boldsymbol{A} + \boldsymbol{A} \cdot \nabla\phi$

$\nabla \cdot (\boldsymbol{A} \pm \boldsymbol{B}) = \nabla \cdot \boldsymbol{A} \pm \nabla \cdot \boldsymbol{B}$

$\nabla \cdot (\boldsymbol{A} \times \boldsymbol{B}) = \boldsymbol{B} \cdot (\nabla \times \boldsymbol{A}) - \boldsymbol{A} \cdot (\nabla \times \boldsymbol{B})$

$\nabla \times (\boldsymbol{A} \times \boldsymbol{B}) = \boldsymbol{A}(\nabla \cdot \boldsymbol{B}) - \boldsymbol{B}(\nabla \cdot \boldsymbol{A}) + (\boldsymbol{B} \cdot \nabla)\boldsymbol{A} - (\boldsymbol{A} \cdot \nabla)\boldsymbol{B}$

$\nabla \times (\nabla \times \boldsymbol{A}) = \nabla(\nabla \cdot \boldsymbol{A}) - \nabla^2\boldsymbol{A}$

（3）常用正交坐标系中的微分公式

1）直角坐标系

$$\nabla\phi = \boldsymbol{a}_x \frac{\partial\phi}{\partial x} + \boldsymbol{a}_y \frac{\partial\phi}{\partial y} + \boldsymbol{a}_z \frac{\partial\phi}{\partial z}$$

$$\nabla \cdot \boldsymbol{A} = \frac{\partial A_x}{\partial x} + \frac{\partial A_y}{\partial y} + \frac{\partial A_z}{\partial z}$$

$$\nabla \times \boldsymbol{A} = \begin{vmatrix} \boldsymbol{a}_x & \boldsymbol{a}_y & \boldsymbol{a}_z \\ \dfrac{\partial}{\partial x} & \dfrac{\partial}{\partial y} & \dfrac{\partial}{\partial z} \\ A_x & A_y & A_z \end{vmatrix} = \boldsymbol{a}_x\left(\frac{\partial A_z}{\partial y} - \frac{\partial A_y}{\partial z}\right) + \boldsymbol{a}_y\left(\frac{\partial A_x}{\partial z} - \frac{\partial A_z}{\partial x}\right) + \boldsymbol{a}_z\left(\frac{\partial A_y}{\partial x} - \frac{\partial A_x}{\partial y}\right)$$

$$\nabla^2\phi = \frac{\partial^2\phi}{\partial x^2} + \frac{\partial^2\phi}{\partial y^2} + \frac{\partial^2\phi}{\partial z^2}$$

$$\nabla^2\boldsymbol{A} = \boldsymbol{a}_x\,\nabla^2 A_x + \boldsymbol{a}_y\,\nabla^2 A_y + \boldsymbol{a}_z\,\nabla^2 A_z$$

2）圆柱坐标系

$$\nabla\phi = \boldsymbol{a}_r \frac{\partial\phi}{\partial r} + \boldsymbol{a}_\varphi \frac{\partial\phi}{\partial\varphi} + \boldsymbol{a}_z \frac{\partial\phi}{\partial z}$$

$$\nabla \cdot \boldsymbol{A} = \frac{1}{r}\,\frac{\partial(rA_x)}{\partial r} + \frac{1}{r}\,\frac{\partial A_\varphi}{\partial\varphi} + \frac{\partial A_z}{\partial z}$$

$$\nabla \times \boldsymbol{A} = \begin{vmatrix} \dfrac{\boldsymbol{a}_r}{r} & \boldsymbol{a}_\varphi & \dfrac{\boldsymbol{a}_z}{r} \\ \dfrac{\partial}{\partial r} & \dfrac{\partial}{\partial\varphi} & \dfrac{\partial}{\partial z} \\ A_r & rA_\varphi & A_z \end{vmatrix} = \boldsymbol{a}_r\left(\frac{1}{r}\,\frac{\partial A_z}{\partial\varphi} - \frac{\partial A_\varphi}{\partial z}\right) + \boldsymbol{a}_\varphi\left(\frac{\partial A_r}{\partial z} - \frac{\partial A_z}{\partial r}\right) + \boldsymbol{a}_z\left(\frac{1}{r}\,\frac{\partial(rA_\varphi)}{\partial r} - \frac{1}{r}\,\frac{\partial A_r}{\partial\varphi}\right)$$

$$\nabla^2\phi = \frac{1}{r}\,\frac{\partial}{\partial r}\left(r\,\frac{\partial\phi}{\partial r}\right) + \frac{1}{r^2}\,\frac{\partial^2\phi}{\partial\varphi^2} + \frac{\partial^2\phi}{\partial z^2}$$

$$\nabla^2\boldsymbol{A} = \boldsymbol{a}_r\left[\nabla^2 A_r - \frac{A_r}{r^2} - \frac{2}{r^2}\,\frac{\partial A_\varphi}{\partial\varphi}\right] + \boldsymbol{a}_\varphi\left[\nabla^2 A_\varphi - \frac{A_\varphi}{r^2} + \frac{2}{r^2}\,\frac{\partial A_r}{\partial\varphi}\right] + \boldsymbol{a}_z\,\nabla^2 A_z$$

3）球坐标系

$$\nabla\phi = \boldsymbol{a}_r \frac{\partial\phi}{\partial r} + \boldsymbol{a}_\theta \frac{1}{r}\frac{\partial\phi}{\partial\theta} + \boldsymbol{a}_\varphi \frac{1}{r\sin\theta}\frac{\partial\phi}{\partial\varphi}$$

$$\nabla\cdot\boldsymbol{A} = \frac{1}{r^2}\frac{\partial(r^2 A_r)}{\partial r} + \frac{1}{r\sin\theta}\frac{\partial}{\partial\theta}(\sin\theta A_\theta) + \frac{1}{r\sin\theta}\frac{\partial A_\varphi}{\partial\varphi}$$

$$\nabla\times\boldsymbol{A} = \begin{vmatrix} \dfrac{\boldsymbol{a}_r}{r^2\sin\theta} & \dfrac{\boldsymbol{a}_\theta}{r\sin\theta} & \dfrac{\boldsymbol{a}_\varphi}{r} \\ \dfrac{\partial}{\partial r} & \dfrac{\partial}{\partial\theta} & \dfrac{\partial}{\partial\varphi} \\ A_r & rA_\theta & r\sin\theta A_\varphi \end{vmatrix} = \boldsymbol{a}_r \frac{1}{r\sin\theta}\left[\frac{\partial(\sin\theta A_\varphi)}{\partial\theta} - \frac{\partial A_\theta}{\partial\varphi}\right]$$

$$+\boldsymbol{a}_\theta \frac{1}{r}\left[\frac{1}{\sin\theta}\frac{\partial A_r}{\partial\varphi} - \frac{\partial(rA_\varphi)}{\partial r}\right] + \boldsymbol{a}_\varphi \frac{1}{r}\left[\frac{\partial(rA_\theta)}{\partial r} - \frac{\partial A_r}{\partial\varphi}\right]$$

$$\nabla^2\phi = \frac{1}{r^2}\frac{\partial}{\partial r}\left(r^2\frac{\partial\phi}{\partial r}\right) + \frac{1}{r^2\sin\theta}\frac{\partial}{\partial\theta}\left(\sin\theta\frac{\partial\phi}{\partial\theta}\right) + \frac{1}{r^2\sin^2\theta}\frac{\partial^2\phi}{\partial\varphi^2}$$

$$\nabla^2\boldsymbol{A} = \boldsymbol{a}_r\left[\nabla^2 A_r - \frac{2}{r^2}\left(A_r + \frac{1}{\sin\theta}\frac{\partial}{\partial\theta}(\sin\theta A_\theta) + \frac{1}{\sin\theta}\frac{\partial A_\varphi}{\partial\varphi}\right)\right]$$

$$+\boldsymbol{a}_\theta\left[\nabla^2 A_\theta + \frac{2}{r^2}\left(\frac{\partial A_r}{\partial\theta} - \frac{A_\theta}{2\sin^2\theta} - \frac{\cos\theta}{\sin^2\theta}\frac{\partial A_\varphi}{\partial\varphi}\right)\right]$$

$$+\boldsymbol{a}_\varphi\left[\nabla^2 A_\varphi + \frac{2}{r^2\sin\theta}\left(\frac{\partial A_r}{\partial\varphi} + \mathrm{ctg}\theta\frac{\partial A_\theta}{\partial\varphi} - \frac{A_\varphi}{2\sin\theta}\right)\right]$$

2. 常用贝塞尔（Bessel）函数公式

$J_m(x)$ 和 $N_m(x)$ 分别称为第一类和第二类 m 阶贝塞尔函数（第二类也称为诺依曼函数）；$I_m(x)$ 和 $K_m(x)$ 分别称为第一类和第二类 m 阶变态贝塞尔函数，其中 m 为整数。

（1）$J_m(x)$ 的常用公式

$$J_{-m}(x) = (-1)^m J_m(x)$$

$$\frac{\mathrm{d}}{\mathrm{d}x}[x^m J_m(x)] = x^m J_{m-1}(x)$$

$$\frac{\mathrm{d}}{\mathrm{d}x}[x^{-m} J_m(x)] = -x^{-m} J_{m+1}(x)$$

$$xJ'_m(x) + mJ_m(x) = xJ_{m-1}(x)$$

$$xJ'_m(x) - mJ_m(x) = -xJ_{m+1}(x)$$

$$J_{m-1}(x) + J_{m+1}(x) = \frac{2m}{x}J_m(x)$$

$$J_{m-1}(x) - J_{m+1}(x) = 2J'_m(x)$$

当 $x\to 0$ 时　$J_m(x) \approx \dfrac{1}{m!}\left(\dfrac{x}{2}\right)^m$　　$m\neq 0$

当 $x\to\infty$ 时　$J_m(x) \approx \sqrt{\dfrac{2}{\pi x}}\cos\left(x - \dfrac{2m+1}{4}\pi\right)$

（2）$N_m(x)$ 的常用公式

$$N_{-m}(x) = (-1)^m N_m(x)$$

$$\frac{\mathrm{d}}{\mathrm{d}x}[x^m N_m(x)] = x^m N_{m-1}(x)$$

$$\frac{\mathrm{d}}{\mathrm{d}x}[x^{-m} N_m(x)] = -x^{-m} N_{m+1}(x)$$

$$xN'_m(x) + mN_m(x) = xN_{m-1}(x)$$

$$xN'_m(x) - mN_m(x) = -xN_{m+1}(x)$$

$$N_{m-1}(x) + N_{m+1}(x) = \frac{2m}{x}N_m(x)$$

$$N_{m-1}(x) - N_{m+1}(x) = 2N'_m(x)$$

当 $x \to 0$ 时

$$N_0(x) \approx \frac{2}{\pi}\left(\ln\frac{x}{2} - 1\right)$$

$$N_m(x) \approx -\frac{(m-1)!}{\pi}\left(\frac{x}{2}\right)^m, \quad m \neq 0$$

当 $x \to \infty$ 时

$$N_m(x) \approx \sqrt{\frac{2}{\pi x}}\sin\left(x - \frac{2m+1}{4}\pi\right)$$

(3) $I_m(x)$ 的常用公式

$$I_{-m}(x) = I_m(x)$$

$$\frac{\mathrm{d}}{\mathrm{d}x}[x^m I_m(x)] = x^m I_{m-1}(x)$$

$$\frac{\mathrm{d}}{\mathrm{d}x}[x^{-m} I_m(x)] = -x^{-m} I_{m+1}(x)$$

$$xI'_m(x) + mI_m(x) = xI_{m-1}(x)$$

$$xI'_m(x) - mI_m(x) = xI_{m+1}(x)$$

$$I_{m-1}(x) - I_{m+1}(x) = \frac{2m}{x}I_m(x)$$

$$I_{m-1}(x) + I_{m+1}(x) = 2I'_m(x)$$

当 $x \to 0$ 时

$$I_m(x) \approx -\frac{1}{m!}\left(\frac{x}{2}\right)^m, \quad m \neq 0$$

当 $x \to \infty$ 时

$$I_m(x) \approx \sqrt{\frac{1}{2\pi x}}\mathrm{e}^x$$

(4) $K_m(x)$ 的常用公式

$$K_{-m}(x) = K_m(x)$$

$$\frac{\mathrm{d}}{\mathrm{d}x}[x^m K_m(x)] = -x^m K_{m-1}(x)$$

$$\frac{\mathrm{d}}{\mathrm{d}x}[x^{-m} K_m(x)] = -x^{-m} K_{m+1}(x)$$

$$xK'_m(x) + mK_m(x) = -xK_{m-1}(x)$$

$$xK'_m(x) - mK_m(x) = -xK_{m+1}(x)$$

$$K_{m+1}(x)-K_{m-1}(x)=\frac{2m}{x}K_m(x)$$

$$K_{m-1}(x)+K_{m+1}(x)=-2K'_m(x)$$

当 $x\to 0$ 时

$$K_0(x)\approx\left(\ln\frac{2}{\gamma x}\right),\ \gamma=1.781$$

$$K_m(x)\approx-\frac{(m-1)!}{\pi}\left(\frac{2}{x}\right)^m,\ m\neq 0$$

又

$$\frac{K_{m-1}(x)}{xK_m(x)}\approx\ln\left(\frac{2}{\gamma x}\right),\ m=1$$

$$\frac{K_{m-1}(x)}{xK_m(x)}\approx\frac{1}{2(m-1)},\ m\geqslant 2$$

当 $x\to\infty$ 时

$$K_m(x)\approx\sqrt{\frac{\pi}{2x}}e^{-x}$$

$$\frac{K_{m-1}(x)}{xK_m(x)}\approx\frac{1}{x}$$

(5) 贝塞尔函数的积分公式

$$\int_0^a J_m^2(kx)x\mathrm{d}x=\frac{a^2}{2}\left[J'^2_m(ka)+\left(1-\frac{m^2}{k^2a^2}\right)J_m^2(ka)\right]$$

$$\int_0^a\left[J'^2_m(kx)+\frac{m^2}{k^2x^2}J_m^2(kx)\right]x\mathrm{d}x$$

$$=\frac{a^2}{2}\left[J'^2_m(ka)+\frac{2m}{ka}J_m(ka)J'_m(ka)+\left(1-\frac{m^2}{k^2a^2}\right)J_m^2(ka)\right]$$

$$\int_0^a J_{m-1}(kx)J_m(kx)x^{2m}\mathrm{d}x=\frac{a^{2m}}{2k}J_m^2(ka)$$

附录 D　物理常数

自由空间介电常数　$\varepsilon_0=8.8542\times10^{-12}\mathrm{F/m}$

自由空间导磁率　$\mu_0=4\pi\times10^{-7}\mathrm{H/m}$

自由空间阻抗　$\eta_0=376.7\Omega$

自由空间光速　$c=2.9979\times10^8\mathrm{m/s}$

习题参考解答

习 题 1

1.1 短线

1.2 **解** 波腹处归一化阻抗 $r=\rho=\dfrac{1+|\Gamma_L|}{1-|\Gamma_L|}=\dfrac{1+0.4}{1-0.4}=2.3$

阻抗为
$$Z=rZ_0=2.3\times50=115\Omega$$

波节处归一化阻抗
$$r=K=\frac{1-|\Gamma_L|}{1+|\Gamma_L|}=\frac{1-0.4}{1+0.4}=0.43$$

阻抗为
$$Z=rZ_0=0.43\times50=21.5\Omega$$

1.3 **解** (1) 驻波比最小，也即终端反射系数的模值最小

反射系数的模值
$$|\Gamma_L|=\left|\frac{Z_L-Z_0}{Z_L+Z_0}\right|=\sqrt{\frac{(40-Z_0)^2+30^2}{(40+Z_0)^2+30^2}}$$

对上式求导且令其等于零
$$\frac{\partial|\Gamma_L|}{\partial Z_0}=0$$

得
$$40^2+30^2-Z_0^2=0$$
$$Z_0=50\Omega$$

(2) 此时终端反射系数
$$\Gamma_L=\frac{Z_L-Z_0}{Z_L+Z_0}=\frac{40-j30-50}{40-j30+50}=\frac{1}{3}e^{j\frac{3}{2}\pi}$$

驻波比
$$\rho=\frac{1+|\Gamma_L|}{1-|\Gamma_L|}=\frac{1+1/3}{1-1/3}=2$$

(3) 因终端为容性负载，则离第一个电压波节点的距离是
$$z_{min}=\frac{\lambda}{4\pi}\varphi_L-\frac{\lambda}{4}=\frac{\lambda}{4\pi}\frac{3}{2}\pi-\frac{\lambda}{4}=\lambda/8$$

1.4 **解** (1) 终端反射系数
$$\Gamma_L=\frac{Z_L-Z_0}{Z_L+Z_0}=\frac{200-50}{200+50}=\frac{3}{5}$$

(2) 任一点的反射系数
$$\Gamma(z)=\Gamma_Le^{-j2\beta z}=\frac{3}{5}e^{-j2\beta z}$$

任一点的输入阻抗

$$Z_{in}(z)=Z_0\frac{1+\Gamma(z)}{1-\Gamma(z)}$$

在离 0.25λ、0.5λ 负载处的输入阻抗及反射系数分别为

$$\Gamma(0.25\lambda)=\frac{3}{5}e^{-j2\beta0.25\lambda}=\frac{3}{5}e^{-j\pi}=-\frac{3}{5}$$

$$\Gamma(0.5\lambda)=\Gamma_L e^{-j2\beta0.5\lambda}=\frac{3}{5}$$

$$Z_{in}(0.25\lambda)=Z_0\frac{1+\Gamma(0.25\lambda)}{1-\Gamma(0.25\lambda)}=50\times\frac{1-3/5}{1+3/5}\Omega=12.5\Omega$$

$$Z_{in}(0.5\lambda)=Z_0\frac{1+\Gamma(0.5\lambda)}{1-\Gamma(0.5\lambda)}=50\times\frac{1+3/5}{1-3/5}\Omega=200\Omega$$

1.5　参看教材。

1.6　**解**　(1) 传输线上的波长

$$\lambda_g=\frac{c/f}{\sqrt{\varepsilon_r}}=\frac{3\times10^8/2\times10^8}{\sqrt{3.2}}\text{m}=0.8385\text{m}$$

传输线的长度　$l=\lambda_g/4=0.2096\text{m}$

(2) 终端反射系数　$\Gamma_L=\dfrac{R_L-Z_0}{R_L+Z_0}=\dfrac{2-50}{2+50}=-\dfrac{12}{13}$

(3) 输入端反射系数　$\Gamma_{in}=\Gamma_L e^{-j2\beta l}=\dfrac{12}{13}$

(4) 根据四分之一的变换特性　$Z_{in}(z+\lambda/4)Z_{in}(z)=Z_0^2$

输入端阻抗

$$Z_{in}(z+\lambda/4)=Z_0^2/Z_{in}(z)=50^2/2\Omega=1250\Omega$$

1.7　**解**　归一化的负载阻抗

$$\bar{Z}_L=\frac{Z_L}{Z_0}=\frac{30-j20}{50}=0.6-j0.4=r+jx$$

其中找出 $r=0.6$ 与 $x=-0.4$ 的交点，过该点圆的模及相位，可从图中查出。

1.8　**解**　根据驻波比的定义

$$\rho=\frac{|U_{max}|}{|U_{min}|}=\frac{200}{40}=5$$

则反射系数的模值

$$|\Gamma|=\frac{\rho-1}{\rho+1}=2/3$$

利用第一个电压波节点离负载距离为 $l_{min}=\lambda/3$

$$l_{min}=\frac{\lambda}{4\pi}\varphi_L+\frac{\lambda}{4}=\lambda/3$$

得 $$\varphi_L = \frac{\pi}{3}$$

因此终端反射系数 $$\Gamma_L = \frac{2}{3}e^{j\frac{\pi}{3}}$$

负载阻抗 $$Z_L = Z_0\frac{1+\Gamma_L}{1-\Gamma_L} = 82.4e^{j1.12}$$

1.9 **解** 驻波比

$$\rho = \frac{|U_{max}|}{|U_{min}|} = \frac{150}{30} = 5$$

反射系数的模值

$$|\Gamma| = \frac{\rho-1}{\rho+1} = 2/3$$

利用第一个电压波节点离负载距离为 $l_{min} = 0.15\lambda$

$$l_{min} = \frac{\lambda}{4\pi}\varphi_L + \frac{\lambda}{4} = 0.15\lambda$$

得 $$\varphi_L = -0.4\pi$$

终端反射系数 $$\Gamma_L = \frac{2}{3}e^{-j0.4\pi}$$

负载阻抗 $$Z_L = Z_0\frac{1+\Gamma_L}{1-\Gamma_L} = 215.2 - j491.3\Omega$$

并联支节的位置

$$l_1' = \frac{\lambda}{2\pi}\arctan\frac{1}{\sqrt{\rho}} + 0.15\lambda = 0.22\lambda$$

并联支节的长度为

$$l_2 = \frac{\lambda}{2\pi}\arctan\frac{1-\rho}{\sqrt{\rho}} + \frac{\lambda}{4} = 0.081\lambda$$

1.10 **解** 终端反射系数

$$\Gamma_L = \frac{Z_L - Z_0}{Z_L + Z_0} = \frac{70 + j140 - 60}{70 + j140 + 60} = 0.7347e^{-j0.677}$$

$$\rho = \frac{1+|\Gamma_L|}{1-|\Gamma_L|} = \frac{1+0.7347}{1-0.7347} = 6.54$$

$$l_1' = \frac{\lambda}{2\pi}\arctan\frac{1}{\sqrt{\rho}} = \frac{0.4}{2\pi}\times\arctan\frac{1}{\sqrt{6.54}}\text{cm} = 2.37\text{cm}$$

$$l_2=\frac{\lambda}{2\pi}\arctan\frac{\rho-1}{\sqrt{\rho}}=\frac{0.4}{2\pi}\times\arctan\frac{6.54-1}{\sqrt{6.54}}\text{cm}=7.25\text{cm}$$

$$l'_{\max}=\frac{\lambda}{4\pi}\varphi_{\text{L}}$$

1.11 **解** 终端反射系数

$$\Gamma_{\text{L}}=\frac{Z_{\text{L}}-Z_0}{Z_{\text{L}}+Z_0}=\frac{300+\text{j}100-200}{300+\text{j}100+200}=0.277\text{e}^{\text{j}0.588}$$

第一个波腹点离负载的距离为

$$l_{\max 1}=\frac{\lambda}{4\pi}\times 0.588=0.0468\lambda$$

在距离负载0.0468λ处插入一个四分之一波长的阻抗变换器就可实现匹配。

驻波比

$$\rho=\frac{1+|\Gamma_{\text{L}}|}{1-|\Gamma_{\text{L}}|}=\frac{1+0.277}{1-0.277}=1.766$$

此处的阻抗 $R_{\max}=Z_0\rho$

因此，$\lambda/4$ 阻抗变换器的特性阻抗为

$$Z_{01}=\sqrt{\rho Z_0^2}=265.78\Omega$$

1.12 **解** 终端反射系数

$$\Gamma_{\text{L}}=\frac{Z_{\text{L}}-Z_0}{Z_{\text{L}}+Z_0}=\frac{800-\text{j}600-500}{800-\text{j}600+500}=0.4685\text{e}^{-\text{j}0.6747}$$

驻波系数

$$\rho=\frac{1+|\Gamma_{\text{L}}|}{1-|\Gamma_{\text{L}}|}=\frac{1+0.4685}{1-0.4685}=2.763$$

输入阻抗

$$Z_{\text{in}}(z)=Z_0\frac{Z_{\text{L}}+\text{j}Z_0\tan\beta l}{Z_0+\text{j}Z_{\text{L}}\tan\beta l}=500\times\frac{800-\text{j}600+\text{j}500\times\tan 60^\circ}{500+\text{j}(800-\text{j}600)\tan 60^\circ}=203.5\text{e}^{-\text{j}0.412}$$

1.13 **解** 先求出反射系数模值$|\Gamma|$，再求反射功率 $P_{\text{r}}=|\Gamma|^2P_{\text{in}}$。

习 题 2

2.1 **解** (1) 当 $\lambda=20\text{mm}$

于是

$$\lambda_{\text{c}}(\text{TE}_{10})=2a=45.2\text{mm}>\lambda$$

$$\lambda_{\text{c}}(\text{TE}_{01})=2b=20.4\text{mm}>\lambda$$

$$\lambda_{\text{c}}(\text{TE}_{20})=a=22.6\text{mm}>\lambda$$

$$\lambda_{\text{c}}(\text{TM}_{11})=\frac{2ab}{\sqrt{a^2+b^2}}\approx 18.59\text{mm}<\lambda$$

$\lambda=20\text{mm}$ 时，该波导传播 TE_{10}，TE_{01}和 TE_{20}波。

（2）当 $\lambda = 30\text{mm}$

$$\lambda_c(TE_{10}) = 2a = 45.2\text{mm} > \lambda$$
$$\lambda_c(TE_{01}) = 2b = 20.4\text{mm} < \lambda$$

此时波导仅传播 TE_{10} 波。

（3）当 $\lambda = 50\text{mm}$

$$\lambda_c(TE_{10}) = 2a = 45.2\text{mm} < \lambda$$

此时波导中无任何模传输。

2.2　**解**　（1）由 $f = 10\text{GHz}$

得

$$\lambda = \frac{c}{f} = 30\text{mm}$$

于是

$$\lambda_c(TE_{10}) = 2a = 46\text{mm} > \lambda$$
$$\lambda_c(TE_{01}) = 2b = 20\text{mm} < \lambda$$

该波导仅仅传播 TE_{10} 波。

（2）截止波长

$$\lambda_c(TE_{10}) = 2a = 46\text{mm}$$

$$k_c = \frac{2\pi}{\lambda_c};\ k = \frac{2\pi}{\lambda}$$

$$\beta = \sqrt{k^2 - k_c^2} = 2\pi\sqrt{\frac{1}{\lambda^2} - \frac{1}{\lambda_c^2}} = 158.77$$

波导波长

$$\lambda_g = \frac{2\pi}{\beta} = 39.6\text{mm}$$

相速度

$$v_p = \frac{\omega}{\beta} = \frac{2\pi f}{\beta} = 3.96 \times 10^8\text{m/s}$$

2.3　利用关系式 $k_c = \frac{2\pi}{\lambda_c}$；$k = \frac{2\pi}{\lambda}$；$\lambda_g = \frac{2\pi}{\beta}$ 和 $\beta^2 = k^2 - k_c^2$，即可得证。

2.4　**解**　利用 $\nabla \times \boldsymbol{E} = -\mathrm{j}\omega\mu\boldsymbol{H}$

得

$$H_x = 0$$

利用 $\frac{\partial E_x}{\partial z} - \frac{\partial E_z}{\partial x} = -\mathrm{j}\omega\mu H_y$，得 $H_y = \frac{\mathrm{j}}{\omega\mu}\frac{\partial E_x}{\partial z} = \frac{\beta}{\omega\mu}E_x$

利用 $\frac{\partial E_y}{\partial x} - \frac{\partial E_x}{\partial y} = -\mathrm{j}\omega\mu H_z$，$-\frac{\partial E_x}{\partial y} = -\mathrm{j}\omega\mu H_z$

得

$$H_z = \frac{-\mathrm{j}}{\omega\mu}\frac{\partial E_x}{\partial y} = \frac{-\mathrm{j}A\pi}{\omega\mu b}\cos\left(\frac{\pi}{b}y\right)\mathrm{e}^{\mathrm{j}(\omega t - \beta z)}$$

2.5　**解**　（1）由 $f = 10\text{GHz}$

得

$$\lambda = \frac{c}{f} = 30\text{mm}$$

于是

$$\lambda_c(TE_{10}) = 2a = 45.72\text{mm}$$

$$k_c = \frac{2\pi}{\lambda_c};\ k = \frac{2\pi}{\lambda}$$

$$\beta=\sqrt{k^2-k_c^2}=2\pi\sqrt{\frac{1}{\lambda^2}-\frac{1}{\lambda_c^2}}=50\pi$$

波导波长
$$\lambda_g=\frac{2\pi}{\beta}=40\text{mm}$$

$$\eta_{TE}=\sqrt{\frac{\mu_0}{\varepsilon_0}}\frac{1}{\sqrt{1-k_c^2/k^2}}=\frac{120\pi}{\sqrt{1-k_c^2/k^2}}=159\pi\Omega$$

(2) 当宽边大一倍时

$$\lambda_c(TE_{10})=2a=91.44\text{mm}$$

$$k_c=\frac{2\pi}{\lambda_c};\ k=\frac{2\pi}{\lambda}$$

$$\beta=\sqrt{k^2-k_c^2}=2\pi\sqrt{\frac{1}{\lambda^2}-\frac{1}{\lambda_c^2}}=63\pi$$

波导波长
$$\lambda_g=\frac{2\pi}{\beta}=32\text{mm}$$

$$\eta_{TE}=\sqrt{\frac{\mu_0}{\varepsilon_0}}\frac{1}{\sqrt{1-k_c^2/k^2}}=\frac{120\pi}{\sqrt{1-k_c^2/k^2}}=127\pi\Omega$$

(3) 当窄边大一倍时，由于 $2b=20.32\text{mm}<a$，因此传播的主模仍为 TE_{10} 模，λ_c、β、λ_g、η_{TE} 均与(1)相同。

2.6 **解** 圆波导中两种模式的截止波长为

$$\lambda_c(TE_{11})=3.41a$$

$$\lambda_c(TM_{01})=2.61a$$

要保证单模传输，工作波长须满足

$$2.61a<\lambda<3.41a$$

当半径范围在 $1.76\text{mm}<a<2.3\text{mm}$，可以保证单模传输，且传输的是主模 TE_{11}。

2.7 **解** 圆波导中两种模式的截止波长为

$$\lambda_c(TE_{11})=3.41a=10.23\text{cm}$$

$$f_c=\frac{c}{\lambda_c}=2.93\text{GHz}$$

由已知 $\lambda=\frac{c}{f}=10\text{cm}$

$$k=\frac{2\pi}{\lambda},\ k_c=\frac{2\pi}{\lambda_c}$$

$$\beta=\sqrt{k^2-k_c^2}=13.25$$

$$\lambda_g=\frac{2\pi}{\beta}=47.4\text{cm}$$

2.8 **解** (1) 由 $f=10\text{GHz}$

得
$$\lambda = \frac{c}{f} = 30\text{mm}$$
$$\lambda_c(TE_{11}) = 3.41a = 34.1\text{mm}$$
$$\lambda_c(TM_{01}) = 2.61a = 26.1\text{mm}$$
$$\lambda_c(TE_{21}) = 2.06a = 20.6\text{mm}$$
$$\lambda_c(TE_{01}, TM_{11}) = 1.64a = 16.4\text{mm}$$
传输的模式 TE_{11}。

2.9 **解**

（1）
$$\lambda_c(TE_{11}) = 3.41a = 85.25\text{mm}$$
$$\lambda_c(TM_{01}) = 2.61a = 65.25\text{mm}$$
$$\lambda_c(TE_{21}) = 2.06a = 51.5\text{mm}$$
$$\lambda_c(TE_{01}, TM_{11}) = 1.64a = 41\text{mm}$$
（2）$\lambda = 70\text{mm}$ 波导传输 TE_{11} 模。

$\lambda = 60\text{mm}$ 波导传输 TE_{11}、TM_{01} 模。

$\lambda = 30\text{mm}$ 波导传输更高次模。

（3）$\lambda = 70\text{mm}$ 时，$\lambda_c(TE_{11}) = 85.25\text{mm}$
$$k = \frac{2\pi}{\lambda}, \quad k_c = \frac{2\pi}{\lambda_c}$$
$$\beta = \sqrt{k^2 - k_c^2} = 51.2$$
$$\lambda_g = \frac{2\pi}{\beta} = 12.26\text{cm}$$

2.10 略

2.11 **解** 程序参考

```
wb = eps : 1/30 : 2;
x = 0.05; % t/b
n = 2 / (1 + (2 * x/3) /(1 - x));
y = (x / (pi * (1 -x))) * (1 - 0.5 * log( (x/(2 -x))^2 + (0.0796 ./ (wb/x +
1.1)).^n));
m = y + wb/(1 - x);
c = 8/pi * 1./m;
Z2 = 30 * log(1 + c/2 .* (c + sqrt(c .* c + 6.27)));
plot(wb, Z2);
hold on
```

2.12 略

习 题 3

3.1 略

3.2 **解** (a) $\begin{pmatrix} 1 & 0 \\ 0.2j & 1 \end{pmatrix}$ (b) $\begin{pmatrix} 1 & 200 \\ 0 & 1 \end{pmatrix}$ (c) $\begin{pmatrix} 0 & 200j \\ j/200 & 0 \end{pmatrix}$

3.3 **解** 反射系数的模 $|\Gamma|=\frac{\rho-1}{\rho+1}=\frac{1.5-1}{1.5+1}=0.2$

波节满足 $$z_{\min}=\frac{\lambda}{4\pi}\varphi+(2n+1)\frac{\lambda}{4}\ (令\ n=0)$$

$$0.125\lambda=\frac{\lambda}{4\pi}\varphi+\frac{\lambda}{4},\varphi=-\frac{\pi}{2}$$

$$S_{11}=\Gamma=0.2\mathrm{e}^{-\mathrm{j}\frac{\pi}{2}}=-0.2\mathrm{j}$$

根据网络对称 $S_{11}=S_{22}$，$S_{12}=S_{21}$

无耗网络 $\boldsymbol{S}^{+}\boldsymbol{S}=\boldsymbol{I}$ 得 $S_{12}=S_{21}=0.98$

散射矩阵 $\boldsymbol{S}=\begin{pmatrix}-\mathrm{j}0.2 & 0.98\\ 0.98 & -\mathrm{j}0.2\end{pmatrix}$

3.4 参考教材

3.5 证明：利用网络的的性质

$$\det A=1$$

即 $$A_{11}A_{22}-A_{12}A_{21}=1$$

得证 $$A_{12}=X$$

3.6 **解** (1) $S_{12}=S_{21}=\mathrm{j}0.8$ 且 $S_{11}=S_{22}=0.3$ 对称网络

$\boldsymbol{S}^{+}\boldsymbol{S}\neq\boldsymbol{I}$ 有耗

因此，该网络是有耗对称网络

(2) 根据定义 $b_1=S_{11}a_1+S_{12}a_2$

$b_2=S_{21}a_1+S_{22}a_2$

端口 2 开路 $\Gamma_{\mathrm{L}}=\frac{a_2}{b_2}=1$，代入上式得

$$\Gamma_{\mathrm{in}}=\frac{b_1}{a_1}=S_{11}+\frac{S_{12}S_{21}}{1-S_{22}}=0.3+\frac{-0.64}{1-0.3}\approx-0.61$$

3.7 **解** 归一化转移矩阵为

$$\overline{\boldsymbol{A}}=\begin{pmatrix}1 & 0\\ Z_0/R_1 & 1\end{pmatrix}\begin{pmatrix}\cos\frac{3\pi}{2} & \mathrm{j}\sin\frac{3\pi}{2}\\ \mathrm{j}\sin\frac{3\pi}{2} & \cos\frac{3\pi}{2}\end{pmatrix}\begin{pmatrix}1 & 0\\ Z_0/R_2 & 1\end{pmatrix}$$

$$=\begin{pmatrix}1 & 0\\ Z_0/R_1 & 1\end{pmatrix}\begin{pmatrix}0 & -\mathrm{j}\\ -\mathrm{j} & 0\end{pmatrix}\begin{pmatrix}1 & 0\\ Z_0/R_2 & 1\end{pmatrix}$$

$$=\begin{pmatrix}-\mathrm{j}Z_0/R_2 & -\mathrm{j}\\ -\mathrm{j}-\mathrm{j}Z_0^2/R_1R_2 & -\mathrm{j}Z_0/R_1\end{pmatrix}$$

终端匹配 $\Gamma_{\mathrm{L}}=\frac{a_2}{b_2}=0$ 时，输入端反射系数为

$$\Gamma_{\mathrm{in}}=\frac{b_1}{a_1}=S_{11}$$

利用散射矩阵与归一化转移矩阵的关系

$$S=\frac{1}{a_{11}+a_{12}+a_{21}+a_{22}}\begin{pmatrix}a_{11}+a_{12}-a_{21}-a_{22} & 2|\overline{A}| \\ 2 & -a_{11}+a_{12}-a_{21}+a_{22}\end{pmatrix}$$

$$S_{11}=\Gamma_{\text{in}}=\frac{a_{11}+a_{12}-a_{21}-a_{22}}{a_{11}+a_{12}+a_{21}+a_{22}}$$

要输入端匹配则满足 $S_{11}=\Gamma_{\text{in}}=0$

$$a_{11}+a_{12}-a_{21}-a_{22}=0$$

$$-\mathrm{j}Z_0/R_2-\mathrm{j}+\mathrm{j}+\mathrm{j}Z_0^2/R_1R_2+\mathrm{j}Z_0/R_1=0$$

$$Z_0=R_1-R_2$$

3.8 **解** $S_{11}=\Gamma_{1\text{m}}=9/10$

$$S_{22}=\frac{2\Gamma_{1\text{m}}-\Gamma_{1\text{s}}-\Gamma_{1\text{o}}}{\Gamma_{1\text{s}}-\Gamma_{1\text{o}}}=\frac{9/5-4/5-1}{4/5-1}=0$$

$$S_{12}^2=\frac{2(\Gamma_{1\text{m}}-\Gamma_{1\text{s}})(\Gamma_{1\text{m}}-\Gamma_{1\text{o}})}{\Gamma_{1\text{s}}-\Gamma_{1\text{o}}}=\frac{2\times(9/10-4/5)(9/10-1)}{4/5-1}=\frac{1}{10}$$

对于互易网络 $S_{12}=S_{21}=1/\sqrt{10}$

散射矩阵 $\boldsymbol{S}=\begin{pmatrix}9/10 & 1/\sqrt{10} \\ 1/\sqrt{10} & 0\end{pmatrix}$

3.9 证明:对于两级网络

$$\overline{\boldsymbol{A}}=\overline{\boldsymbol{A}}_1\overline{\boldsymbol{A}}_2=\begin{pmatrix}\cos\theta & \mathrm{j}\sin\theta \\ \mathrm{j}\sin\theta & \cos\theta\end{pmatrix}\begin{pmatrix}\cos\theta & \mathrm{j}\sin\theta \\ \mathrm{j}\sin\theta & \cos\theta\end{pmatrix}=\begin{pmatrix}\cos2\theta & \mathrm{j}\sin2\theta \\ \mathrm{j}\sin2\theta & \cos2\theta\end{pmatrix}$$

对于 n 级网络

$$\overline{\boldsymbol{A}}=\overline{\boldsymbol{A}}_1\overline{\boldsymbol{A}}_2\cdots\overline{\boldsymbol{A}}_n=\begin{pmatrix}\cos\theta & \mathrm{j}\sin\theta \\ \mathrm{j}\sin\theta & \cos\theta\end{pmatrix}\begin{pmatrix}\cos\theta & \mathrm{j}\sin\theta \\ \mathrm{j}\sin\theta & \cos\theta\end{pmatrix}\cdots\begin{pmatrix}\cos\theta & \mathrm{j}\sin\theta \\ \mathrm{j}\sin\theta & \cos\theta\end{pmatrix}$$

$$=\begin{pmatrix}\cos(n\theta) & \mathrm{j}\sin(n\theta) \\ \mathrm{j}\sin(n\theta) & \cos(n\theta)\end{pmatrix}$$

3.10 **解** 归一化的转移矩阵

$$\overline{\boldsymbol{A}}=\begin{pmatrix}1 & 0 \\ \mathrm{j} & 1\end{pmatrix}\begin{pmatrix}1 & 1 \\ 0 & 1\end{pmatrix}=\begin{pmatrix}1 & 1 \\ \mathrm{j} & \mathrm{j}+1\end{pmatrix}$$

散射矩阵

$$\boldsymbol{S}=\frac{1}{a_{11}+a_{12}+a_{21}+a_{22}}\begin{pmatrix}a_{11}+a_{12}-a_{21}-a_{22} & 2|\overline{\boldsymbol{A}}| \\ 2 & -a_{11}+a_{12}-a_{21}+a_{22}\end{pmatrix}$$

$$=\frac{1}{3+2\mathrm{j}}\begin{pmatrix}1-2\mathrm{j} & 2 \\ 2 & 1\end{pmatrix}$$

习 题 4

4.1 **解** $\dfrac{d\ln\overline{z}(z)}{\mathrm{d}z}=\dfrac{1}{l}\ln\overline{Z}_{\text{L}}$

$$\Gamma_{in} = \frac{1}{2}\int_0^l e^{-j2\beta z}\frac{d}{dz}(\ln\bar{z})dz = \frac{1}{2l}\ln\bar{Z}_L\int_0^l e^{-j2\beta z}dz = \frac{j\ln\bar{Z}_L}{2\beta l^2}(e^{-j2\beta l}-1)$$

4.2 略

4.3 **解** 谐振波长 $\lambda_0 = 9\text{cm}$ 的空腔尺寸大，由公式 $\lambda_0 = \dfrac{2al}{\sqrt{a^2+l^2}}$ 判断即得。

4.4 **解** 对于 TE_{101} 模的谐振频率

$$f_0 = \frac{c\sqrt{a^2+l^2}}{2al}$$

则

$$l^2 = \frac{a^2c^2}{4a^2f_0^2 - c^2}$$

得

$$l = 22.6\text{mm}$$

4.5 **解** TM_{010} 模的谐振波长

$$\lambda_0 = 2.62a$$

$$2a = c/1.32f = 18\text{mm}$$

4.6 略

4.7 略

4.8 略

4.9 略

习 题 5

5.1 略

5.2 略

5.3 略

5.4 略

5.5 **解** $F(\theta) = \cos\left(\pi\cos\theta - \dfrac{\pi}{4}\right) = \dfrac{1}{\sqrt{2}}$;

$$\theta = \frac{\pi}{3};$$

半功率波瓣宽度 $2\theta = \dfrac{2\pi}{3}$

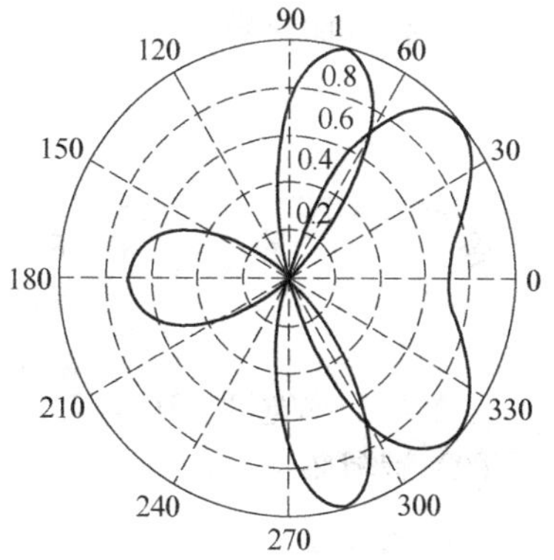

图 5.5 习题图 5-5

5.6 **解** 归一化方向函数

$$F(\theta) = \left|\frac{\sin^2\theta + 0.6}{1.6}\right|$$

根据定义 $F(\theta) = \dfrac{\sin^2\theta + 0.6}{1.6} = \dfrac{1}{\sqrt{2}}$

$$\theta = 46.8°$$

半功率波瓣宽度 $2(90° - \theta) = 86.4°$

5.7　略

5.8　**解**　由电流分布函数 $I(z)=I_0\sin\beta(h-z)$，最大电流为 I_0

根据有效长度的定义

$$l_e=\frac{I_0}{I_0}\int_0^h \sin\beta(h-z)\,dz=\frac{2}{\beta}\sin^2\frac{\beta h}{2}\approx 0.682\text{m}$$

5.9　**解**　五元阵归一化阵因子

$$|F_1(\theta)|=\frac{1}{9}\left|1+2e^{j\psi}+3e^{j2\psi}+2e^{j3\psi}+e^{j4\psi}\right|=\frac{1}{9}\left|\frac{\sin\frac{3\psi}{2}}{\sin\frac{\psi}{2}}\right|^2$$

将 $\xi=0$ 和 $d=\lambda/2$ 代入 $\psi=kd\cos\theta+\xi$ 得

$$|F_1(\theta)|=\frac{1}{9}\left|\frac{\sin\left(\frac{3\pi\cos\theta}{2}\right)}{3\sin\left(\frac{\pi}{2}\cos\theta\right)}\right|^2$$

5.10　**解**　利用直线阵归一化阵因子 $F_1(\psi)=\left|\frac{\sin\left(\frac{N\psi}{2}\right)}{N\sin\left(\frac{\psi}{2}\right)}\right|$

六元均匀直线阵 $F_1(\psi)=\frac{1}{6}\left|\frac{\sin(3\psi)}{\sin\left(\frac{\psi}{2}\right)}\right|$，$\psi=kd\cos\theta+\xi$

(1) 边射阵 $\xi=0$

归一化方向函数　　$F_1(\psi)=\frac{1}{6}\left|\frac{\sin(3\pi\cos\theta)}{\sin\left(\frac{\pi}{2}\cos\theta\right)}\right|$

令　　$F_1(\psi)=\frac{1}{6}\left|\frac{\sin(3\pi\cos\theta)}{\sin\left(\frac{\pi}{2}\cos\theta\right)}\right|=\frac{1}{\sqrt{2}}$得

主瓣半功率宽度：$2\theta=17.2°$

(2) 端射阵 $\xi=kd=\pi$

归一化方向函数　　$F_2(\psi)=\frac{1}{6}\left|\frac{\sin 3\pi(\cos\theta+1)}{\sin\frac{\pi}{2}(\cos\theta+1)}\right|$

令 $$F_2(\psi)=\frac{1}{6}\left|\frac{\sin 3\pi(\cos\theta+1)}{\sin\frac{\pi}{2}(\cos\theta+1)}\right|=\frac{1}{\sqrt{2}}$$

主瓣半功率宽度：$2\theta=63.4°$

5.11 **解** 三元直线阵，阵方向函数

$$F(\psi)=\frac{1}{3}\left|\frac{\sin\left(\frac{3\psi}{2}\right)}{\sin\left(\frac{\psi}{2}\right)}\right|$$

$$\psi=kd\cos\theta+\xi$$

对于边射阵 $\xi=0$，$\psi=kd\cos\theta$

方向函数

$$F_1(\theta)=\frac{1}{3}\left|\frac{\sin\left(\frac{kd\cos\theta}{2}\right)}{\sin\left(\frac{kd\cos\theta}{2}\right)}\right|$$

5.12 **解** 辐射场 $E=E_\theta=\mathrm{j}\frac{60\pi Il}{\lambda}\sin\theta\frac{\mathrm{e}^{-\mathrm{j}kr}}{r}$

功率密度

$$\vec{S}=\frac{1}{2}\mathrm{Re}(\vec{E}\times\vec{H}^*)$$

辐射功率 $P=\oint_s\frac{1}{2}Re(\vec{E}\times\vec{H}^*)\mathrm{d}s=\oint_s\frac{|E|^2}{240\pi}\mathrm{d}s$

总辐射功率 $P_\mathrm{r}=\oint_s\frac{|E|^2}{240\pi}\mathrm{d}s=\int_{\varphi=0}^{2\pi}\mathrm{d}\varphi\int_{\theta=0}^{\pi}\frac{|E|^2}{240\pi}r^2\sin\theta\mathrm{d}\theta=40\pi^2I^2\left(\frac{l}{\lambda}\right)^2$

在 $\theta=\pm30°$的范围内的辐射功率

$$P_\theta=\oint_s\frac{|E|^2}{240\pi}\mathrm{d}s=\int_{\varphi=0}^{2\pi}\mathrm{d}\varphi\int_{\theta=\pi/6}^{5\pi/6}\frac{|E|^2}{240\pi}r^2\sin\theta\mathrm{d}\theta=\frac{45\sqrt{3}}{2}\pi^2I^2\left(\frac{l}{\lambda}\right)^2$$

$$\frac{P_\theta}{P_\mathrm{r}}=97.4\%$$

5.13 **解** 长度为 L，电流 $I_{(2)}=I_0\mathrm{e}^{-\mathrm{j}\beta z}$的方向函数

$$F(\theta)=\frac{\sin\theta\sin\left[\frac{\beta L}{2}(1-\cos\theta)\right]}{1-\cos\theta}$$

$L=2\lambda$ 时的方向函数

$$F(\theta)=\frac{\sin\theta\sin[2\pi(1-\cos\theta)]}{1-\cos\theta}$$

$L=3\lambda$ 的方向函数

$$F(\theta)=\frac{\sin\theta\sin[3\pi(1-\cos\theta)]}{1-\cos\theta}$$

5.14 **解** $\lambda=c/f=3\times10^2\text{m}$

功率密度

$$\vec{S}=\frac{1}{2}\text{Re}(\vec{E}\times\vec{H}^*)$$

辐射功率 $$P=\oint_s\frac{1}{2}\text{Re}(\vec{E}\times\vec{H}^*)\text{d}s=\oint_s\frac{|E|^2}{240\pi}\text{d}s$$

将辐射场 $E=E_\theta=\text{j}\dfrac{60\pi Il}{\lambda}\sin\theta\dfrac{\text{e}^{-\text{j}kr}}{r}$ 代入上式得

$$P_\text{r}=\oint_s\frac{|E|^2}{240\pi}\text{d}s=40\pi^2I^2\left(\frac{l}{\lambda}\right)^2=537.3\text{W}$$

辐射电阻 $R_\text{r}=\dfrac{2P_\text{r}}{I^2}=80\pi^2(l/\lambda)^2=0.88\Omega$

5.15 **解** 等效抛物面的焦距为

$$f_\text{e}=Af=\frac{\text{e}+1}{\text{e}-1}f=4.86\text{m}$$

5.15 略

参考文献

[1] 刘学观，郭辉萍．微波技术与天线［M］．西安：西安电子科技大学出版社，2001.
[2] 王新稳，李萍，李延平．微波技术与天线［M］.2版．北京：电子工业出版社，2008.
[3] 丁荣林，李媛．微波技术与天线［M］．北京：机械工业出版社，2007.
[4] 李绪益．微波技术与微波电路［M］.2版．广州：华南理工大学出版社，2007.
[5] 徐宝强．微波电子线路［M］．北京：国防工业出版社，2006.
[6] 钟顺时．电磁场基础［M］．北京：清华大学出版社，2006.
[7] 钟顺时．微带天线理论与应用［M］．西安：西安电子科技大学出版社，1991.
[8] 雷振亚．射频/微波电路导论［M］．西安．西安电子科技大学出版社，2005.
[9] David M Pozar. Microwave Engineering［M］. Third ed. 北京：电子工业出版社，2006.
[10] 戴晴，黄纪军，莫锦军．现代微波与天线测量技术［M］．北京：电子工业出版社，2008.
[11] 范寿康，李进，胡容，等．微波技术、微波电路及天线［M］．北京：机械工业出版社，2009.
[12] 董金明，林萍实．微波技术［M］．北京：机械工业出版社，2003.
[13] 赵春晖，张朝柱．微波技术［M］．北京：高等教育出版社，2007.
[14] 吴群．微波工程技术［M］．哈尔滨：哈尔滨工业大学出版社，2005.
[15] 闫润卿，李英惠．微波技术基础［M］.2版．北京：北京理工大学出版社，1997.
[16] 傅文斌．微波技术与天线［M］．北京：机械工业出版社，2007.
[17] 闫润卿，李英惠．微波技术基础［M］.3版．北京：北京理工大学出版社，2008.
[18] 李晓蓉，陈章友，吴正娴．微波技术［M］．北京：科学出版社，2005.
[19] 彭沛夫．微波技术与实验［M］．北京：清华大学出版社，2007.
[20] 范寿康，卢春兰，李平辉．微波技术与微波电路［M］．北京：机械工业出版社，2003.
[21] 顾继慧．微波技术［M］．北京：科学出版社，2008.
[22] 张志涌．掌握和精通 MATLAB［M］．北京：北京航空航天大学出版社，1999.
[23] 谢拥军，王鹏，李磊，等．Ansoft HFSS 基础及应用［M］．西安：西安电子科技大学出版社，2007.